ABITUR-TRAINING

Physik 2

Aufbau der Materie

Horst Lautenschlager

Mit Lernvideos

STARK

Autor: Horst Lautenschlager ist Studiendirektor für die Fächer Mathematik und Physik an einem bayerischen Gymnasium. Seine große fachliche und fachdidaktische Kompetenz, die er in seine Arbeit als Fachbereichsleiter Mathematik, Prüfer für das bayerische Hochbegabtenstipendium und langjähriger Kursleiter in der Oberstufe eingebracht hat, weiß er als Autor des Stark Verlags ebenso zu nutzen wie den großen Erfahrungsschatz, den er beim Unterrichten seiner Schülerinnen und Schüler erworben hat. Deren Nöte und Bedürfnisse kennt er im Übrigen nicht nur als Lehrer, sondern auch als Familienvater – zwei Sichtweisen, die den sachlich-präzisen, dabei aber stets schülergerechten Stil seiner Bücher prägen.

Vom selben Autor sind im Stark Verlag erschienen:

- Abitur-Training Physik 1 „Elektromagnetisches Feld und Relativitätstheorie"
- Kompakt-Wissen Physik 1 bis 3
- Abitur-Training Mathematik „Analysis"
- Klassenarbeiten Mathematik 9. Klasse
- Klassenarbeiten Mathematik 10. Klasse

www.stark-verlag.de

Inhalt

Vorwort

Eigenschaften von Quantenobjekten **1**

1 Der lichtelektrische Effekt 2

2 Teilchencharakter von Photonen 10

3 De-Broglie-Wellen 13

4 Verhalten von Quantenobjekten 22

5 Anwendungen in Natur und Technik 28

Ein Atommodell der Quantenphysik **31**

6 Existenz von Atomen 32

7 Quantenhafte Emission und Absorption von Energie 35

8 Die Atommodelle von Rutherford und Bohr 43

9 Das Modell des linearen Potenzialtopfs 48

10 Quantenphysikalisches Modell des Wasserstoffatoms 55

11 Ausblick auf Mehrelektronenatome 59

12 Der Franck-Hertz-Versuch 63

13 Röntgenstrahlung 67

14 Anwendungen in Natur und Technik 74

Strukturuntersuchungen zum Aufbau der Materie **77**

15 Streuexperimente 78

16 Das Standardmodell der Teilchenphysik – Elementarteilchen 80

17 Anwendungen in Natur und Technik 84

Ein einfaches Kernmodell der Quantenphysik **87**

18 Nomenklatur für Atomkerne – Kernradius 88

19 Massendefekt und Kernbindungsenergie 91

20 Kernkraft 94

21 Das Potenzialtopfmodell für den Atomkern 96

22 Der Alphazerfall 98

23 Der Betazerfall 100

24 Der Gammazerfall 103

25 Anwendungen in Natur und Technik 105

Radioaktivität und Kernreaktionen 107

26 Detektoren für radioaktive Strahlung 108
27 Experimente zur Unterscheidung der Strahlungsarten 111
28 Wechselwirkung von radioaktiven Strahlen mit Materie 115
29 Das quadratische Abstandsgesetz 117
30 Zerfallsreihen 119
31 Das Gesetz des radioaktiven Zerfalls 124
32 Strahlenbelastung und Strahlenschutz 128
33 Energie- und Impulsbilanzen bei Kernreaktionen 132
34 Entdeckung des Neutrons 136
35 Kernspaltung 138
36 Kernfusion 141
37 Anwendungen in Natur und Technik 144

Lösungen 147

Stichwortverzeichnis 219

Autor: Horst Lautenschlager

Im Hinblick auf eine eventuelle Begrenzung des Datenvolumens wird empfohlen, dass Sie sich beim Ansehen der Videos im WLAN befinden. Haben Sie keine Möglichkeit, den QR-Code zu scannen, finden Sie die Lernvideos auch unter:
http://qrcode.stark-verlag.de/943038V

Vorwort

Liebe Schülerin, lieber Schüler,

neben der Elektrodynamik bildet das Themengebiet „Aufbau der Materie“ den zweiten inhaltlichen Schwerpunkt im Physikunterricht der gymnasialen Oberstufe. Der vorliegende Trainingsband behandelt den hierfür maßgeblichen Abiturstoff zur Quanten-, Atom- und Kernphysik und unterstützt Sie optimal bei der Vorbereitung auf Unterricht, Klausuren und die schriftliche Abiturprüfung im Fach Physik.

Bei der Aufbereitung des Unterrichtsstoffs wurde berücksichtigt, dass in den Prüfungsaufgaben neben dem „physikalischen Rechnen“ das „physikalische Denken“ an Bedeutung gewonnen hat – Sie sollen also in der Lage sein, physikalische Zusammenhänge zu erkennen, zu bewerten und fachsprachlich zu beschreiben.

Der Aufbau des Buches erleichtert es Ihnen, den Unterrichtsstoff einzuüben:

- Die wichtigen **Begriffe** und **Definitionen** eines Lernabschnitts sind in farbig getönten Kästen, **Regeln** und **Merksätze** in farbig umrandeten Kästen abgelegt.
- An jeden Theorieteil schließen passgenaue und kommentierte **Beispielaufgaben** an, die Ihnen den gerade behandelten Stoff unmittelbar anhand einer konkreten Problemstellung veranschaulichen.
- Zu wichtigen Themenbereichen gibt es **Lernvideos**, in denen typische Aufgabenstellungen erläutert und Schritt für Schritt gelöst werden. An den entsprechenden Stellen im Buch befindet sich ein QR-Code, den Sie mithilfe Ihres Smartphones oder Tablets scannen können – Sie gelangen so schnell und einfach zum zugehörigen Lernvideo.
- Jeder Lernabschnitt schließt mit **Übungsaufgaben**. Zur Selbstkontrolle finden Sie die zugehörigen **Lösungen** am Ende des Buchs vollständig ausgearbeitet und kommentiert.
- Den Abschluss eines jeden Hauptkapitels bildet ein Kapitel mit **Anwendungsaufgaben**, die den behandelten Stoff in Bezug zu physikalischen Fragestellungen aus der Praxis setzen. Sie lernen dadurch, Naturphänomene und technische Anwendungen zu verstehen und zu erklären, indem Sie auf das theoretische Wissen zurückgreifen, das Sie im Hauptkapitel erarbeitet haben.

Viel Erfolg wünscht Ihnen

Horst Lautenschlager

Eigenschaften von Quantenobjekten

Zu Beginn des 20. Jahrhunderts fußte die Weltsicht der Physik auf zwei Grundüberzeugungen: Alles Materielle besteht aus kleinsten Teilchen und unterliegt den Gesetzen der Newton'schen Mechanik; alle elektrischen, magnetischen und optischen Erscheinungen breiten sich wellenartig aus und gehorchen den Maxwell'schen Gleichungen der Elektrodynamik. Neue experimentelle Befunde wie Fotoeffekt oder Comptoneffekt zwangen die Physiker zum Umdenken und führten zur Entwicklung der Quantenphysik, in der Teilchen- und Wellenkonzept für alle Quantenobjekte vereint sind: Ein solches – etwa ein Elektron oder ein Photon – *ist* nicht starr entweder Teilchen oder Welle, sondern es *verhält* sich zu einem Zeitpunkt wie ein Teilchen, zu einem anderen Zeitpunkt wie eine Welle – je nach physikalischer Situation, in der es sich gerade befindet. Das Bild oben belegt beispielhaft den Wellencharakter des Quantenobjekts „Elektron“: Mit einem Rastertunnelmikroskop aufgenommen zeigt es eine kreisförmige Anordnung von 48 Eisenatomen, zwischen denen sich stehende Elektronenwellen ausgebildet haben.

1 Der lichtelektrische Effekt

1888 entdeckte Wilhelm Hallwachs den Fotoeffekt. Später folgende genaue experimentelle Untersuchungen von Philipp Lenard führten zu Ergebnissen, die mit dem klassischen Wellenmodell des Lichts nicht zu erklären waren. Erst Einsteins Teilchentheorie des Lichts war dazu in der Lage – um den Preis eines radikalen Bruchs mit der klassischen Physik.

Definition

Fotoeffekt
Die Auslösung von Elektronen aus Metalloberflächen durch Licht hinreichend hoher Frequenz bezeichnet man als äußeren Fotoeffekt oder lichtelektrischen Effekt. Lichtelektrisch ausgelöste Elektronen nennt man **Fotoelektronen**.

Systematische experimentelle Untersuchungen führen zu folgenden experimentellen Befunden:

Regel

Experimentelle Befunde zum Fotoeffekt

1. Wenn, dann setzt der Fotoeffekt immer ohne zeitlichen Verzug unmittelbar bei Auftreffen des Lichts und unabhängig von dessen Intensität ein.
2. Die kinetische Energie eines Fotoelektrons hängt nur von der Frequenz, nicht von der Intensität des auftreffenden Lichts ab. Sie ist umso größer (kleiner), je größer (kleiner) die Frequenz des einfallenden Lichts ist.
3. Es gibt eine Grenzfrequenz f_G: Licht, dessen Frequenz kleiner als f_G ist, kann keine Fotoelektronen auslösen.
4. Die Anzahl der pro Zeiteinheit ausgelösten Fotoelektronen ist proportional zur Intensität des einfallenden Lichts.

Mit dem Wellenmodell kann man die Befunde 1, 2 und 3 nicht erklären.

Beispiel

Erläutern Sie, warum im Wellenmodell die Aussage 1 nicht zu erklären ist.

Lösung:
Ein potenzielles Fotoelektron ist in der Metalloberfläche mit einer metallspezifischen Energie W_A gebunden. Nach der Wellenvorstellung des Lichts kann es die Oberfläche erst dann verlassen, wenn es mindestens diese Energie aus dem auftreffenden Licht „gesammelt“ hat. Da die Energie der Lichtwelle sich nach dem Wellenmodell aber **gleichmäßig** über die Metalloberfläche verteilt, ist hierfür immer eine bestimmte endliche Mindestzeitspanne Δt erforderlich. Diese ist umso größer, je weniger Lichtenergie pro Zeit und pro Fläche auf die Oberfläche trifft, d. h., je kleiner die Intensität des auftreffenden Lichts ist.

Zur Erklärung aller experimentellen Befunde entwickelte Einstein 1905 das Photonenmodell des Lichts, in dem das von Max Planck 1900 entdeckte Wirkungsquantum h eine zentrale Bedeutung hat.

Regel

Photonenmodell des Lichts

Licht ist ein Strom von Teilchen, den sogenannten Photonen. Jedes Photon bewegt sich im Vakuum mit der Lichtgeschwindigkeit $c = 3{,}0 \cdot 10^8 \frac{m}{s}$ und transportiert dabei Energie:

$$\mathbf{E_{Ph} = h \cdot f}$$

f bezeichnet dabei die Frequenz der Lichtwelle. h ist eine Naturkonstante. Sie heißt Planck-Konstante oder Planck'sches Wirkungsquantum und hat den Zahlenwert $6{,}63 \cdot 10^{-34}$ Js bzw. $4{,}14 \cdot 10^{-15}$ eVs.

Beispiel

Ein Helium-Neon-Laser emittiert rotes Licht der Wellenlänge $\lambda = 633$ nm und der Lichtleistung $P = 0{,}5$ mW. Wie viele Photonen verlassen ihn in $t = 3$ s?

Lösung:

Die Aufgabe lösen Sie zweckmäßigerweise in drei Schritten.

Schritt 1: Berechnung der gesamten abgestrahlten Lichtenergie E_{ges}

$E_{ges} = P \cdot t$ — Energie = Leistung mal Zeit

$= 0{,}5 \cdot 10^{-3} \frac{J}{s} \cdot 3\,s$ — Einsetzen der Zahlenwerte

$= 1{,}5 \cdot 10^{-3}\,J$

Schritt 2: Berechnung der Energie eines Photons

$E_{Ph} = h \cdot f$ — Photonenmodell

$= \frac{h \cdot c}{\lambda}$ — Grundgleichung der Wellenlehre: $c = \lambda \cdot f$

$= \frac{6{,}63 \cdot 10^{-34}\,Js \cdot 3{,}0 \cdot 10^8 \frac{m}{s}}{633 \cdot 10^{-9}\,m}$ — Einsetzen der Zahlenwerte

$= 3{,}14 \cdot 10^{-19}\,J$

Schritt 3: Berechnung der Anzahl N der emittierten Photonen

$N = \frac{E_{ges}}{E_{Ph}}$ — Definition der Anzahl

$= \frac{1{,}5 \cdot 10^{-3}\,J}{3{,}14 \cdot 10^{-19}\,J} = \mathbf{4{,}8 \cdot 10^{15}}$ — Einsetzen der Zahlenwerte

Alle experimentellen Befunde zum Fotoeffekt lassen sich mit dem Photonenmodell erklären, wenn man annimmt, dass ein Photon mit einem Elektron in der Metalloberfläche stößt und dabei spontan seine gesamte Energie $h \cdot f$ überträgt. Einen

Teil davon, die Austrittsarbeit W_A, benötigt das Elektron zum Verlassen des Metalls. Den Restbetrag $h \cdot f - W_A$ behält es als kinetische Energie. Nach dem Stoß existiert das Photon nicht mehr.
Die mathematische Formulierung dieser Energiebilanz heißt Einsteingleichung.

Regel

Einsteingleichung

Löst ein Photon der Energie $h \cdot f$ ein Fotoelektron aus, so gilt für dessen kinetische Energie E_{kin}:

$$\mathbf{E_{kin} = h \cdot f - W_A}$$

W_A bezeichnet dabei die Austrittsarbeit.

Beispiel

Monochromatisches Licht der Wellenlänge 546 nm löst aus einer Metallschicht Fotoelektronen der kinetischen Energie 0,33 eV aus. Entscheiden Sie mithilfe der Tabelle, um welches Metall es sich handelt.

Metall	Na	K	Cs	Cu	Au	Pt
Austrittsarbeit in eV	2,28	2,25	1,94	4,84	4,83	5,66

Lösung:

Sie berechnen mithilfe der Einsteingleichung den Betrag der Auslösearbeit und bestimmen anschließend anhand der Tabelle die Metallsorte:

$$E_{kin} = h \cdot f - W_A$$
Einsteingleichung

$$\Rightarrow \quad W_A = h \cdot f - E_{kin}$$
auf beiden Seiten W_A addieren und Seiten tauschen

$$= h \cdot \frac{c}{\lambda} - E_{kin}$$
Grundgleichung der Wellenlehre: $c = \lambda \cdot f$

$$= 4{,}14 \cdot 10^{-15}\,\text{eVs} \cdot \frac{3{,}0 \cdot 10^{8}\,\frac{\text{m}}{\text{s}}}{546 \cdot 10^{-9}\,\text{m}} - 0{,}33\,\text{eV}$$
Zahlenwerte einsetzen (aus Formelsammlung und Aufgabentext)

$$= 1{,}94\,\text{eV}$$

Es handelt sich demnach um **Cäsium**.

Die Anzahl der ausgelösten Fotoelektronen und deren kinetische Energie kann man experimentell mit einer **Fotozelle** bestimmen. Das ist ein evakuierter Glaskolben, in dem einer Metallschicht K mit möglichst kleiner Auslösearbeit eine lichtdurchlässige, z. B. ringförmige Elektrode A gegenübersteht. Wird A mit dem Pluspol einer veränderbaren Gleichspannungsquelle U und die beleuchtete Metall schicht K mit deren Minuspol verbunden, werden Fotoelektronen von K nach A gesaugt. Den so zustande kommenden Strom nennt man **Fotostrom**.

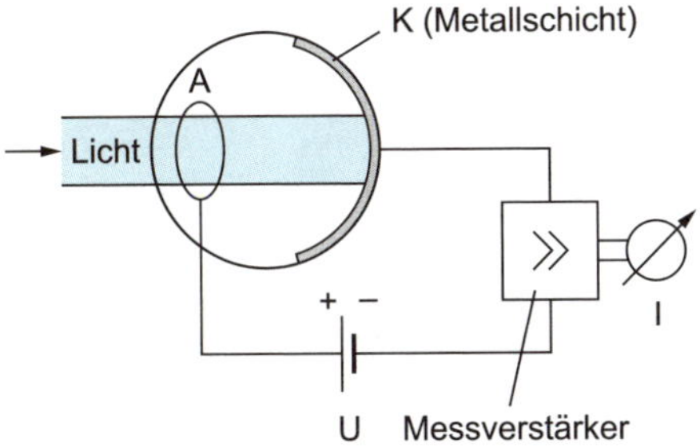

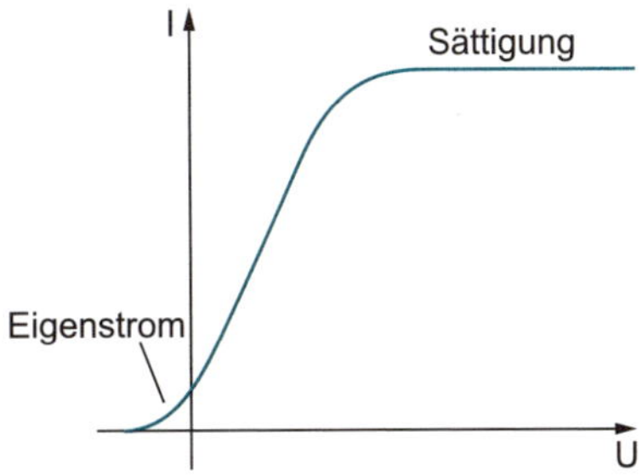

Mit zunehmender Saugspannung U nimmt die Fotostromstärke zu, weil pro Zeiteinheit immer mehr Fotoelektronen von K nach A gelangen. Wenn bei größeren Saugspannungen alle in einer Zeitspanne ausgelösten Fotoelektronen in dieser Zeitspanne auch zur Elektrode A gelangen, ist eine weitere Steigerung der Fotostromstärke nicht mehr zu beobachten, **Sättigung** tritt auf.
Die Fotoelektronen verlassen die Metallschicht auch ohne Saugspannung bereits mit einer bestimmten Geschwindigkeit und gelangen teilweise zur Elektrode A. Dieser schwache, **Eigenstrom** genannte Fotostrom lässt sich durch eine geringe Gegenspannung auf null absenken.

Beispiele

1. Beschreiben und begründen Sie, wie man mit einer Fotozelle die kinetische Energie von Fotoelektronen messen kann, die von einfarbigem Licht der Frequenz f ausgelöst werden.

Lösung:

Die Fotozelle wird so geschaltet, dass ein Fotoelektron von der positiven Metallschicht angezogen und von der negativen Ringelektrode A abgestoßen wird. Das Elektron durchläuft auf dem Weg von der Metallschicht zu A ein Gegenfeld und kann nur dann zum Fotostrom beitragen, wenn seine kinetische Energie größer als $e \cdot U_G$ ist. Stellt man die Gegenspannung U_G so ein, dass der Fotostrom gerade zum Erliegen kommt, so können selbst die schnellsten Fotoelektronen nicht mehr gegen das elektrische Feld anlaufen. Dann gilt:

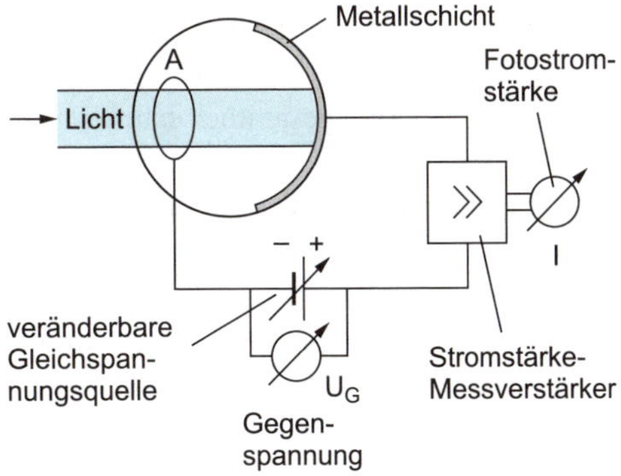

$E_{kin,\,max} = e \cdot U_G$

2. Beschreiben und begründen Sie, wie man mit einer Fotozelle die Anzahl N der im Zeitintervall Δt ausgelösten Fotoelektronen messen kann.

Lösung:

Man betreibt die Fotozelle im Sättigungsbereich und misst die zugehörige Sättigungsstromstärke I_S. Dann gilt:

$$I_S = \frac{\Delta Q}{\Delta t}$$ Definition der Stärke eines Gleichstroms: Die Ladungsmenge ΔQ passiert pro Zeitintervall Δt den Leiterquerschnitt.

$$= \frac{N \cdot e}{\Delta t}$$ e: Elementarladung

$$\Rightarrow \quad N = \frac{I_S \cdot \Delta t}{e}$$ nach N umstellen

Aufgaben

1. Erläutern Sie, warum man die Befunde 2 (kinetische Energie der Fotoelektronen) und 3 (Grenzfrequenz) mit dem Wellenmodell des Lichts nicht erklären kann (siehe Regel-Kasten S. 2).

2. Erklären Sie die zwei Befunde aus Aufgabe 1 mithilfe des Photonenmodells.

3. Die Cäsiumschicht einer Fotozelle (Auslösearbeit $W_A = 1{,}94$ eV) wird von einem schwachen Lämpchen so beleuchtet, dass pro Sekunde auf einen mm^2 die Energie $1{,}00 \cdot 10^{-7}$ J trifft.

a) Welche Energie E_A trifft pro Sekunde auf ein Cäsiumatom vom Durchmesser $5{,}00 \cdot 10^{-10}$ m?

b) Wie lange würde es demnach dauern, bis ein Cäsiumatom so viel Strahlungsenergie gesammelt hat, wie zur Ablösung eines Fotoelektrons gebraucht wird?

c) Kommentieren Sie das Ergebnis aus Teilaufgabe b.

4. Eine Lichtquelle gibt eine Lichtleistung von 0,50 mW ab. Wie viele Photonen strahlt sie in einer Minute ab, wenn 35 % der Photonen die Frequenz $f_1 = 4{,}6 \cdot 10^{14}$ Hz (rot) und 65 % die Frequenz $f_2 = 7{,}3 \cdot 10^{14}$ Hz (blau) besitzen?

5. Beschreiben Sie, wie man die Einsteingleichung experimentell verifizieren kann (Prinzipskizze des Versuchsaufbaus mit Bezeichnung der verwendeten Geräte, Durchführung und Auswertung).

6. Welche Geschwindigkeit besitzt ein Fotoelektron höchstens, das von Licht der Wellenlänge 404,7 nm aus einer Cäsiumschicht (Auslösearbeit $W_A = 1{,}94$ eV) ausgelöst worden ist?

7. Berechnen Sie die Grenzfrequenz f_G für Wolfram ($W_A = 4{,}57$ eV).

8. Eine Fotozelle (Auslösearbeit $W_A = 1{,}94$ eV) wird mit einfarbigem Licht der Frequenz $f = 7{,}4 \cdot 10^{14}$ Hz bestrahlt. Welche Gegenspannung ist mindestens erforderlich, um den Fotostrom vollständig zum Erliegen zu bringen?

9. Elektromagnetische Strahlung kann nur dann Elektronen aus der Oberfläche eines Metalls auslösen, wenn ihre Frequenz größer als $1{,}2 \cdot 10^{15}$ Hz ist. Berechnen Sie die Auslösearbeit in eV.

10. In einem Versuch mit einer Vakuum-Fotozelle braucht man bei der Gegenfeldmethode für UV-Licht der Frequenz $f_1 = 8{,}2 \cdot 10^{14}$ Hz eine Gegenspannung von $U_1 = 1{,}33$ V und für violettes Licht der Frequenz $f_2 = 7{,}4 \cdot 10^{14}$ Hz eine Gegenspannung von $U_2 = 1{,}00$ V. Berechnen Sie aus diesen Angaben den numerischen Wert der Planck-Konstanten.

11. Bei einem Praktikumsversuch wird eine Fotozelle nacheinander mit dem einfarbigen Licht zweier Lampen beleuchtet und jeweils die kinetische Energie der Fotoelektronen gemessen.
Das Diagramm zeigt die zugehörigen Messwertpaare A und B.

Einheit auf der y-Achse: 1 eV
Einheit auf der x-Achse: 10^{15} Hz

a) Bestimmen Sie **grafisch**
- die Grenzfrequenz der Fotozelle
- die Auslösearbeit der Fotokathode

und begründen Sie Ihr Vorgehen.

b) Welchen numerischen Wert erhält man mit Ihren Ergebnissen für die Planck-Konstante?

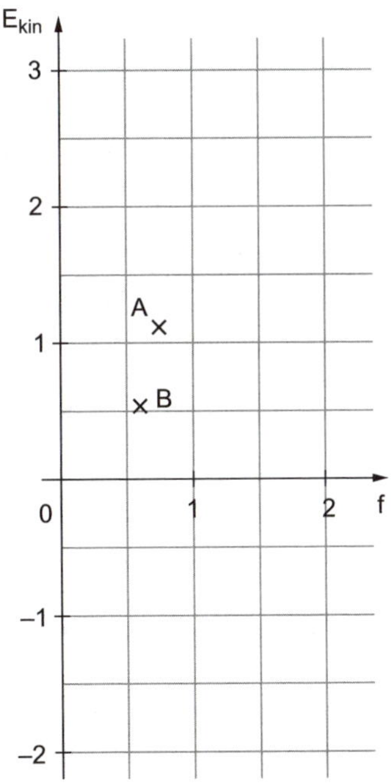

12. Das U_G-I- Diagramm rechts zeigt, dass der Fotostrom I bei Steigerung der Gegenspannung U_G nicht abrupt, sondern allmählich auf null absinkt.
Suchen Sie nach Erklärungen.

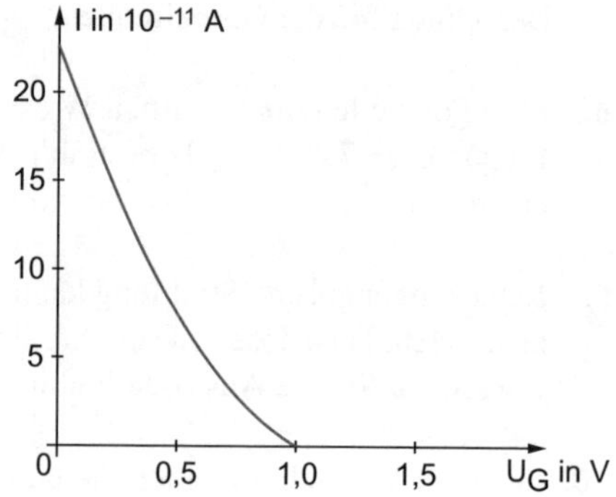

13. Die Grenzwellenlänge einer Fotozelle liegt im Bereich des roten Lichts. Sie wird im Sättigungsbereich betrieben und zuerst mit einfarbigem gelben und dann mit einfarbigem blauen Licht bestrahlt. Die Wahrscheinlichkeit dafür, dass ein einfallendes Photon ein Fotoelektron auslöst, hängt nicht von der Lichtfarbe ab.

a) Was kann man über die zugehörigen Fotostromstärken aussagen, wenn jedes Mal die gleiche Lichtleistung auf die Fotokathode trifft?

b) Was kann man über die einfallende Lichtleistung aussagen, wenn jedes Mal die Fotostromstärken gleich sind?

14. Das Licht einer Glühlampe fällt durch ein Filter, das nur Licht einer bestimmten Wellenlänge auf die Kathode einer im Sättigungsbereich betriebenen Fotozelle durchlässt. Welche Aussagen können Sie über die Fotostromstärke und die kinetische Energie der Fotoelektronen unmittelbar nach dem Austritt aus der Kathode machen, wenn man

a) die Entfernung Lichtquelle – Fotozelle auf die Hälfte verringert?

b) das auf die Fotozelle fallende Lichtbündel durch ein rasch rotierendes Zahnrad mit gleich breiten Zähnen und Lücken „zerhackt"?

c) das auf die Fotozelle fallende Licht durch einen undurchsichtigen Schirm zur Hälfte abblendet?

15. Auf die Kathode einer Fotozelle fällt monochromatisches Licht der Frequenz $5{,}65 \cdot 10^{14}$ Hz und der Leistung $P = 1{,}00$ W.

a) Berechnen Sie die Anzahl N der Photonen, die pro Sekunde auf die Fotokathode treffen.

b) Berechnen Sie die Fotostromstärke, wenn die Fotozelle im Sättigungsbereich betrieben wird und nur etwa jedes zehnmillionste Photon tatsächlich auch ein Elektron auslöst.

16. Die Abbildung zeigt ein von Hallwachs verwendetes Goldblatt-Elektroskop. Es besteht aus einem Messingstäbchen, das oben eine Messingplatte und unten zwei Blattgoldstreifen trägt und mit isolierendem Siegellack in ein Glasröhrchen eingekittet ist. Zum Schutz vor Luftströmungen und aus Isolierungsgründen wird das Glasröhrchen mittels eines Korkens in den Hals eines Glasgefäßes eingesetzt.
Bestrahlt man die Messingplatte mit einfarbigem blauen Licht, so stoßen sich die Blattgoldstreifen ab.

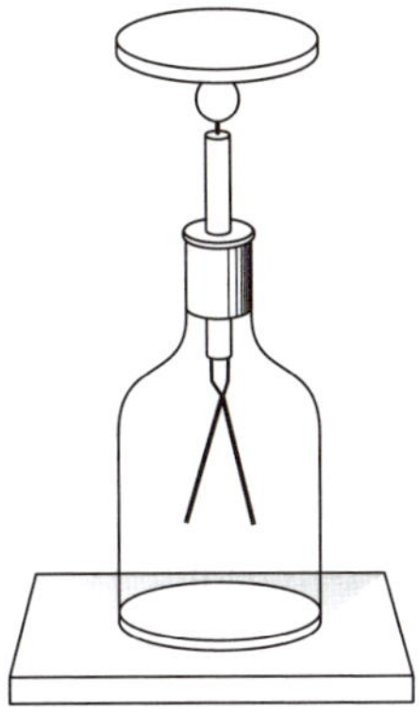

a) Erklären Sie, warum der Ausschlag der beiden Blattgoldstreifen nach einer gewissen Zeit auch dann nicht mehr zunimmt, wenn man die Bestrahlung längere Zeit fortsetzt.

b) Begründen Sie, ob und wie sich dieser Maximalausschlag ändert, wenn man die Intensität des verwendeten Lichts verdoppelt.

17. Wird eine frisch geschmirgelte, negativ geladene Metallplatte M, die mit einem Elektroskop verbunden und sonst gut isoliert ist, mit dem ungefilterten Licht einer Quecksilberdampflampe bestrahlt, so geht der Zeigerausschlag rasch zurück.
Warum ändert sich der Zeigerausschlag nicht, wenn

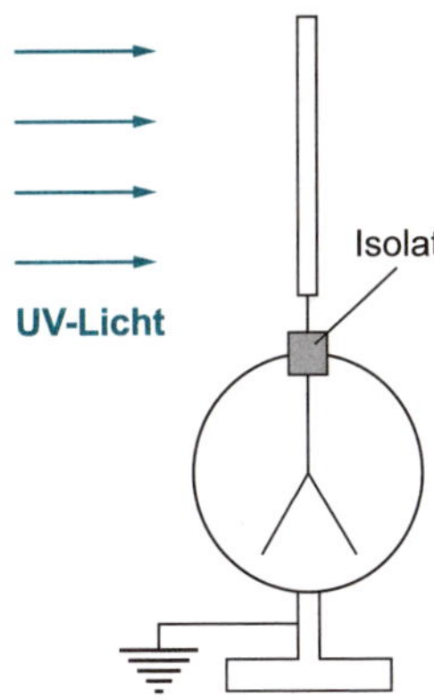

a) es sich um eine ungeschmirgelte Metallplatte handelt?

b) man zwischen das einfallende Licht und die Metallplatte eine Glasplatte schiebt?

2 Teilchencharakter von Photonen

Wenn Photonen Teilchen sind, dann sollten sie auch Masse besitzen und von anderen Massen angezogen werden. Erstmals konnte dies bei einer Sonnenfinsternis am 29. Mai 1919 experimentell nachgewiesen werden.

Mithilfe der Speziellen Relativitätstheorie findet man die folgenden Beziehungen:

Regel

Photonenmasse

Ein Photon der Energie E_{Ph}, der Frequenz f und der Wellenlänge λ besitzt die relativistische Masse m_{Ph}. Für sie gilt:

1. $\mathbf{m_{Ph} = \frac{E_{Ph}}{c^2}}$
2. $\mathbf{m_{Ph} = \frac{h \cdot f}{c^2}}$
3. $\mathbf{m_{Ph} = \frac{h}{c \cdot \lambda}}$

Begründung von 1:

$E_{Ph} = m_{Ph} \cdot c^2$ — Energie eines Photons nach der Speziellen Relativitätstheorie

$m_{Ph} = \frac{E_{Ph}}{c^2}$ — beidseits durch c^2 dividieren und Seiten tauschen

Begründung von 2:

$m_{Ph} = \frac{E_{Ph}}{c^2}$ — 1. Formel für die Photonenmasse

$= \frac{h \cdot f}{c^2}$ — Energie eines Photons nach dem Photonenmodell: $E_{Ph} = h \cdot f$

Begründung von 3:

$m_{Ph} = \frac{h \cdot f}{c^2}$ — 2. Formel für die Photonenmasse

$= \frac{h \cdot \frac{c}{\lambda}}{c^2} = \frac{h}{c \cdot \lambda}$ — Grundgleichung der Wellenlehre: $c = \lambda \cdot f \Leftrightarrow f = \frac{c}{\lambda}$

Beispiel

Vergleichen Sie die Masse eines Photons, das zum Licht der roten Linie ($f = 4{,}570 \cdot 10^{14}$ Hz) des Wasserstoffemissionsspektrums gehört, mit der Ruhemasse eines Elektrons.

Lösung:

$$m_{Ph} = \frac{h \cdot f}{c^2} = \frac{6{,}63 \cdot 10^{-34}\,\text{Js} \cdot 4{,}570 \cdot 10^{14}\,\frac{1}{\text{s}}}{\left(3{,}0 \cdot 10^8\,\frac{\text{m}}{\text{s}}\right)^2} = 3{,}37 \cdot 10^{-36}\,\text{kg}$$

1. Formel für die Photonenmasse; Zahlenwerte einsetzen

Vergleich mit der Ruhemasse eines Elektrons:

$$\frac{m_{Ph}}{m_{0,e}} = \frac{3{,}37 \cdot 10^{-36}\,\text{kg}}{9{,}11 \cdot 10^{-31}\,\text{kg}} = \mathbf{3{,}70 \cdot 10^{-6}}$$

Das Photon besitzt nur ca. ein Viermillionstel der Ruhemasse eines Elektrons.

Nach den Gesetzen der Mechanik besitzt jeder Körper, der eine Masse m hat, einen Impuls $p = m \cdot v$, sobald er sich mit der Geschwindigkeit v bewegt. p ist eine wichtige Erhaltungsgröße. Auch Photonen besitzen einen Impuls, den sie auf Materieteilchen übertragen können.

Regel

Photonenimpuls

Ein Photon der Energie E_{Ph}, der Frequenz f, der Wellenlänge λ und der relativistischen Masse m besitzt den Impuls p_{Ph}. Für seinen Betrag gilt:

1. $\mathbf{p_{Ph} = \frac{h \cdot f}{c}}$
2. $\mathbf{p_{Ph} = \frac{E_{Ph}}{c}}$
3. $\mathbf{p_{Ph} = \frac{h}{\lambda}}$

Begründung von 1:

$p_{Ph} = m_{Ph} \cdot c$ — Impuls = Masse mal Geschwindigkeit

$= \frac{h \cdot f}{c^2} \cdot c = \frac{h \cdot f}{c}$ — 2. Formel für die Photonenmasse

Begründung von 2:

$p_{Ph} = \frac{h \cdot f}{c}$ — 1. Formel für den Photonenimpuls

$= \frac{E_{Ph}}{c}$ — $E = h \cdot c$ (Photonenmodell des Lichts)

Begründung von 3:

$p_{Ph} = \frac{h \cdot f}{c}$ — 1. Formel für den Photonenimpuls

$= \frac{h}{\lambda}$ — Grundgleichung der Wellenlehre: $c = \lambda \cdot f \;\Leftrightarrow\; \lambda = \frac{c}{f}$

Beispiel

Welchen Impulsbetrag hat ein Photon, dessen Energie halb so groß wie die Ruheenergie eines Elektrons ist?

Lösung:

$p_{Ph} = \frac{E_{Ph}}{c}$ — 2. Formel für den Photonenimpuls

$$= \frac{0{,}5 m_{0,e} \cdot c^2}{c} = 0{,}5 m_{0,e} \cdot c$$ Ruheenergie eines Elektrons: $m_{0,e} \cdot c^2$

$$= 0{,}5 \cdot 9{,}1 \cdot 10^{-31}\,\text{kg} \cdot 3{,}0 \cdot 10^8\,\frac{\text{m}}{\text{s}} = \mathbf{1{,}4 \cdot 10^{-22}\,Ns}$$ Zahlenwerte einsetzen

Aufgaben

18. Um wie viel Prozent ist die Masse eines Photons des gelben Natriumdampflampenlichts ($\lambda_{gelb} = 589{,}0$ nm) kleiner als die Masse eines Photons der violetten Linie des Wasserstoffemissionsspektrums ($\lambda_{violett} = 410{,}3$ nm)?

19. Berechnen Sie die Kraft, mit der ein Photon der Frequenz $3{,}5 \cdot 10^{18}$ Hz von unserer Sonne (Masse $M = 2{,}0 \cdot 10^{30}$ kg) angezogen wird, wenn es von deren Zentrum $r = 7{,}0 \cdot 10^8$ m entfernt ist.

20. Photonen der Frequenz $3{,}5 \cdot 10^{18}$ Hz durchlaufen nahe der Erdoberfläche eine 20 m lange, senkrechte Strecke von oben nach unten.

a) Warum ist ihre Frequenz am Streckenende größer als am Anfang?

b) Berechnen Sie die Frequenzzunahme. Nehmen Sie dabei die Photonenmasse in guter Näherung als konstant an.

c) Wie viel Prozent der Ausgangsfrequenz macht die Frequenzzunahme aus?

21. Warum besitzt ein Photon keine Ruhemasse? Argumentieren Sie relativistisch.

22. Natriumatome emittieren gelbes Licht mit den Wellenlängen $\lambda_1 = 589{,}6$ nm und $\lambda_2 = 589{,}0$ nm. Um wie viel Prozent ist der Impuls des längerwelligen Photons kleiner als der des kürzerwelligen?

23. Ein Photonendetektor spricht an, sobald auf ihn der Impulsbetrag von mindestens 10 000 Photonen der Wellenlänge $\lambda = 200$ nm gleichzeitig übertragen wird. Berechnen Sie die Frequenz, die ein einzelnes Photon mindestens besitzen muss, damit es vom Detektor angezeigt wird.

24. Aus einer fiktiven Laserpistole der Masse $m = 1\,000$ g wird ein Laserblitz abgefeuert, der aus $3{,}49 \cdot 10^{20}$ Photonen der Wellenlänge $\lambda = 694{,}3$ nm besteht.

a) Erklären Sie den Rückstoß der Pistole beim Abfeuern.

b) Berechnen Sie die Rückstoßgeschwindigkeit der Pistole.

25. Geht ein ruhender Zn67-Kern von einem angeregten Zustand mit der Energie E_1 in den energetisch tiefer liegenden Zustand mit der Energie E_0 über, so erwartet man die Emission eines Photons mit der Energie $E_1 - E_0$. Tatsächlich weist das Photon aber eine kleinere Energie auf. Erklären Sie dies.

26. Der direkte Nachweis, dass Photonen ihren Impuls auf Atome übertragen können, gelang Otto Frisch 1933, als er einen Strahl von Natriumatomen ablenken konnte, indem er ihn seitlich mit dem Licht einer Natriumdampflampe bestrahlte. Stellen Sie dazu folgende Überschlagsrechnung an:
Welche Geschwindigkeit besitzt ein ursprünglich ruhendes Natriumatom, nachdem es ein Photon der Wellenlänge $\lambda = 589{,}0$ nm absorbiert hat?
Fassen Sie dabei den Absorptionsprozess als Stoß auf, für den der Impulserhaltungssatz gilt.

3 De-Broglie-Wellen

1924 schlug der Franzose de Broglie vor, die bei der elektromagnetischen Strahlung nachgewiesene Verknüpfung von Welle und Teilchen auf materielle Teilchen zu übertragen. 1927 erzeugten die US-Amerikaner Davisson und Germer mithilfe von Elektronenstrahlen Interferenzdiagramme. Deren Auswertung bestätigte de Broglies Annahmen.

Regel

De Broglies Hypothese
Jedes Materieteilchen der Masse m und der Geschwindigkeit v entspricht einem Wellenvorgang (Materie- oder De-Broglie-Welle) mit der Wellenlänge

$$\lambda = \frac{h}{m \cdot v}$$

und der Frequenz

$$f = \frac{m \cdot c^2}{h}.$$

Plausibilitätserklärung: Löst man

- die 2. Formel für die Photonenmasse $m = \frac{h \cdot f}{c^2}$ nach f auf, erhält man de Broglies Formel für die Materiewellenfrequenz.
- die 3. Formel für den Photonenimpuls $p = \frac{h}{\lambda}$ nach λ auf, erhält man de Broglies Formel für die Materiewellenlänge.

Beispiel

Ein Elektron besitzt die Geschwindigkeit $v = 2{,}0 \cdot 10^6\ \frac{m}{s}$.

a) Berechnen Sie die Wellenlänge und die Frequenz der zugehörigen De-Broglie-Welle.

b) Wie ändern sich Wellenlänge und Frequenz, wenn die Geschwindigkeit um 10 % zunimmt?

Lösung:

a) Da der Geschwindigkeitsbetrag deutlich unter $\frac{1}{10}$ der Vakuumlichtgeschwindigkeit liegt, ist ein relativistischer Ansatz nicht erforderlich.

$\lambda = \frac{h}{m \cdot v}$ — De-Broglie-Hypothese

$= \frac{6{,}63 \cdot 10^{-34}\,\text{Js}}{9{,}1 \cdot 10^{-31}\,\text{kg} \cdot 2{,}0 \cdot 10^{6}\,\frac{\text{m}}{\text{s}}} = \mathbf{3{,}6 \cdot 10^{-10}\,m}$ — Zahlenwerte einsetzen

$f = \frac{m \cdot c^2}{h}$ — De-Broglie-Hypothese

$= \frac{0{,}511 \cdot 10^{6}\,\text{eV}}{4{,}14 \cdot 10^{-15}\,\text{eVs}} = \mathbf{1{,}2 \cdot 10^{20}\,Hz}$ — Zahlenwerte einsetzen; Ruheenergie des Elektrons: 0,511 keV

b) Nimmt der Geschwindigkeitsbetrag um 10 % zu, so liegt er immer noch deutlich unter $\frac{1}{10}$ der Vakuumlichtgeschwindigkeit. Ein relativistischer Ansatz ist weiterhin nicht erforderlich. Gemäß $f = \frac{m \cdot c^2}{h}$ **ändert sich** die **Frequenz** der De-Broglie-Welle **nicht**, weil m sich nicht ändert.

Prozentuale Änderung der Wellenlänge:

$\frac{\lambda_{neu} - \lambda_{alt}}{\lambda_{alt}} = \frac{\lambda_{neu}}{\lambda_{alt}} - 1$ — Wellenlängendifferenz bezogen auf die ursprüngliche Wellenlänge

$= \frac{\frac{h}{m \cdot v_{neu}}}{\frac{h}{m \cdot v_{alt}}} - 1 = \frac{v_{alt}}{v_{neu}} - 1$ — De-Broglie-Hypothese

$= \frac{v_{alt}}{1{,}1 \cdot v_{alt}} - 1 = \frac{1}{1{,}1} - 1 = \mathbf{-0{,}091}$ — $v_{neu} = 1{,}1 \cdot v_{alt}$

Die De-Broglie-Wellenlänge nimmt um **9,1 %** ab.

Bei De-Broglie-Wellen ist im Gegensatz zu elektromagnetischen Wellen auf den Unterschied zwischen der Gruppen- und der Phasengeschwindigkeit einer Welle zu achten.

Definition

Phasen- und Gruppengeschwindigkeit

- Unter der **Phasengeschwindigkeit c_{Ph}** versteht man die Geschwindigkeit, mit der sich ein bestimmter Schwingungszustand – z. B. ein Wellenberg – in dem vom Wellenvorgang erfassten Medium ausbreitet.
  Für jede Welle der Frequenz f und der Wellenlänge λ gilt $\mathbf{c_{Ph} = \lambda \cdot f}$.
- Die **Gruppengeschwindigkeit c_{Gr}** gibt an, mit welcher Geschwindigkeit sich die Energie der Welle ausbreitet.

Regel

Phasen- und Gruppengeschwindigkeit bei elektromagnetischen Wellen
Bezeichnet c die Vakuumlichtgeschwindigkeit, so gilt für monochromatische elektromagnetische Wellen im Vakuum:

$$c_{Ph} = c_{Gr} = c$$

Regel

Phasen- und Gruppengeschwindigkeit bei De-Broglie-Wellen
Bezeichnet c die Vakuumlichtgeschwindigkeit und v die Geschwindigkeit eines materiellen Teilchens, so gilt im Vakuum:

$$c_{Ph} = \frac{c^2}{v} \quad \text{und} \quad c_{Gr} = v$$

Begründung:

$c_{Ph} = \lambda \cdot f$	Definition der Phasengeschwindigkeit
$= \frac{h}{m \cdot v} \cdot \frac{m \cdot c^2}{h}$	De-Broglie-Hypothese für Frequenz und Wellenlänge einer De-Broglie-Welle
$= \frac{c^2}{v}$	durch m und h kürzen

Beispiel

a) Berechnen Sie die Phasengeschwindigkeit einer De-Broglie-Welle, deren Teilchen sich mit der einheitlichen Geschwindigkeit $v = 0{,}1\,c$ bewegen.

b) Diskutieren Sie das Ergebnis kurz mit Blick auf die Grundannahmen der Speziellen Relativitätstheorie.

Lösung:

a) $c_{Ph} = \frac{c^2}{v} = \frac{c^2}{0{,}1\,c} = \mathbf{10\,c}$

b) Die Phasengeschwindigkeit ist das Zehnfache der Vakuumlichtgeschwindigkeit. Dies widerspricht aber *nicht* der zentralen Aussage der Speziellen Relativitätstheorie, dass sich Energie und Information nicht schneller als mit Lichtgeschwindigkeit ausbreiten können, weil die Ausbreitung der Phase einer Welle nicht zwangsläufig mit der Ausbreitung von Energie verbunden zu sein braucht (vgl. Aufgabe 30). Entscheidend für den Energietransport ist die Gruppengeschwindigkeit (vgl. Regel).

Zur experimentellen Bestätigung von de Broglies Annahmen müssen Teilchenstrahlinterferenzen hergestellt und ausgewertet werden. Als Teilchen bieten sich Elektronen an, weil sie problemlos erzeugt und gelenkt werden können. Wegen der kleinen De-Broglie-Wellenlänge von Elektronen (kleiner als 10^{-10} m) kommen nur Kristallgitter als Beugungsgitter infrage.

Henry und Lawrence Bragg entwickelten ein Modell, mit dem sich die komplizierten Vorgänge bei der Wechselwirkung von Teilchen mit den Kristallpartikeln anschaulich beschreiben lassen:
Man stellt sich dazu die Kristallpartikel in einem Einkristall (also einem makroskopischen Kristall, dessen Bausteine ein durchgehendes, einheitliches, fehlerfreies Gitter bilden) auf Netzebenen verteilt vor. Das sind gedachte Ebenen, die gleichmäßig mit Kristallpartikeln besetzt sind. Alle zueinander parallelen, äquidistanten Netzebenen eines Kristalls, die in gleicher Weise mit Kristallpartikeln besetzt sind, bilden eine Netzebenenschar.

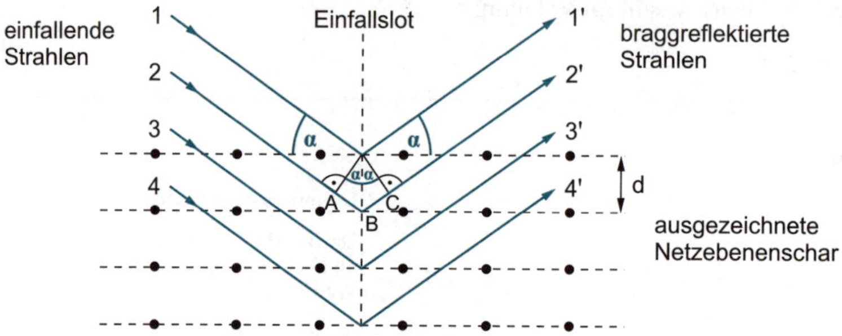

Nach dem **Bragg'schen Modell** „kann man so tun", als ob ein einfallender Teilchenstrahl von jeder Netzebene wie an einem Spiegel reflektiert wird. Die reflektierten Strahlen überlagern sich und erzeugen auf einem Auffangschirm ein Interferenzmuster.

Regel

Bragg-Bedingung

Die von sämtlichen Netzebenen einer Netzebenenschar reflektierten Strahlen interferieren im Unendlichen nur dann konstruktiv, wenn gilt:

$$\mathbf{2d \cdot \sin\alpha_k = k \cdot \lambda \quad (k = 1, 2, 3, \ldots)}$$

Unter den Beugungswinkeln α_k sind am Auffangschirm Interferenzmaxima k-ter Ordnung zu beobachten.

Begründung: Konstruktive Interferenz im Unendlichen tritt sicher dann auf, wenn der Gangunterschied Δs zwischen zwei an benachbarten Netzebenen reflektierten Strahlen ein ganzzahliges Vielfaches der Wellenlänge ist:

$$\Delta s = k \cdot \lambda, \quad k = 1, 2, 3, \ldots \qquad (1)$$

Mithilfe der Skizze erkennt man:

$$\left.\begin{array}{l} \Delta s = \overline{AB} + \overline{BC} = 2\,\overline{AB} \\ \sin\alpha = \frac{\overline{AB}}{d} \end{array}\right\} \Rightarrow \Delta s = 2d \cdot \sin\alpha \qquad (2)$$

Aus (1) und (2) ergibt sich die Bragg-Bedingung.

Definition

Glanzwinkel

Ist die Bragg-Bedingung erfüllt, heißt der Winkel α_k, den einfallende und reflektierte Elektronenstrahlen mit den Netzebenen des Einkristalls einschließen, Glanzwinkel.

Beispiel

In einem Grafit-Einkristall besitzen zwei benachbarte Netzebenen einer Schar jeweils den Abstand $d = 1{,}23 \cdot 10^{-10}$ m. Unter welchem Glanzwinkel beobachtet man für Teilchen der De-Broglie-Wellenlänge $\lambda = 1{,}70 \cdot 10^{-11}$ m Braggreflexion 1. Ordnung?

Lösung:

$$2d \cdot \sin\alpha_1 = 1 \cdot \lambda$$ Bragg-Bedingung für Interferenz 1. Ordnung

$$\Rightarrow \quad \sin\alpha_1 = \frac{\lambda}{2d}$$ auf beiden Seiten durch 2d dividieren

$$= \frac{1{,}7 \cdot 10^{-11}\,\text{m}}{2 \cdot 1{,}23 \cdot 10^{-10}\,\text{m}} = 0{,}069$$ Zahlenwerte einsetzen

$$\Rightarrow \quad \alpha_1 = \mathbf{4{,}0°}$$

Da fehlerfreie Einkristalle nur mit großem Aufwand hergestellt werden können, wendet man zur Messung von De-Broglie-Wellenlängen häufig das **Debye-Scherrer-Verfahren** an. Ein feiner Teilchenstrahl einheitlicher Energie trifft auf ein polykristallines Pulver. Wegen der völlig regellosen Orientierung der winzigen Kristalle im Pulver liegen stets einige Mikrokristalle in Bezug auf die einfallende Strahlung unter einem Glanzwinkel α_k. Die von ihnen braggreflektierten Strahlen laufen hinter dem Kristallpulver auf einem Kegelmantel mit dem Öffnungswinkel 4 α_k aus. Auf einem zur ursprünglichen Strahlrichtung senkrecht angebrachten Beobachtungsschirm entsteht als Interferenzfigur ein Kreisring.

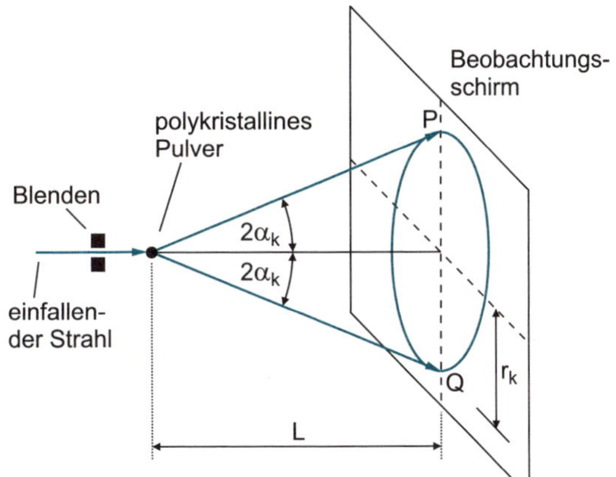

L = Abstand Schirm /Pulver
r_k = Radius des Interferenzrings k-ter Ordnung

Regel

Interferenzmuster beim Debye-Scherrer-Verfahren

Da beim Debye-Scherrer-Verfahren zu verschiedenen Interferenzordnungen bzw. zu unterschiedlichen Netzebenenabständen unterschiedliche Glanzwinkel gehören, entsteht auf dem Beobachtungsschirm als Interferenzmuster ein System von konzentrischen **Kreisringen**.

Bei bekannter Geometrie der Versuchsanordnung (L: Abstand Schirm/Pulver; r_k: Radius des Interferenzrings k-ter Ordnung) und bekanntem Netzebenenabstand d lässt sich die **De-Broglie-Wellenlänge λ** des Teilchenstrahls berechnen:

$$\lambda = \frac{d \cdot r_k}{k \cdot L}$$

Begründung:

$\tan(2\alpha) = \frac{r_k}{L}$	aus der Geometrie der Versuchsanordnung
$\Rightarrow \quad 2\alpha = \frac{r_k}{L} \qquad (1)$	Kleinwinkelnäherung $\tan(2\alpha) \approx 2\alpha$
$2d \cdot \sin\alpha_k = k \cdot \lambda$	Bragg-Bedingung
$\Rightarrow \quad 2\alpha_k = \frac{k \cdot \lambda}{d} \qquad (2)$	Kleinwinkelnäherung $\sin\alpha_k \approx \alpha_k$
$\frac{r_k}{L} = \frac{k \cdot \lambda}{d} \quad \Rightarrow \quad \lambda = \frac{d \cdot r_k}{k \cdot L}$	(1) und (2) gleichsetzen

Aufgaben

27. Die Atome eines Heliumgases der Temperatur 525 K bewegen sich mit einer mittleren Geschwindigkeit vom Betrag $\overline{v} = 1{,}7 \cdot 10^3\ \frac{m}{s}$.

a) Berechnen Sie den Mittelwert $\overline{\lambda}$ der De-Broglie-Wellenlängen der Gasatome.

b) Berechnen Sie den zugehörigen Mittelwert $\overline{f}$ der Frequenz der De-Broglie-Wellen.

c) Wie ändern sich diese Mittelwerte, wenn man die Temperatur des Gases erhöht?

28. Ein Elektron besitzt die Geschwindigkeit $v = 2{,}0 \cdot 10^8\ \frac{m}{s}$. Berechnen Sie die Wellenlänge und die Frequenz der zugehörigen De-Broglie-Welle.

29. Ein Teilchen der Ruhemasse m_0 und der Ladung q wird aus der Ruhe in einem elektrischen Längsfeld durch eine Spannung $U > 0\,V$ beschleunigt.

a) Zeigen Sie, dass es dann die De-Broglie Wellenlänge $\lambda = \frac{h}{\sqrt{2 \cdot |q| \cdot m_0 \cdot U}}$ besitzt.

b) Wodurch wird der Gültigkeitsbereich dieser Beziehung eingeschränkt?

30. Man darf sich De-Broglie-Wellen in der Quantenphysik nicht als sinusförmige Wellen vorstellen, sondern als Wellenpakete. Die Skizze zeigt fünf Momentaufnahmen von solchen Wellenpaketen. Zwischen zwei aufeinanderfolgenden Bildern ist jeweils die gleiche Zeitspanne verstrichen.

a) Warum bewegt sich
- der Punkt mit der Phasengeschwindigkeit?
- der Pfeil mit der Gruppengeschwindigkeit?

b) Vergleichen Sie die beiden Geschwindigkeiten.

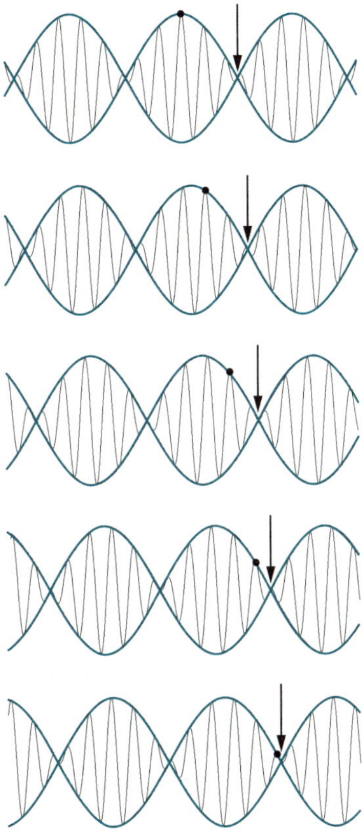

31. Um wie viel Prozent ist die Phasengeschwindigkeit eines Elektrons der Geschwindigkeit $v = 2{,}0 \cdot 10^8 \frac{m}{s}$ größer als die Vakuumlichtgeschwindigkeit?

32. Ein monoenergetischer Elektronenstrahl trifft unter dem Winkel β auf die Netzebenenschar eines Einkristalls und wird unter dem Winkel $\alpha = 38{,}8°$ zum Maximum 1. Ordnung braggreflektiert.
Der Abstand benachbarter Netzebenen beträgt $1{,}85 \cdot 10^{-10}$ m.

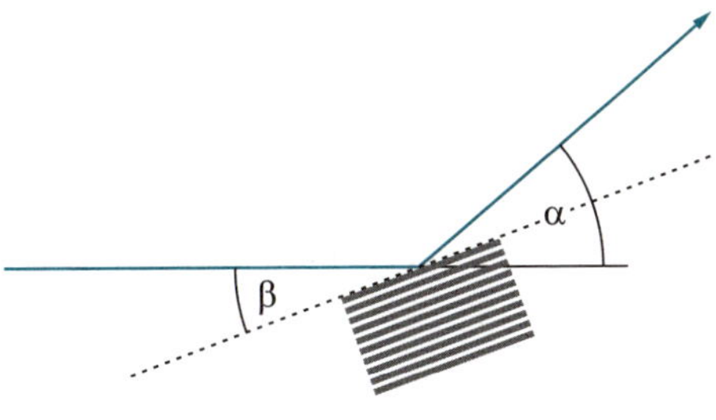

a) Berechnen Sie β.

b) Berechnen Sie die Geschwindigkeit eines Elektrons.

33. Im Jahr 1927 beschleunigten Davisson und Germer Elektronen aus der Ruhe heraus durch eine Spannung von $U = 54$ V und ließen sie dann in einem feinen Strahl auf einen Nickel-Einkristall treffen. Der gegenseitige Abstand der Kristallpartikel beträgt $b = 2{,}15 \cdot 10^{-10}$ m.

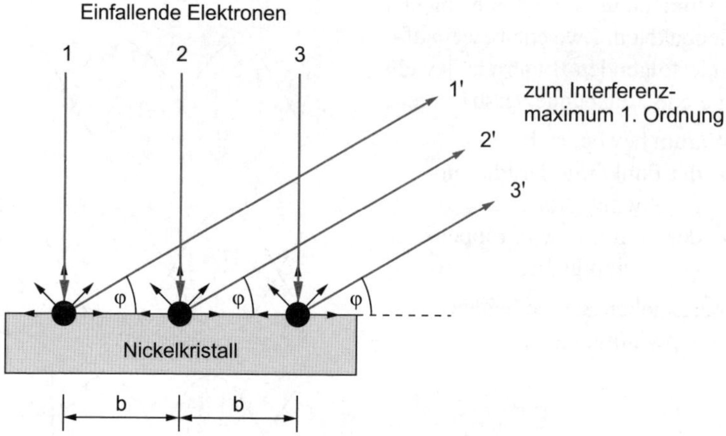

a) Berechnen Sie die De-Broglie-Wellenlänge dieser Elektronen.

b) Warum dringen die Elektronen nicht in den Kristall ein, sondern werden von den Kristallpartikeln der Oberfläche zurückgestreut?

c) Unter welchem Winkel φ müsste man im Unendlichen das Interferenzmaximum 1. Ordnung der Elektronenstreustrahlung beobachten können?

34. Erst 1960 gelang es Jönsson experimentell nachzuweisen, dass Licht und Elektronen an einem Doppelspalt gleiches Ausbreitungsverhalten zeigen.

a) Begründen Sie mithilfe der Beugungsbedingung für konstruktive Interferenz, warum Jönsson einen Doppelspalt mit möglichst kleinem Spaltabstand b und Elektronen mit möglichst großer De-Broglie-Wellenlänge λ verwenden musste.

b) Für welche Beschleunigungsspannungen wird die De-Broglie-Wellenlänge der Elektronen möglichst groß?

c) Begründen Sie, dass die Spalte materiefrei hergestellt werden müssen.

35. Ein Tennisball der Masse 57,5 g fliegt nach einem missglückten Aufschlag in die Zuschauermenge. Er bewegt sich geradlinig mit der Geschwindigkeit $v = 108\ \frac{km}{h}$ auf 4 Zuschauer Z_1, Z_2, Z_3, Z_4 zu, die äquidistant im Abstand 0,5 m längs einer Geraden stehen.

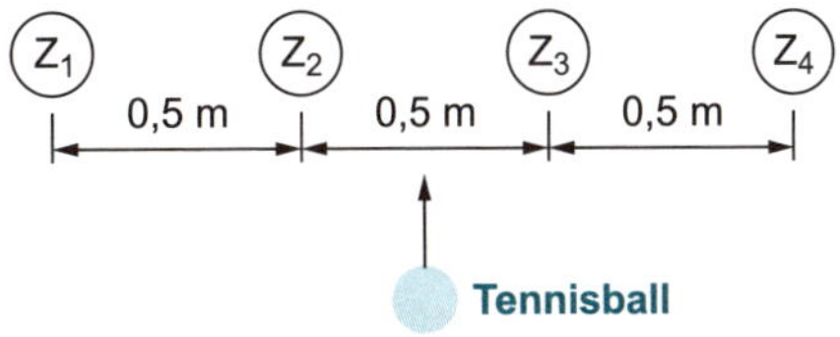

a) Berechnen Sie die De-Broglie-Wellenlänge des Tennisballs.

b) Die Zuschauer bilden ein Beugungsgitter mit 3 Spalten und der Gitterkonstanten $b = 0{,}5$ m. Begründen Sie durch Rechnung, warum der Tennisball unabgelenkt passiert.

36. Zur experimentellen Überprüfung von de Broglies Hypothese beschleunigt man Elektronen aus der Ruhe heraus mit einer Spannung von $U = 1{,}0\,kV$ und lässt sie dann in einem feinen Strahl auf eine dünne Grafitfolie polykristalliner Struktur treffen. Auf einem zum Strahl senkrechten ebenen Schirm, der 25,0 cm hinter der Folie angebracht ist, beobachtet man ein System von konzentrischen Interferenzkreisringen.

a) Zum kleinsten Ring mit Radius $r = 4{,}7$ cm gehören der Netzebenenabstand $d = 2{,}1 \cdot 10^{-10}$ m und die Interferenzordnung 1.
Berechnen Sie den zugehörigen Glanzwinkel.

b) Berechnen Sie aus dem Glanzwinkel und dem Netzebenenabstand die De-Broglie-Wellenlänge der Elektronen.

c) Überprüfen Sie mit den übrigen Angaben de Broglies Formel für die De-Broglie-Wellenlänge.

d) Wie kann man relativ einfach nachweisen, dass die Interferenzringe durch Elektronen und nicht durch Röntgenstrahlen erzeugt worden sind?

4 Verhalten von Quantenobjekten

In den zurückliegenden Kapiteln haben Sie einige wichtige Eigenschaften der Mikroteilchen Elektron und Photon kennengelernt. Beide Teilchen sind Quantenobjekte. Auch alle Elementarteilchen wie Protonen, Neutronen, aber auch Atomkerne, Atome und Moleküle mit nicht zu kleiner De-Broglie-Wellenlänge sind Quantenobjekte. Sie verhalten sich nicht wie stark verkleinerte, quasi miniaturisierte Billardkugeln und können daher nicht mithilfe der klassischen Physik, sondern nur mehr mit der Quantenmechanik beschrieben werden. Dieser Sachverhalt soll in diesem Kapitel erhellt werden.

Gewisse Phänomene wie z. B. der Fotoeffekt lassen sich scheinbar nur mit dem Teilchenmodell, andere wie z. B. die Polarisation von Licht nur mit dem Wellenmodell erklären. Trotzdem zeigt die Erfahrung, dass ein Quantenobjekt immer zwei Naturen besitzt: eine Wellen- und eine Teilchennatur. Genauer gilt:

Regel

Welle-Teilchen-Dualismus
Jedes Quantenobjekt hat eine **Teilchennatur**, die sich bei seiner Wechselwirkung mit Materie zeigt, **und** eine **Wellennatur**, die seine Ausbreitung bestimmt.

Begründung der Aussage über die Teilchennatur:
Die Erfahrung zeigt, dass z. B. bei einem geeignet konzipierten Doppelspaltexperiment die Quantenobjekte hinter dem Doppelspalt nicht zerfließen und ihre Energie nicht stetig auf dem Schirm verteilen, sondern wie Teilchen an einzelnen Stellen im Beobachtungsschirm einschlagen und Schwärzungspunkte hinterlassen.

Begründung der Aussage über die Wellennatur:
Die Erfahrung zeigt, dass z. B. bei einem geeignet konzipierten Doppelspaltexperiment ein Quantenobjekt nie durch genau einen der beiden Spalte tritt, sondern wie bei einer Welle durch beide Spalte gleichzeitig hindurchläuft und hinter dem Doppelspalt mit sich selbst interferiert.

Beide Naturen ergänzen sich gegenseitig bei der Beschreibung des Quantenobjekts, sie verhalten sich komplementär zueinander.

Regel

Komplementarität
Kein Quantenobjekt ist gleichzeitig Welle und Teilchen. Es zeigt zu einem bestimmten Zeitpunkt entweder nur seine Wellen- oder nur seine Teilchennatur.

Begründung: Die Erfahrung zeigt, dass z. B. bei Zweistrahlinterferenzen die Interferenzfigur (Indikator für Wellennatur) verschwindet, sobald man herausfinden will, auf welchem der beiden Wege (Indikator für Teilchennatur) das Quantenobjekt zum Beobachtungsschirm gelangt ist.

Für das eigenartige Nebeneinander von Teilchen- und Wellennatur eines Quantenobjekts gibt es seit 1927 mit der sogenannten „Kopenhagener Interpretation" eine von den meisten Physikern anerkannte Deutung. Max Born trug dazu durch seine statistische Deutung der Wellenfunktion entscheidend bei und erhielt dafür 1954 den Nobelpreis.

Regel

Kopenhagener Interpretation der Quantenmechanik

Bezeichnet man zu einem bestimmten Zeitpunkt t_0 und an einem bestimmten Ort x_0 mit $\psi(x_0)$ die Amplitude des Wellenvorgangs, der einem Quantenobjekt zugeordnet ist, so zeigt die Erfahrung, dass $|\psi(x_0)|^2 \cdot \Delta x$ die Wahrscheinlichkeit dafür ist, das Quantenobjekt zum Zeitpunkt t_0 innerhalb des Ortsintervalls $[x_0; x_0 + \Delta x]$ anzutreffen.

Ebenfalls 1927 entdeckte Werner Heisenberg, dass es grundsätzlich unmöglich ist, den Ort und den Impuls eines Mikroteilchens gleichzeitig absolut genau zu bestimmen. Je genauer man den Ort eines Teilchens zu einem bestimmten Zeitpunkt angeben kann, über einen desto weiteren Bereich können sich zum gleichen Zeitpunkt die Impulswerte des Teilchens erstrecken und umgekehrt. Genauer gilt:

Regel

Heisenberg'sche Unschärferelation

Bezeichnet man mit Δx, Δy, Δz die Unsicherheit in der Angabe des Ortes für ein Quantenobjekt und mit Δp_x, Δp_y, Δp_z die Unsicherheit in der Angabe seines Impulses, so gilt:

$$\Delta x \cdot \Delta p_x \geq \frac{h}{4\pi}$$

$$\Delta y \cdot \Delta p_y \geq \frac{h}{4\pi}$$

$$\Delta z \cdot \Delta p_z \geq \frac{h}{4\pi}$$

Die Heisenberg'schen **Unschärfen** sind die **Standardabweichungen** der Zufallsgrößen „Ort" und „Impuls" des Quantenobjekts:
Δx wird so gewählt, dass im Intervall $]\bar{x} - \Delta x; \bar{x} + \Delta x[$ rund 68 % aller Messwerte liegen; $\bar{x}$ bezeichnet dabei den Erwartungswert E(x) von x.

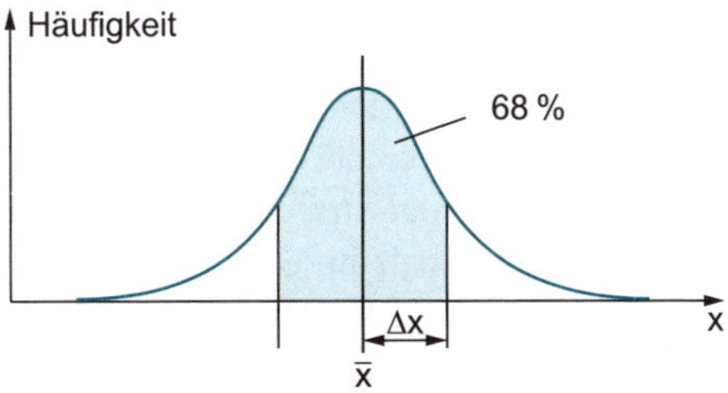

Es gilt:

$$\Delta x = \sqrt{E\left[(x - E(x))^2\right]} = \sigma(x) \quad \text{bzw.} \quad \Delta p_x = \sqrt{E\left[(p_x - E(p_x))^2\right]} = \sigma(p_x)$$

Beachten Sie: Δx und Δp_x haben nichts mit Messfehlern zu tun, die bei der Bestimmung des Quantenobjektorts bzw. -impulses auftreten! Gäbe es eine ideale Apparatur, die nach der klassischen Physik vollkommen exakte Messungen erlaubte, so ließen sich trotzdem die Orts- und die Impulskoordinate eines Quantenobjekts zum selben Zeitpunkt nicht mit größerer Genauigkeit ermitteln, als es die Heisenberg'sche Unschärferelation zulässt. Die Unschärferelation beruht nicht auf unzureichenden Messmethoden, sondern ist eine Eigenschaft der Quantenobjekte.

Beispiel

Ein Elektron hält sich auf der x-Achse nur innerhalb eines Intervalls auf, dessen Länge der Größenordnung nach mit dem Durchmesser eines Atoms (Größenordnung 10^{-10} m) übereinstimmt. Wie groß ist seine Geschwindigkeitsunschärfe?

Lösung:

$\Delta x \approx 10^{-10}\ \text{m}$	Die Ortsunschärfe Δx des Elektrons stimmt der Größenordnung nach mit der Intervalllänge 10^{-10} m überein.
$\Delta x \cdot \Delta p_x \geq \frac{h}{4\pi}$	Heisenberg'sche Unschärferelation
$\Delta x \cdot m \cdot \Delta v_x \geq \frac{h}{4\pi}$	$\Delta p_x = \Delta(m \cdot v_x) = m \cdot \Delta v_x$
$\Delta v_x \geq \frac{h}{4\pi \cdot m \cdot \Delta x}$	auf beiden Seiten durch Δx dividieren
$\Delta v_x \geq \frac{6{,}63 \cdot 10^{-34}\ \text{Js}}{4\pi \cdot 9{,}1 \cdot 10^{-31}\ \text{kg} \cdot 10^{-10}\ \text{m}}$	Zahlenwerte einsetzen
$\Delta v_x \geq \mathbf{5{,}8 \cdot 10^5\ \frac{m}{s}}$	

Bei Messungen der Geschwindigkeit des Elektrons erhielte man im Schnitt relativ große Abweichungen in der Größenordnung von einigen Hunderttausend $\frac{m}{s}$.

Aufgaben

37. Eine Strahlung gleicher Quantenobjekte einheitlicher De-Broglie-Wellenlänge trifft senkrecht auf einen Doppelspalt. Die Spaltabmessungen und die Wellenlänge der Strahlung sind so aufeinander abgestimmt, dass man hinter dem Doppelspalt auf einem Schirm Interferenzen beobachten kann. Durch geeignete Maßnahmen ist sichergestellt, dass sich nie mehrere Quantenobjekte gleichzeitig in der Anordnung befinden.

Beschreiben Sie, welche Beobachtungen man auf dem Schirm macht, wenn

- sehr kurz,
- etwas länger,
- sehr lange belichtet wird.

Welche Natur offenbaren die Quantenobjekte auf dem Schirm?

38. Eine Strahlung gleicher Quantenobjekte einheitlicher De-Broglie-Wellenlänge trifft senkrecht auf einen Doppelspalt. Die Spaltabmessungen und die Wellenlänge der Strahlung sind so aufeinander abgestimmt, dass man hinter dem Doppelspalt auf einem Schirm Interferenzen beobachten kann. Die Stellen auf dem Schirm, die den Spalten exakt gegenüberliegen, sind mit A bzw. B bezeichnet.

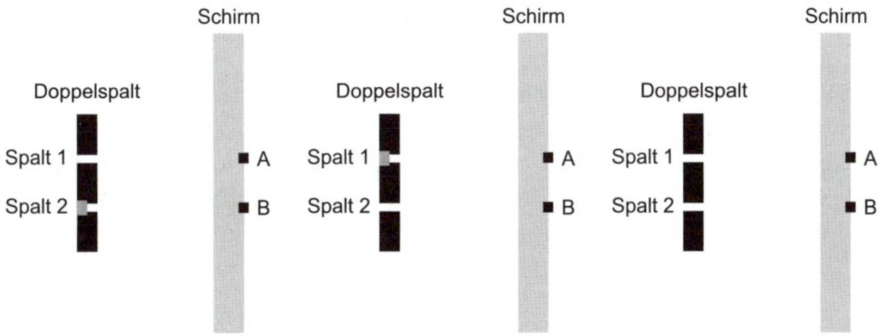

Spalt 2 ist bedeckt. Spalt 1 ist offen. — Spalt 1 ist bedeckt. Spalt 2 ist offen. — Beide Spalte sind offen.

Man führt folgende Versuche durch:

- *Versuch 1:* Die Strahlung fällt T Sekunden auf den Doppelspalt. Spalt 2 ist dabei so abgedeckt, dass die Strahlung nur durch Spalt 1 treten kann.
- *Versuch 2:* Die Strahlung fällt T Sekunden auf den Doppelspalt. Spalt 1 ist dabei so abgedeckt, dass die Strahlung nur durch Spalt 2 treten kann.
- *Versuch 3:* Die Strahlung fällt $2 \cdot T$ Sekunden auf den Doppelspalt. Während der Zeitspanne von 0 bis T ist Spalt 2 abgedeckt, Spalt 1 ist offen, die Strahlung kann nur durch Spalt 1 treten. Während der anschließenden Zeitspanne von T bis $2 \cdot T$ ist Spalt 1 bedeckt und Spalt 2 ist offen, die Strahlung kann nur durch Spalt 2 treten.
- *Versuch 4:* Die Strahlung fällt T Sekunden auf den Doppelspalt. Beide Spalte sind offen.

Beschreiben Sie für jeden Versuch die Intensitätsverteilung der auf den Schirm treffenden Strahlung.
Welche Natur offenbaren die Quantenobjekte beim Passieren des Doppelspalts?

39. Die Abbildung zeigt ein **Michelson-Interferometer**. Das Licht eines Lasers L trifft unter 45° auf einen halbdurchlässigen Spiegel Sp. Ein Teil durchdringt ihn, trifft senkrecht auf den ebenen Spiegel S_1, wird dort reflektiert, gelangt wieder zu Sp und wird zum Teil ins Fernrohr reflektiert. Der andere Teil wird von Sp reflektiert, trifft senkrecht auf den ebenen Spiegel S_2, wird dort reflektiert, kehrt zu Sp zurück, durchdringt ihn zum Teil und gelangt ins Fernrohr. Dort lässt sich ein System von konzentrischen hellen und dunklen Interferenzringen beobachten.

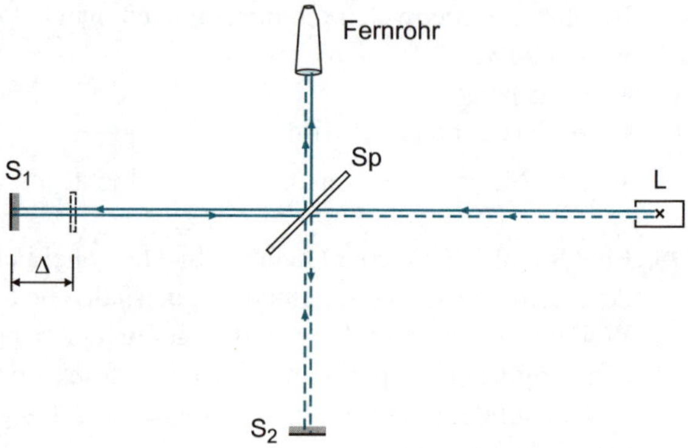

Nun bringt man senkrecht zum Strahlengang in die Lichtwege S_1Sp bzw. S_2Sp je ein Polarisationsfilter. Damit lassen sich die Photonen „markieren“. Wie ändert sich dadurch das Interferenzbild, wenn die Durchlassrichtungen bei beiden Polarisationsfiltern

a) gleich sind?

b) gegeneinander um 90° gedreht sind?

40. Die Abbildung zeigt die Wellenfunktion $\Psi(x)$ eines Quantenobjekts zu einem bestimmten Zeitpunkt t_0 im x-Intervall [0; 3] und die Geraden $x = 0{,}075$ und $y = 0{,}5$.

Mit welcher Wahrscheinlichkeit ist das Quantenobjekt zum Zeitpunkt t_0 im Intervall [0,075; 0,080] anzutreffen?

41. Ein Proton hält sich auf der x-Achse nur innerhalb eines Intervalls auf, dessen Länge mit dem Durchmesser eines Atomkerns (Größenordnung 10^{-15} m) übereinstimmt.

a) Wie groß ist seine Geschwindigkeitsunschärfe?

b) Vergleichen Sie Ihr Ergebnis mit dem entsprechenden Ergebnis für Elektronen im Beispiel auf Seite 24.

42. Warum ist die Aussage „Elektronen eines Atoms bewegen sich auf Bahnen“ physikalisch nicht korrekt?

43. Die Lage des Schwerpunkts eines kleinen Makrokörpers der Masse 1,0 mg kann experimentell mithilfe von Laserlicht der Frequenz $f = 4{,}7 \cdot 10^{14}$ Hz innerhalb eines Ortsintervalls $[x_0; x_0 + \lambda]$ ermittelt werden. λ bezeichnet dabei die Wellenlänge des Laserlichts.

a) Berechnen Sie die zugehörige Geschwindigkeitsunschärfe des Körpers.

b) Welche messtechnische Bedeutung hat der Zahlenwert aus Teilaufgabe a?

44. Die Skizze zeigt die Strahlaufweitung eines Elektronenstrahls beim Durchtritt durch einen Spalt.

a) Was fällt auf?

b) Begründen Sie Ihre Beobachtung mithilfe der Heisenberg'schen Unschärferelation.

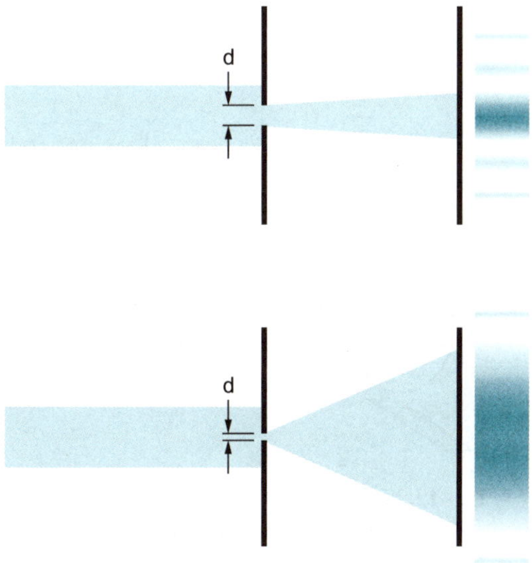

5 Anwendungen in Natur und Technik

In diesem Abschnitt erhalten Sie Gelegenheit, Ihre Kenntnisse über Quantenobjekte auf zwei einst bahnbrechende technische Entwicklungen und ein Himmelsphänomen anzuwenden.

Aufgaben

45. Das Lichttonverfahren

1922 konnte in Berlin mithilfe des Lichttonverfahrens erstmals ein Tonfilm störungsfrei einer größeren Öffentlichkeit präsentiert werden. Die nachstehende Skizze zeigt das Tonaufzeichnungsprinzip dieses Verfahrens.

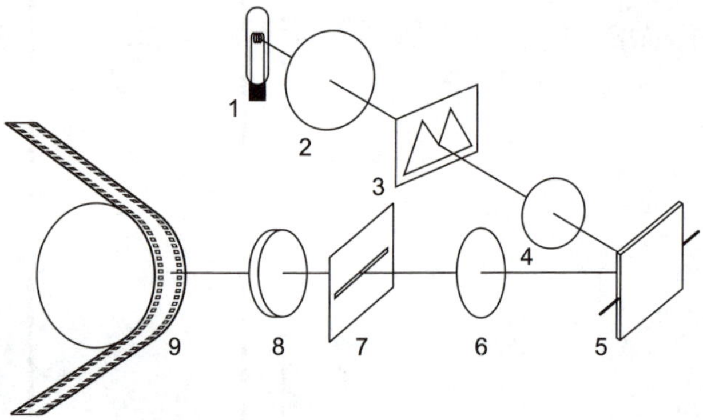

Das Licht der Lampe (1) wird durch die Kondensorlinse (2) gesammelt und auf die Blende (3) mit M-förmiger Aussparung gelenkt. Die Linsen (4) und (6) bilden das M auf den Spalt (7) ab, wobei das M durch Drehung des Spiegels (5) auf und ab bewegt werden kann. Der Spalt (7) wird dabei in unterschiedlicher Breite beleuchtet.

Das in der Breite veränderbare Spaltbild wird durch die Linse (8) auf die vorbeilaufende Tonspur – einen schmalen Streifen zwischen dem Bild und den Perforationslöchern der Filmrolle – gelenkt und belichtet diese. Bei rhythmischer Auf-und-Ab-Bewegung des Spiegels entstehen auf der Tonspur verschieden hohe achsensymmetrische Doppelzacken gleicher Schwärzungsdichte.

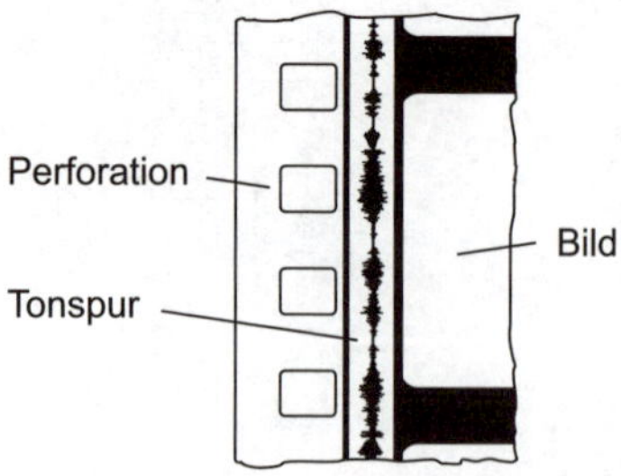

a) Ordnen Sie den drei mit A, B, C bezeichneten Stellen der Tonspur jeweils die richtige Lage des M-Zeichens auf dem Spalt (7) zu.

Skizze 1 I II III

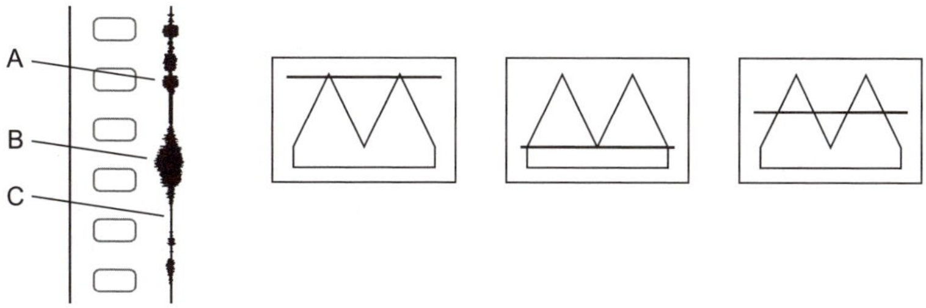

b) Erläutern Sie, wie man mit der skizzierten Anordnung Ton auf der Tonspur speichern kann.

Hinweis: Denken Sie an die Funktionsweise eines Drehspulamperemeters.

c) Wie kann man beim Abspielen des Films den Ton wiedergeben?

Hinweis: Denken Sie an den Fotoeffekt.

46. Elektronenmikroskop

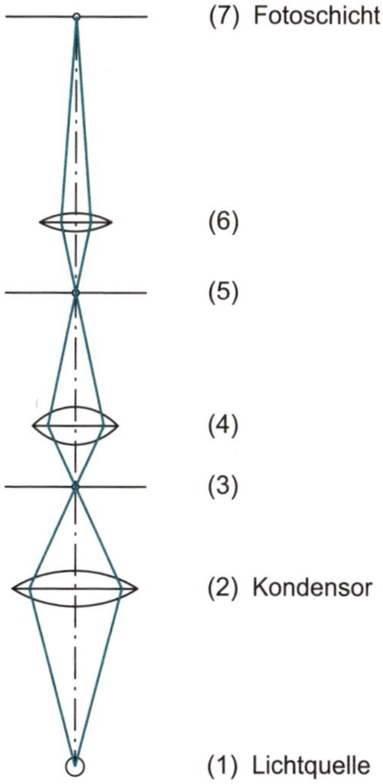

a) Erläutern Sie unter Bezugnahme auf die Skizze rechts das Funktionsprinzip eines Transmissionslichtmikroskops. Ergänzen Sie dabei auch die fehlenden Beschriftungen (3)–(6).

b) Ab 1931 befassten sich die deutschen Physiker Knoll und Ruska mit dem Bau eines Elektronenmikroskops, bei dem die Bildgebung nicht mithilfe von Licht-, sondern mit Elektronenstrahlen bewerkstelligt wird.
Es war bekannt, dass der kleinste Abstand d_{min} zweier Punkte, die vom Objektiv eines Mikroskops noch getrennt abgebildet werden, größenordnungsmäßig der Wellenlänge λ der verwendeten Strahlung entspricht.
Welchen Vorteil bringt es, wenn man in einem Mikroskop die Licht- durch Elektronenstrahlen ersetzt?

c) In einem Lichtmikroskop wird der Strahlengang durch die Brechung des Lichts in Glaslinsen beeinflusst. Wie wird die Elektronenausbreitung im Elektronenmikroskop gesteuert?

d) Röntgen- und Elektronenstrahlung haben der Größenordnung nach vergleichbare Wellenlängen. Warum verwendet man in Mikroskopen anstelle von Licht nicht einfach Röntgenstrahlung?

47. Kometenschweif

Kometen sind eine lose Zusammenballung aus Wassereis, Gas, Staub und kohlenstoffhaltigen Verbindungen. Bei Annäherung an die Sonne geht das Eis direkt vom festen in den gasförmigen Zustand über. Die dabei freigesetzten Staubpartikel und das an ihnen gestreute Sonnenlicht erzeugen den hellen weiß-gelben Staubschweif.

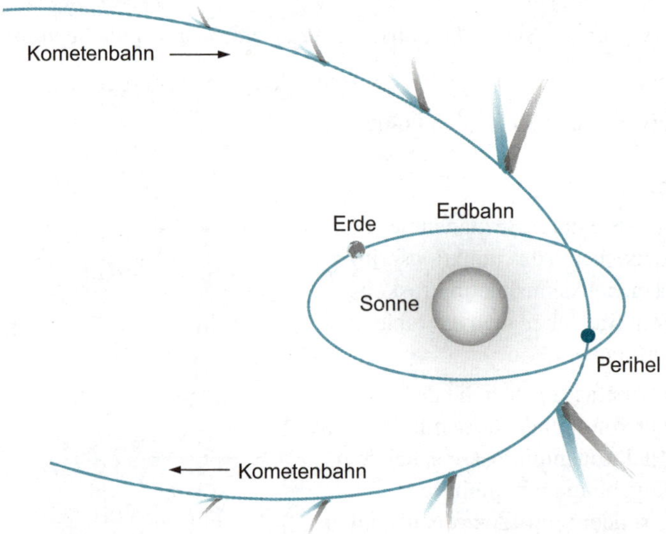

Die Abbildung zeigt unter anderem den Staubschweif eines Kometen an einigen Stellen des sonnennahen Teils seiner Bahn. Zwei Eigenheiten des Staubschweifs fallen sofort ins Auge. Benennen und erklären Sie diese.

Ein Atommodell der Quantenphysik

Das Atomium in Brüssel, gebaut zur Weltausstellung 1958, bildet in $1{,}65 \cdot 10^9$-facher Vergrößerung die würfelförmige Elementarzelle eines Eisenkristalls ab. An jeder Ecke des Würfels und zusätzlich in der Würfelmitte sitzt je ein Eisenatom. Die Atome selbst sind als Kugeln dargestellt, was sich mit der vagen Vorstellung deckt, die man lange Zeit von Atomen hatte als den kleinsten, „unteilbaren" Teilchen, aus denen sich alle Materie zusammensetzt. Erst mithilfe der Quantentheorie verstand man, dass das Atom sehr wohl eine innere Struktur besitzt, die verantwortlich für die chemischen und physikalischen Eigenschaften der Materie ist.

6 Existenz von Atomen

Bereits um 400 v. Chr. sprachen griechische Philosophen die Vermutung aus, dass alle Materie aus kleinen Teilchen aufgebaut sei. Aber erst im 19. Jahrhundert fanden Physiker und Chemiker in größerer Zahl konkrete, indirekte Hinweise für die Existenz von Atomen.

Einer der Ersten, der die Atomidee wieder aufgriff, war der englische Chemiker John Dalton. Er veröffentlichte seine Vorstellungen 1808.

Regel

Dalton'sche Atomhypothese

- Jedes Element besteht aus kleinsten, chemisch nicht weiter zerlegbaren Teilchen, den Atomen.
- Alle Atome eines bestimmten chemischen Elements haben untereinander die gleiche Masse und Größe. Masse und Größe der Atome zweier verschiedener Elemente unterscheiden sich in charakteristischer Weise voneinander.
- Die Atome gleicher oder verschiedener chemischer Elemente können sich zu Verbindungen, den Molekülen, zusammenlagern.

1827 gelang dem englischen Botaniker Robert Brown mit der von ihm entdeckten und nach ihm benannten Bewegung ein indirekter Hinweis auf die Existenz von Atomen und Molekülen.

Definition

Als **Brown'sche Bewegung** bezeichnet man die ungeordnete, regellose Zitterbewegung kleiner, nur unter einem Mikroskop zu beobachtender Teilchen, die in einer Flüssigkeit oder einem Gas schweben.

Bereits Dalton gelang es, die Massen einiger Atome und Moleküle zu bestimmen. Heute kann man sie mit sehr großer Genauigkeit angeben. Sie sollten wissen:

Regel

Absolute Atommasse

Atome haben der Größenordnung nach Massen zwischen 10^{-27} kg und 10^{-25} kg.

Es erweist sich als zweckmäßig, die absolute Masse m_{abs} eines Atoms auf die atomare Masseneinheit u zu beziehen. Man erhält so die anschaulichere relative Atommasse m_r.

Regel

Atomare Masseneinheit und relative Atommasse

- Die Masse $1{,}66054 \cdot 10^{-27}$ kg heißt atomare Masseneinheit und wird mit u bezeichnet.
- Dividiert man die absolute Atommasse m_{abs} durch u, so erhält man die relative Atommasse m_r:

  $\mathbf{m_r = \frac{m_{abs}}{u}}$

  Die relativen Atommassen finden Sie im Periodensystem der Elemente (PSE).

Beispiel

Geben Sie die relative und die absolute Atommasse von Chlor an.

Lösung:

$m_r = 35{,}45$	Zahlenwert steht im PSE. Beachten Sie, dass m_r keine Benennung hat.
$m_{abs} = m_r \cdot u$	Definition von u: $m_r = \frac{m_{abs}}{u} \Leftrightarrow m_{abs} = m_r \cdot u$
$= 35{,}45 \cdot 1{,}66054 \cdot 10^{-27}$ kg	Zahlenwerte einsetzen
$= \mathbf{5{,}887 \cdot 10^{-26}}$ **kg**	

Makroskopische Körper bestehen aus einer astronomisch großen Anzahl von Atomen oder Molekülen. Diese große Zahl lässt sich durch Einführung einer neuen Größe, der Stoffmenge n, anschaulicher erfassen.

Definition

Stoffmenge

$6{,}0221 \cdot 10^{26}$ unter sich gleiche Teilchen stellen die Stoffmenge n = 1 kmol (Kilomol) dar.
Die Größe $N_A = 6{,}0221 \cdot 10^{26} \frac{1}{kmol}$ heißt **Avogadrokonstante**.

Regel

Kilomolmasse

Man erhält die Masse eines Kilomols, indem man die relative Atommasse mit der Benennung kg versieht.

Begründung:

$M_{kmol} = 6{,}0221 \cdot 10^{26} \cdot m_{abs}$	Anzahl der Teilchen eines Kilomols mal Masse eines Teilchens
$= 6{,}0221 \cdot 10^{26} \cdot 1{,}66054 \cdot 10^{-27}\ \text{kg} \cdot m_r$	$m_{abs} = m_r \cdot u$
$= m_r \cdot \text{kg}$	$6{,}0221 \cdot 10^{26} \cdot 1{,}66054 \cdot 10^{-27} = 1$

Beispiel

Berechnen Sie die Stoffmenge n von 14,3 g Sauerstoff (O_2).

Lösung:

$$n = \frac{\text{tatsächliche Masse}}{\text{Masse eines Kilomols}}$$

$$= \frac{14{,}3 \cdot 10^{-3}\ \text{kg}}{15{,}999 \cdot 2\ \frac{\text{kg}}{\text{kmol}}} = \mathbf{4{,}47 \cdot 10^{-4}\ kmol}$$

Regel für Kilomolmasse; Formelsammlung bzw. PSE

Mit einfachen Versuchen (vgl. Aufgaben 52 und 53) oder Überlegungen (vgl. Aufgabe 53) findet man:

Regel

Atomradien

Die Atome haben der Größenordnung nach einen Radius von 10^{-10} m.

Aufgaben

48. Erklären Sie die Brown'sche Bewegung.

49. Berechnen Sie die

a) relative Molekülmasse von Kohlensäure (H_2CO_3).

b) absolute Masse eines Kohlensäuremoleküls.

50. Berechnen Sie die Stoffmenge n von 0,27 g Kohlensäure.

51. Ein Molekül der relativen Molekülmasse 142,036 u ist nur aus Natrium-, Schwefel- und Sauerstoffatomen aufgebaut. Bei der chemischen Analyse einer nur aus diesen Molekülen bestehenden Stoffmenge stellt man 110,352 g Natrium, 76,944 g Schwefel und 153,590 g Sauerstoff fest.
Wie viele Atome jeder Sorte kommen in einem Molekül vor?

52. a) In der Mittelstufe haben Sie mithilfe des Ölfleckversuchs die Größenordnung für den Durchmesser eines Atoms bestimmt. Erklären Sie den Aufbau und die Durchführung des Versuchs. Erläutern Sie dabei genau, jedoch ohne Rechnung, wie es gelingt, mit einfachen Hilfsmitteln den Durchmesser eines Ölsäuremoleküls abzuschätzen.

b) Bei einer Messung verwendet man Ölsäure, die mit Leichtbenzin im Verhältnis 1 : 2 000 gemischt wird. Eine mit 10 cm^3 des Gemischs gefüllte Tropfpipette liefert 621 gleich große Tropfen. Einer dieser Tropfen erzeugt einen kreisförmigen Ölfleck vom Radius r = 5,7 cm. Schätzen Sie mit diesen Daten den mittleren Durchmesser d eines Ölsäuremoleküls ab.

53. Berechnen Sie aus der relativen Atommasse und der Dichte von Gold den Durchmesser eines Goldatoms. Gehen Sie bei Ihrem Ansatz vereinfachend von würfelförmigen Atomen aus.

54. Um elektrische Eigenschaften der Materie berücksichtigen zu können, schlug der englische Physiker J. J. Thomson 1904 folgendes Atommodell vor:
Ein Atom besteht aus einer homogen verteilten, positiv geladenen Masse in Kugelform, in die sehr viel kleinere Kugeln mit negativer Ladung, die Elektronen, eingebettet und durch elektrostatische Kräfte an bestimmte Ruhelagen gebunden sind. Die Anzahl der Elektronen ist so groß, dass ihre gesamte negative Ladung der positiven des übrigen Atoms gleich ist.

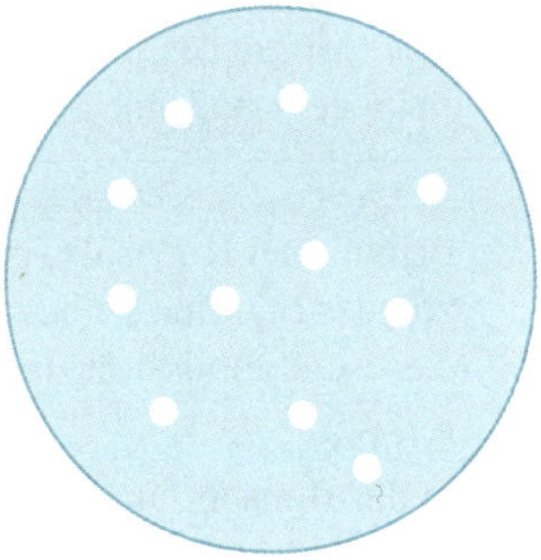

Warum ist dieses Atommodell nicht haltbar, wenn man weiß, dass energiereiche Elektronen eine wenige µm dicke Metallfolie fast unabgelenkt durchfliegen können?

7 Quantenhafte Emission und Absorption von Energie

Anfang des 20. Jahrhunderts hatten die Physiker eine Reihe von experimentellen Belegen dafür gesammelt, dass Atome Energie nur in ganz bestimmten Beträgen absorbieren und emittieren können. In diesem Abschnitt werden die wichtigsten diesbezüglichen Experimente, Begriffe und Regeln wiederholt.

Definition

Atomanregung
Die Zufuhr von Energie an ein Atom, bei der es nicht zu Ablösungen von Elektronen kommt, nennt man Anregung.

Atome können durch Stöße mit Photonen, Elektronen oder Atomen angeregt werden. Dabei kann ein Atom aber nur ganz bestimmte, für dieses Atom charakteristische Energien absorbieren. Ein angeregtes Atom verharrt etwa 10^{-8} s im angeregten Zustand und kehrt dann unter Abgabe eines Photons der Energie $\Delta E = h \cdot f$ in den Ausgangszustand zurück.

Regel

Arten der Atomanregung

- Eine Anregung mit **Photonen** ist nur möglich, wenn die Photonenenergie exakt einer charakteristischen Anregungsenergie ΔE des Atoms entspricht.
- Eine Anregung mit **Elektronen** oder **Atomen** ist auch möglich, wenn die kinetische Energie des stoßenden Teilchens größer als ΔE ist. Der Überschuss verbleibt dem stoßenden Teilchen als kinetische Energie.

Beispiel

Bringt man Kochsalz (NaCl) in eine nicht leuchtende Bunsenflamme, so geht von der Flamme gelbes Licht der Wellenlänge $\lambda = 589$ nm aus. Wie kommt diese Lichtemission zustande?

Lösung:

In der Bunsenflamme befindet sich eine relativ große Zahl von Natriumatomen. Diese sind aufgrund der hohen Flammentemperatur durch Dissoziation der NaCl-Moleküle entstanden. Einige dieser Atome besitzen infolge ihrer Wärmebewegung eine so große kinetische Energie, dass sie durch Stoß anderen Na-Atomen Energie zuführen können; diese gelangen dadurch vom Grundzustand in ein höheres Energieniveau. Da die angeregten Zustände eines Atoms nur eine kurze Lebensdauer von etwa 10^{-8} s haben, fallen die angeregten Na-Atome sehr rasch wieder in den Grundzustand zurück. Die Energiedifferenz zwischen dem angeregten und dem Grundzustand wird in Form eines Photons der Energie $\Delta E = \frac{h \cdot c}{\lambda}$ mit $\lambda = 589$ nm abgeführt.

1888 veröffentlichte Johannes Rydberg eine Formel, mit der man die Wellenlängen aller Photonen berechnen kann, die von Wasserstoffatomen emittiert oder absorbiert werden.

Regel

Serienformel für das Wasserstoffatom

$\frac{1}{\lambda} = R \cdot \left(\frac{1}{n_1^2} - \frac{1}{n_2^2}\right)$ mit $n_1 = 1, 2, 3, \ldots$ und $n_2 = n_1 + 1, n_1 + 2, n_1 + 3, \ldots$

λ bezeichnet die Wellenlänge des emittierten Lichts, $R = 1{,}1 \cdot 10^7 \frac{1}{m}$ heißt **Rydbergkonstante**.

Um die Vielzahl der nach dieser Formel möglichen Wellenlängen zu strukturieren, führt man zwei Begriffe ein:

- Der Kehrwert $\bar{f} = \frac{1}{\lambda}$ der Wellenlänge λ wird **Wellenzahl** genannt. Die Wellenzahl gibt an, wie viele ganze Wellen auf eine Längeneinheit passen.
- Einen Term der Form $T_n = -\frac{R}{n^2}$ $(n \in \mathbb{N})$ nennt man **Spektralterm**.

Unter Verwendung dieser Begriffe lautet Rydbergs Gesetz:

$\overline{f} = T_{n_2} - T_{n_1}$

Es besagt: Die Wellenzahl eines von einem Wasserstoffatom emittierten und absorbierten Photons ist gleich der Differenz zweier Spektralterme.

Trägt man die numerischen Werte der Spektralterme T_n auf einer vertikalen Achse ab und verlängert die Markierungsstriche horizontal, erhält man das **Spektraltermschema**, in dem die Wellenzahlen die Streckenlängen zwischen zwei Spektraltermmarken sind. Mithilfe dieses Schemas erkennt man, dass sich die einzelnen Wellenzahlen in **Spektralserien** zusammenfassen lassen. Jede Serie besteht aus den Wellenzahlen

$\overline{f}_{n_1 n_2} = T_{n_2} - T_{n_1}$

zu einem festen Termniveau n_1 und einem veränderlichen Termniveau n_2.

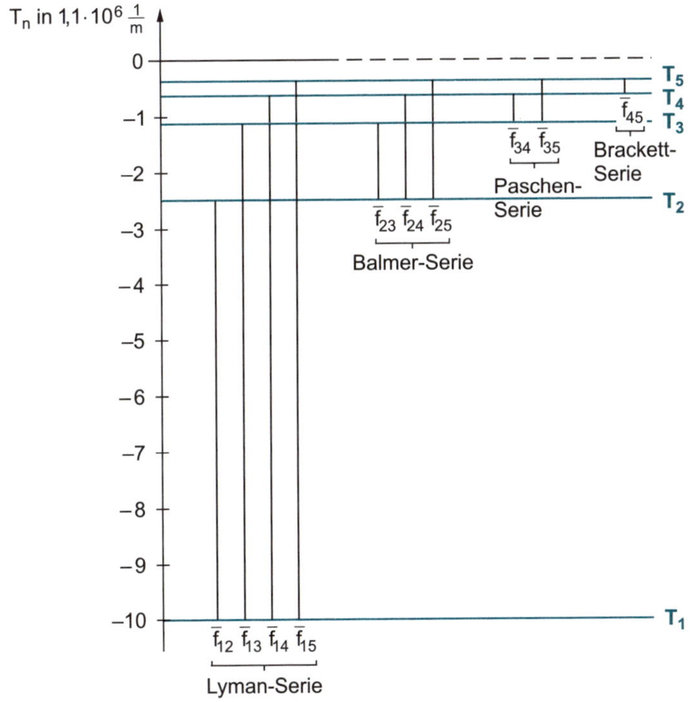

Die Serien sind nach den Physikern benannt, welche diese Serien experimentell nachgewiesen haben (siehe Tabelle).

Serienname	Serienformel		spektraler Bereich
Lyman-Serie	$\frac{1}{\lambda} = R \cdot \left(1 - \frac{1}{n^2}\right)$	$n = 2, 3, 4, \ldots$	ganz im UV-Bereich
Balmer-Serie	$\frac{1}{\lambda} = R \cdot \left(\frac{1}{4} - \frac{1}{n^2}\right)$	$n = 3, 4, 5, \ldots$	4 Linien im sichtbaren, die restlichen im UV-Bereich
Paschen-Serie	$\frac{1}{\lambda} = R \cdot \left(\frac{1}{9} - \frac{1}{n^2}\right)$	$n = 4, 5, 6, \ldots$	ganz im Infrarot-Bereich
Brackett-Serie	$\frac{1}{\lambda} = R \cdot \left(\frac{1}{16} - \frac{1}{n^2}\right)$	$n = 5, 6, 7, \ldots$	ganz im Infrarot-Bereich
Pfund-Serie	$\frac{1}{\lambda} = R \cdot \left(\frac{1}{25} - \frac{1}{n^2}\right)$	$n = 6, 7, 8, \ldots$	ganz im Infrarot-Bereich

Hinweis: Für die 4 sichtbaren Linien der Balmer-Serie haben sich, beginnend bei der größten Wellenlänge, die Bezeichnungen H_α, H_β, H_γ und H_δ eingebürgert.

Beispiele

1. Berechnen Sie die Wellenlänge λ_{max} der langwelligsten Linie der Lyman-Serie.

   Lösung:
   Die größte Wellenlänge der Lyman-Serie

   $\frac{1}{\lambda} = R \cdot \left(1 - \frac{1}{n^2}\right), \quad n = 2, 3, 4, \ldots$

   erhält man, wenn $1 - \frac{1}{n^2}$ minimal wird. Das ist für $n = 2$ der Fall. Also gilt:

   $$\frac{1}{\lambda_{max}} = R \cdot \left(1 - \frac{1}{2^2}\right) = R \cdot \frac{3}{4} \qquad \text{Ansatz}$$

   $$\Rightarrow \lambda_{max} = \frac{4}{3R} \qquad \text{auf beiden Seiten Zähler und Nenner vertauschen}$$

   $$= \frac{4}{3 \cdot 1{,}1 \cdot 10^7 \, \frac{1}{m}} = \mathbf{1{,}2 \cdot 10^{-7}\ m} \qquad \text{Zahlenwerte einsetzen}$$

2. Zeigen Sie, dass ein H-Atom nur Photonen folgender Energien emittiert:

   $E_{Ph} = 13{,}6\ eV \cdot \left(\frac{1}{n_1^2} - \frac{1}{n_2^2}\right); \quad n_1 = 1, 2, 3, \ldots; \quad n_2 = n_1 + 1, n_2 + 2, n_3 + 3, \ldots$

   Lösung:

   $$E_{Ph} = h \cdot f \qquad \text{Photonenenergie}$$

   $$= h \cdot \frac{c}{\lambda} = h \cdot c \cdot \frac{1}{\lambda} \qquad f \cdot \lambda = c$$

   $$= h \cdot c \cdot R \cdot \left(\frac{1}{n_1^2} - \frac{1}{n_2^2}\right) \qquad \text{Serienformel } n_1 = 1, 2, 3, \ldots; \ n_2 = n_1 + 1, n_2 + 2, n_3 + 3, \ldots$$

   $$= 4{,}14 \cdot 10^{-15}\ eVs \cdot 3{,}00 \cdot 10^8\ \frac{m}{s} \cdot 1{,}097 \cdot 10^7\ \frac{1}{m} \cdot \left(\frac{1}{n_1^2} - \frac{1}{n_2^2}\right) = \mathbf{13{,}6\ eV} \cdot \left(\frac{1}{n_1^2} - \frac{1}{n_2^2}\right) \qquad \text{Zahlenwerte einsetzen}$$

Die im Beispiel 2 berechnete Energie E_{Ph} wird von einem Wasserstoffatom abgegeben, wenn es Licht emittiert. Das Atom geht dabei von einem Zustand mit der größeren Energie $13{,}6\,\text{eV} \cdot \frac{1}{n_1^2}$ in einen mit der kleineren Energie $13{,}6\,\text{eV} \cdot \frac{1}{n_2^2}$ $(n_2 > n_1)$ über.
Je größer die Energie eines Niveaus ist, desto schwächer ist das Elektron des Wasserstoffatoms gebunden.

Regel

Energieniveaus des Wasserstoffatoms
Vereinbart man, dass das Wasserstoffatom die Energie null hat, wenn sein Elektron gerade nicht mehr gebunden ist und in unendlicher Entfernung ruht, so gilt für die Energieniveaus des Wasserstoffatoms:

$$\mathbf{E_n = -R \cdot h \cdot c \cdot \frac{1}{n^2}, \quad n = 1, 2, 3, \ldots}$$

Trägt man die zugehörigen numerischen Werte auf einer vertikalen Achse an und verlängert die Markierungsstriche horizontal, so erhält man das **Energieniveauschema**. Es stellt die Energie, die beim Übergang des Wasserstoffatoms von einem zum anderen Energieniveau emittiert oder absorbiert wird, grafisch als Strichlängen zwischen den entsprechenden Energieniveaus dar.

Die Energieterme $E_n = -R \cdot h \cdot c \cdot \frac{1}{n^2}$ stimmen bis auf den multiplikativen Faktor $h \cdot c$ mit dem Spektraltermen T_n überein (vgl. S. 36f.).

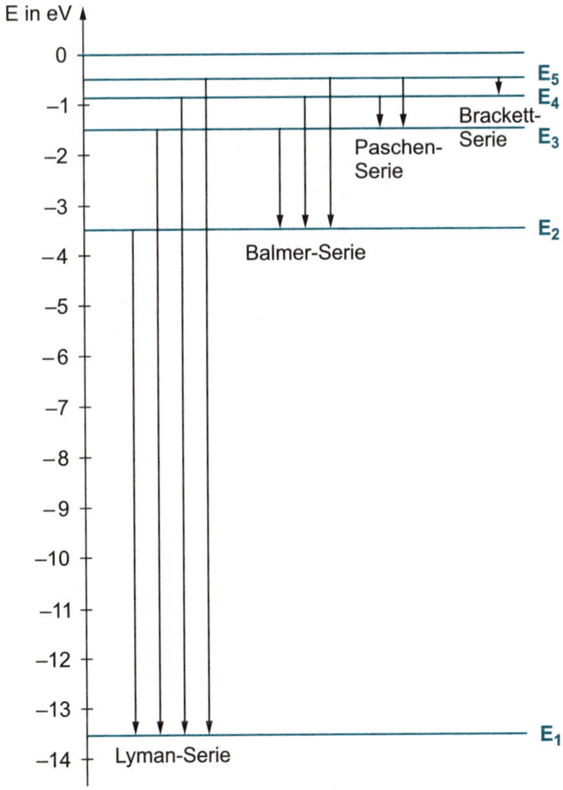

Beispiel

Durch Absorption eines Photons wird ein Wasserstoffatom vom Grundzustand (n = 1) auf das Niveau n = 3 gehoben. Berechnen Sie die Energie des Photons.

Lösung:

$E_{Ph} = E_3 - E_1$ — Ansatz (Energieerhaltung)

$= -R \cdot h \cdot c \cdot \frac{1}{3^2} - \left(-R \cdot h \cdot c \cdot \frac{1}{1^2}\right)$ — Energieniveaus des H-Atoms

$= R \cdot h \cdot c \cdot \left(1 - \frac{1}{9}\right)$ — $R \cdot h \cdot c$ ausklammern

$= \frac{8}{9} \cdot 13{,}6\ \text{eV} = \mathbf{12{,}1\ eV}$ — $R \cdot h \cdot c = 13{,}6$ eV

Definition

Ionisierungsenergie

Unter der Ionisierungsenergie eines Atoms versteht man die kleinste Energie, die zur Abtrennung eines Elektrons aus der Elektronenhülle des im Grundzustand befindlichen Atoms erforderlich ist.

Regel

Ionisierungsenergie des Wasserstoffatoms

Für die Ionisierungsenergie eines Wasserstoffatoms gilt:

$\mathbf{E_{ion} = R \cdot h \cdot c = 13{,}6\ eV}$

Begründung: Das Wasserstoffatom ist dann unter minimalem Energieaufwand ionisiert worden, wenn sich sein Elektron in unendlicher Entfernung vom Atomkern in Ruhe befindet, also gerade auf das Niveau „n = ∞" angehoben wurde. Die Energie, die das Atom absorbieren muss, beträgt:

$$E_{ion} = E_\infty - E_1 = -R \cdot h \cdot c \cdot \lim_{n \to \infty} \left(\frac{1}{n^2} - \frac{1}{1^2}\right) = R \cdot h \cdot c$$

Aufgaben

55. Ein weißer Schirm wird durch eine Natriumdampflampe und eine Glühlampe gleicher Lichtleistung ausgeleuchtet. An der Stelle, wo sich die Lichtkegel der Lampen kreuzen, wird eine Bunsenflamme, in die man Kochsalz gestreut hat, in den Strahlengang beider Lampen gebracht.

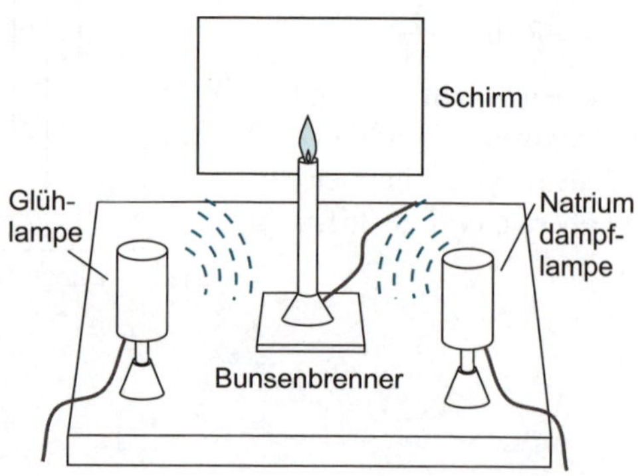

Welche Beobachtung macht man an der Stelle des Schirms, an der das Licht

a) der Natriumdampflampe

b) der Glühlampe

auftrifft? Begründen Sie Ihre Antworten ausführlich.

56. Beleuchtet man Natriumdampf, der sich in einem sonst gut evakuierten Glaskolben befindet, mit Natriumdampflampenlicht, beobachtet man bei seitlicher Betrachtung unter einem Winkel von 90° gegen die Lichtrichtung eine gelbliche Trübung, die sich über das ganze vom Licht erfasste Gefäßvolumen erstreckt.
Ersetzt man die Natriumdampflampe aber durch eine Glühlampe gleicher Lichtleistung, so tritt die Trübung nicht auf. Erklären Sie dies.

57. Das weiße Licht einer Bogenlampe fällt durch einen engen Spalt, der mithilfe einer Linse auf einen Schirm abgebildet wird. Ein hinter der Linse angebrachtes Geradsichtprisma erzeugt ein helles kontinuierliches Spektrum. Stellt man nun einen Bunsenbrenner in den Strahlengang zwischen Spalt und Linse und streut Kochsalz (NaCl) in die Flamme des Bunsenbrenners, so erscheint im gelben Bereich des Spektrums bei 589 nm eine scharfe schwarze Linie. Erklären Sie dies.

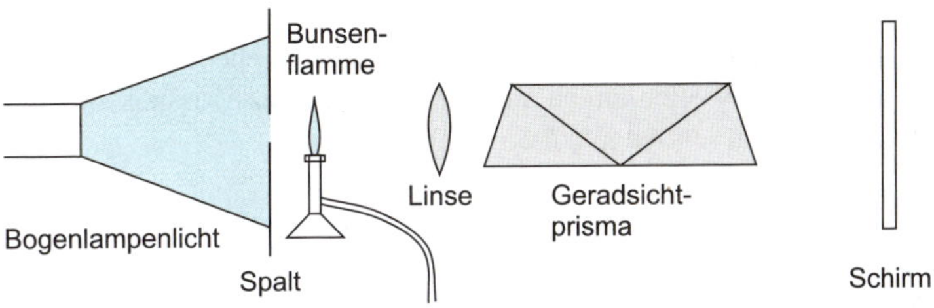

58. Die Post gab zum 225. Geburtstag Joseph von Fraunhofers eine Briefmarke heraus, in der von rechts nach links die Farbenfolge Violett–Blau–Grün–Gelb–Rot abgebildet ist. Erläutern Sie die Bedeutung der schwarzen Linien auf der Briefmarke.

59. Die kleinste Energie, die ein im Grundzustand befindliches Wasserstoffatom absorbieren kann, beträgt 10,11 eV. Rechnungen zeigen, dass erst ab einer Temperatur von ca. 78 000 K die Atome eines Wasserstoffgases im Mittel die kinetische Energie 10,11 eV besitzen. Warum können dann in einem Gas, das Zimmertemperatur besitzt, trotzdem Wasserstoffatome andere Wasserstoffatome aus dem Grundzustand durch Stoß anregen?

60. Den Zusammenhang zwischen Druck, Volumen und Temperatur (im Bereich von einigen Hundert Kelvin) eines Gases kann man theoretisch erklären, wenn man die Gasatome als starre Kugeln ansieht, die untereinander und mit der Gefäßwand vollkommen elastisch stoßen. Wie ist dies mit der Stoßanregung vereinbar?

61. Die Wellenlänge, die zur größten Wellenzahl einer Spektralserie gehört, heißt Seriengrenze und wird mit λ_G bezeichnet.
Berechnen Sie die Seriengrenze der Balmer-Serie.

62. Weisen Sie durch Rechnung nach, dass sich die Linienspektren der Lyman- und Balmer-Serie nicht überlappen.

63. Eine Linie des Wasserstoffatomspektrums besitzt die Wellenlänge 1,00 µm. Der zugehörige Laufterm lautet $-\frac{R}{49}$. Zu welcher Serie gehört die Linie?

64. Zeigen Sie anhand des Spektraltermschemas auf S. 37, dass man durch Addition oder Subtraktion zweier Wellenzahlen wieder eine Wellenzahl erhalten kann, aber nicht muss.

65. Im Absorptionsspektrum des einfach ionisierten Heliumions beobachtet man Linien mit den Wellenlängen $\lambda_1 = 30{,}4$ nm, $\lambda_2 = 25{,}6$ nm und $\lambda_3 = 24{,}3$ nm, die alle durch Absorption aus dem Grundzustand entstehen.
Bestimmen Sie die Wellenlängen aller Linien des Emissionsspektrums von He^+, die sich aus diesen Angaben ermitteln lassen.

66. Auf die Atome eines Wasserstoffgases trifft elektromagnetische Strahlung mit kontinuierlicher spektraler Verteilung. Dadurch werden einige Atome ausschließlich aus dem Grundzustand heraus so angeregt, dass im Emissionsspektrum des Gases von der Balmer-Serie nur die H_α- und die H_β-Linie auftreten.

a) Berechnen Sie den Zahlenwert einer Wellenlänge λ_0, die demzufolge in der auftreffenden Strahlung bestimmt enthalten ist. Welche Linie des Emissionsspektrums entspricht λ_0?

b) Wie viele Linien sind im Emissionsspektrum insgesamt zu beobachten? (Begründung!)
Berechnen Sie die Wellenlänge λ_{max} der langwelligsten Linie.

c) Bis zu welcher Grenzwellenlänge λ_G dürfen in der auftreffenden Strahlung weitere Wellenlängen λ mit $\lambda < \lambda_0$ enthalten sein, ohne dass sich dadurch die Zahl der Linien im Emissionsspektrum ändert?

67. Zur Ionisierung eines Wasserstoffatoms aus dem Grundzustand benötigt man die Energie $E_{ion} = 13{,}6$ eV. $\lambda^* = 94{,}96$ nm ist die Wellenlänge eines Photons, das zum Übergang $n = 5 \rightarrow n = 1$ gehört.
Berechnen Sie mit diesen Daten die Mindestenergie $E_{ion,5}$, die zur Ionisation eines Wasserstoffatoms aus dem Energieniveau E_5 gehört.

68. Berechnen Sie die kleinste Wellenlänge λ_{min}, die man beobachten kann, wenn ein Proton ein Elektron der kinetischen Energie 0,5 eV einfängt.

8 Die Atommodelle von Rutherford und Bohr

Zwischen 1909 und 1913 untersuchte Ernest Rutherford die Streuung von Alphateilchen an Goldatomen. Mithilfe der dabei gewonnenen Einsichten entwickelte er die bis dahin gebräuchlichen Atommodelle fort. Einige der gravierenden Mängel des Rutherford'schen Modells versuchte Niels Bohr 1913 durch zusätzliche Annahmen zu beheben und stellte seinerseits ein verbessertes Atommodell auf.

Beim **Rutherford'schen Streuversuch** trifft von der Strahlung eines α-Präparats ein Parallelbündel definierter Richtung senkrecht auf eine dünne Goldfolie. Die Richtungsverteilung nach dem Durchgang durch die Folie wird mithilfe von Szintillationsschirm und Mikroskop untersucht: Auf dem Szintillationsschirm auftreffende α-Teilchen rufen Lichtblitze hervor, die mit einem Mikroskop beobachtet werden können.

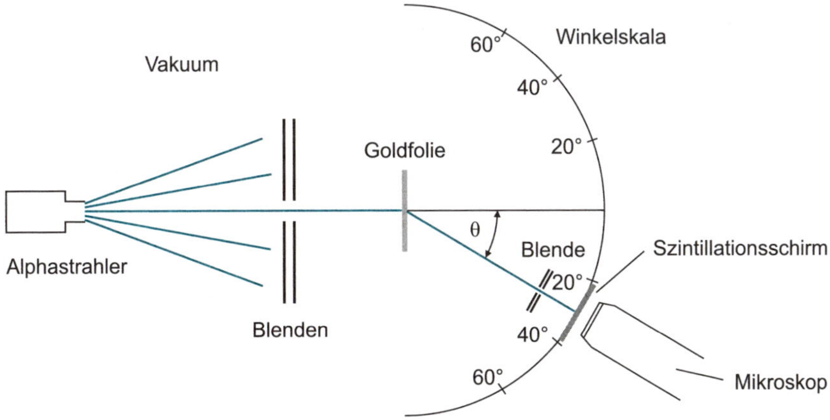

Regel

Qualitative Ergebnisse der Streuversuche

1. Fast alle α-Teilchen gehen unabgelenkt durch die Folie hindurch.
2. Kleine Ablenkwinkel θ kommen häufiger vor, große außerordentlich selten; gelegentlich ist auch eine Rückwärtsstreuung unter 180° zu beobachten.
3. Große Ablenkwinkel kommen nicht durch viele kleinere Ablenkungen gleicher Richtung zustande.
4. Die gestreuten α-Teilchen weisen einen nur unmerklichen Energieverlust auf.

Rutherford folgerte hieraus:

a) Der größte Teil des Atoms ist leer.
b) Es gibt einen Atomkern.
c) Der Kern vereinigt fast die gesamte Masse des Atoms in sich.
d) Der Kern ist positiv geladen.

Begründung:

a) Die Folgerung ergibt sich direkt aus dem Versuchsergebnis 1.
b) α-Teilchen besitzen eine wesentlich größere Masse als Elektronen und werden daher nicht von Elektronen abgelenkt. Da nur wenige α-Teilchen abgelenkt werden, müssen die Bereiche, die ein α-Teilchen nicht durchdringen kann, sehr klein sein.
c) Da die kinetische Energie der α-Teilchen bei der Wechselwirkung mit den Atomkernen nur unmerklich kleiner wird, muss die Masse des Streuzentrums sehr groß (wesentlich größer als die Masse eines α-Teilchens) sein.
d) Die Rückwärtsstreuung von α-Teilchen um 180° ist nur bei gleichnamiger Ladung von α-Teilchen und Kern erklärbar.

Damit gelangte Rutherford zu folgender Vorstellung über das Atom:

Regel

Rutherford'sches Atommodell

Jedes Atom besteht aus einem Atomkern und einer Atomhülle.

- Im **Atomkern** ist die gesamte **positive** Ladung und nahezu die gesamte Masse des Atoms konzentriert. Der Kernradius ist kleiner als 10^{-14} m.
- Die den Kern umgebende **Atomhülle** besteht aus Elektronen. Sie umkreisen den Kern wie Planeten die Sonne. Für die Kreisbahnen gilt die Kräftebilanz:

  $\vec{F}_{Coulomb} = \vec{F}_{Zentripetal}$

Die Elektronen neutralisieren die positive Ladung des Kerns, sodass das Atom nach außen hin elektrisch neutral erscheint. Die Hülle bestimmt den Durchmesser des Atoms (ca. 10^{-10} m) und bildet einen festen Abschluss des Atoms nach außen.

Beispiel

Berechnen Sie die Geschwindigkeit, die das Elektron im Wasserstoffatom besitzt, wenn es vom Zentrum $r = 5{,}29 \cdot 10^{-11}$ m entfernt ist.

Lösung:

$$F_{Zentripetal} = F_{Coulomb}$$ Kräftebilanz

$$\frac{m \cdot v^2}{r} = \frac{1}{4\pi \cdot \varepsilon_0} \cdot \frac{e^2}{r^2}$$ Formeln einsetzen

$$\Rightarrow \quad v = \sqrt{\frac{e^2}{4\pi \cdot \varepsilon_0 \cdot m \cdot r}}$$ auf beiden Seiten durch m dividieren, mit r multiplizieren und radizieren

$$= \sqrt{\frac{(1{,}6 \cdot 10^{-19}\,\mathrm{As})^2}{4\pi \cdot 8{,}85 \cdot 10^{-12}\,\frac{\mathrm{As}}{\mathrm{Vm}} \cdot 9{,}1 \cdot 10^{-31}\,\mathrm{kg} \cdot 5{,}29 \cdot 10^{-11}\,\mathrm{m}}}$$ Zahlenwerte einsetzen

$$= \mathbf{2{,}2 \cdot 10^6\,\frac{m}{s}}$$

Bereits Rutherford wusste, dass sein Atommodell Mängel aufwies. Weitere traten im Zuge der nachfolgenden Forschungsergebnisse auf. Aus heutiger Sicht sind vier wesentliche Unzulänglichkeiten zu nennen:

Regel

Unzulänglichkeiten des Rutherford'schen Atommodells

- **Instabilität des Atoms:** Die kreisenden Elektronen stellen beschleunigte Ladungen dar, müssten somit nach der klassischen Physik elektromagnetische Energie abstrahlen und aufgrund dieses Energieverlustes auf Spiralbahnen in den Kern stürzen.
- **Linienspektren der Atome sind nicht erklärbar:** Da für den Bahnradius des Elektrons beliebige Werte zulässig sind, kann das Atom beliebige Energiewerte annehmen.
- **Unterschiedliche Atomgrößen desselben Elements möglich:** Dass für den Bahnradius des Elektrons beliebige Werte zulässig sind, widerspricht der Erfahrungstatsache, dass alle Atome eines chemischen Elements gleichen Hüllenradius besitzen.
- **Bahnbegriff unzulässig:** Der Begriff Bahn setzt eine genaue Kenntnis des Orts und gleichzeitig eine genaue Kenntnis der Geschwindigkeit und damit des Impulses voraus. Dies ist aber nach der Heisenberg'schen Unschärferelation nicht möglich.

Den Mangel der Instabilität des Atoms behob Bohr 1913 gewaltsam. Er forderte, dass die Elektronen der Hülle nur auf ganz bestimmten Bahnen strahlungsfrei kreisen können. Zudem fand er eine schlüssige Begründung für das Auftreten von Linienspektren.

Regel

Bohr'sche Postulate

1. Das Elektron des Wasserstoffatoms kann nur auf ganz bestimmten Bahnen strahlungsfrei um den Kern kreisen. Erlaubt sind nur die Bahnen vom Radius r_n, für die das Produkt aus ihrer Länge $2\pi \cdot r_n$ und dem Impuls $m \cdot v_n$ des Elektrons auf dieser Bahn ein ganzzahliges Vielfaches der Planck-Konstanten h ist:
   $\mathbf{2\pi \cdot r_n \cdot m \cdot v_n = n \cdot h \quad (n = 1, 2, 3, \ldots)}$
2. Die Energieabgabe bzw. -aufnahme eines Wasserstoffatoms erfolgt durch den Übergang seines Elektrons von einer der erlaubten Bahnen (mit der Energie E_n) auf eine andere (mit der Energie E_m). Emission bzw. Absorption von Strahlung genügen der Frequenzbedingung
   $\mathbf{h \cdot f = |E_n - E_m|}$.

Mithilfe seines ersten Postulats konnte Bohr für das Wasserstoffatom, ausgehend vom Ansatz der Kräftebilanz $F_{Coulomb} = F_{Zentripetal}$, die Radien der erlaubten Elektronenbahnen und die zugehörigen Geschwindigkeiten angeben.

Darüber hinaus gelang es ihm auch, die Energieniveaus des H-Atoms zu berechnen und damit die empirisch gefundenen Serienformeln (vgl. Kap. 7) theoretisch zu begründen: Die Kräftebilanz

$$F_{Coulomb} = F_{Zentripetal} \quad \Leftrightarrow \quad \frac{1}{4\pi \cdot \varepsilon_0} \cdot \frac{e^2}{r_n^2} = \frac{m \cdot v_n^2}{r_n} \qquad (1)$$

und die Quantenbedingung

$$2\pi \cdot r_n \cdot m \cdot v_n = n \cdot h \quad (n = 1, 2, 3, \ldots) \qquad (2)$$

stellen ein Gleichungssystem aus 2 Gleichungen mit den Unbekannten r_n und v_n dar. Löst man nach diesen Unbekannten auf, so erhält man

$$r_n = \frac{\varepsilon_0 \cdot h^2 \cdot n^2}{m \cdot e^2 \cdot \pi} \quad \text{und} \quad v_n = \frac{e^2}{2\varepsilon_0 \cdot h \cdot n}.$$

Durch Einsetzen in den Term für die Gesamtenergie ergeben sich die Energieniveaus des Wasserstoffatoms:

$$\begin{aligned} E_n &= E_{kin,\,n} + E_{pot,\,n} \\ &= \frac{1}{2} m \cdot v_n^2 - \frac{e^2}{4\pi \cdot \varepsilon_0 \cdot r_n} \\ &= \frac{1}{2} m \cdot \left(\frac{e^2}{2\varepsilon_0 \cdot h \cdot n} \right)^2 - \frac{e^2}{4\pi \cdot \varepsilon_0} \cdot \frac{m \cdot e^2 \cdot \pi}{\varepsilon_0 \cdot h^2 \cdot n^2} \\ &= \frac{e^4 \cdot m}{8\varepsilon_0^2 \cdot h^2 \cdot n^2} - \frac{e^4 \cdot m}{4\varepsilon_0^2 \cdot h^2 \cdot n^2} \\ &= -\frac{e^4 \cdot m}{8\varepsilon_0^2 \cdot h^2 \cdot n^2} \quad \text{mit } n = 1, 2, 3, \ldots \end{aligned}$$

Bahnradius und -geschwindigkeit sowie Energieniveaus im H-Atom sind dabei ausschließlich mithilfe von Naturkonstanten ausgedrückt.

Beispiel

Drücken Sie die Rydberg-Konstante R mithilfe von Naturkonstanten aus, indem Sie die empirisch gewonnene Formel für die Energieniveaus im H-Atom aus Kap. 7 mit der theoretisch begründeten Formel der Bohr'schen Theorie vergleichen. Berechnen Sie den Zahlenwert von R.

Lösung:

$$E_n = -R \cdot h \cdot c \cdot \frac{1}{n^2}; \quad n = 1, 2, 3, \ldots$$

empirische Formel

$$E_n = -\frac{e^4 \cdot m}{8\varepsilon_0^2 \cdot h^2 \cdot n^2}; \quad n = 1, 2, 3, \ldots$$

Bohr'sche Theorie

$$-R \cdot h \cdot c \cdot \frac{1}{n^2} = -\frac{e^4 \cdot m}{8\varepsilon_0^2 \cdot h^2 \cdot n^2}$$

Gleichsetzen und Umstellen nach R

$$\Rightarrow \quad R = \frac{e^4 \cdot m}{8\varepsilon_0^2 \cdot h^3 \cdot c}$$

$$= \frac{\left(1{,}60 \cdot 10^{-19}\,\text{As}\right)^4 \cdot 9{,}11 \cdot 10^{-31}\,\text{kg}}{8 \cdot \left(8{,}85 \cdot 10^{-12}\,\frac{\text{As}}{\text{Vm}}\right)^2 \cdot \left(6{,}63 \cdot 10^{-34}\,\text{Js}\right)^3 \cdot 3{,}00 \cdot 10^8\,\frac{\text{m}}{\text{s}}}$$

$$= \mathbf{1{,}09 \cdot 10^7\,\frac{1}{m}}$$

Einsetzen der Zahlenwerte. Achten Sie auf eine geeignete Reihenfolge bei der Eingabe der Werte in den TR, damit es zu keinem Speicherüberlauf kommt.

Der so bestimmte Wert von R stimmt sehr gut mit dem empirisch gefundenen Wert überein.

Neben der korrekten Vorhersage der Rydberg-Konstanten beschreibt das Atommodell Bohrs weitere wichtige Eigenschaften des Wasserstoffatoms in Einklang mit den experimentellen Befunden. Eine allgemeingültige, vollständige Beschreibung des Atombaus gelingt damit aber nicht (vgl. Aufgabe 71).

Mit seiner wesentlichen Erkenntnis, dass es im Atom verschiedene stabile Zustände gibt, die Hüllelektronen also eine diskrete Energieverteilung besitzen, stellt das Bohr'sche Modell dennoch einen wichtigen Fortschritt hin zur quantenphysikalischen Beschreibung des Atoms dar, die 13 Jahre später durch Werner Heisenberg und Erwin Schrödinger erfolgte.

Aufgaben

69. Berechnen Sie die Umlaufszeit T des Elektrons im Wasserstoffatom, wenn seine Kreisbahn den Radius $r = 5{,}29 \cdot 10^{-11}$ m besitzt.

70. Ein Alphateilchen wird aus dem Unendlichen mit der kinetischen Anfangsenergie $E = 20$ MeV gerade und zentral auf einen Goldatomkern geschossen. Weil beide Teilchen gleichnamig geladen sind, wird das Alphateilchen abgebremst und kommt für einen Augenblick zur Ruhe.
Berechnen Sie den Abstand, den es in diesem Augenblick vom Zentrum des Goldatoms hat.

71. Nennen Sie je drei wesentliche Vorzüge und Mängel des Bohr-Modells.

72. Wahre oder falsche Aussage? Entscheiden Sie durch Ankreuzen.

	wahr	falsch
Auf einer erlaubten Quantenbahn ist der Betrag der kinetischen Energie eines Elektrons stets halb so groß wie der Betrag seiner potenziellen Energie.	☐	☐
Die Geschwindigkeit des Elektrons ist auf einer erlaubten Quantenbahn umso größer, je kleiner ihr Radius ist.	☐	☐
Der Betrag der kinetischen Energie eines Elektrons ist stets genauso groß wie der Betrag seiner Gesamtenergie.	☐	☐
Mit zunehmender Quantenzahl nimmt die Geschwindigkeit des Elektrons ebenfalls zu.	☐	☐

9 Das Modell des linearen Potenzialtopfs

Nach dem Scheitern des Bohr'schen Atommodells stellte Erwin Schrödinger1926 die Beschreibung der Struktur der Atomhülle auf eine völlig neue Basis. Er führte die nach ihm benannte **Schrödingergleichung** ein. Das ist eine Differenzialgleichung, deren Lösungen Funktionen sind, welche die Zustände der Elektronenhülle widerspruchsfrei – wenn auch nicht besonders anschaulich – beschreiben. In diesem Abschnitt werden die „neuen Methoden“ an einem einfachen, relativ anschaulichen Beispiel, dem Reflexionsoszillator, vorgestellt.

Wenn sich ein Teilchen nur längs einer Geraden innerhalb des Intervalls [0; L] zwischen zwei Umkehrpunkten bei x = 0 und x = L kräftefrei bewegt und in den Umkehrpunkten mit einer unendlich großen Masse zentral und vollelastisch stößt, ist seine potenzielle Energie zwischen den Umkehrpunkten konstant. Da der Bezugspunkt für die potenzielle Energie beliebig gewählt werden kann, setzt man sinnvollerweise $E_{pot} = 0$ und nimmt an den Umkehrpunkten sprunghaft unendlich große Werte an. Man sagt: Das Teilchen befindet sich in einem linearen **Potenzialtopf** der Breite L mit unendlich hohen Wänden.

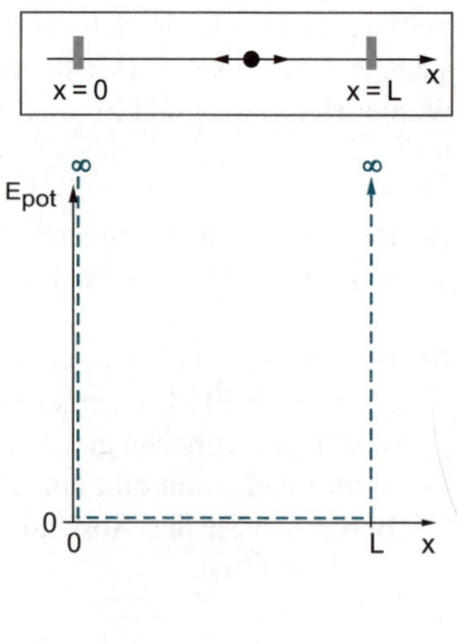

Regel

Linearer Potenzialtopf mit unendlich hohen Wänden

Ein Teilchen der Masse m kann in einem Potenzialtopf der Länge L, dessen Wände unendlich hoch sind, nur die diskreten Energien

$$E_n = \frac{h^2 \cdot n^2}{8m \cdot L^2}, \quad n = 1, 2, 3, \ldots$$

annehmen. Zu jedem Energiewert gehört als Zustands- oder Wellenfunktion die ortsabhängige Amplitude seiner De-Broglie-Welle

$$\psi_n(x) = \sqrt{\frac{2}{L}} \cdot \sin\left(\frac{n \cdot \pi}{L} \cdot x\right).$$

Begründung 1: Modell „Schwingende Saite“

Die dem Teilchen zugeordnete Materiewelle kann zwischen den Wänden dauerhaft nur als stehende Welle mit Knoten an den Umkehrpunkten existieren; andernfalls würde sie sich durch Interferenz selbst auslöschen.

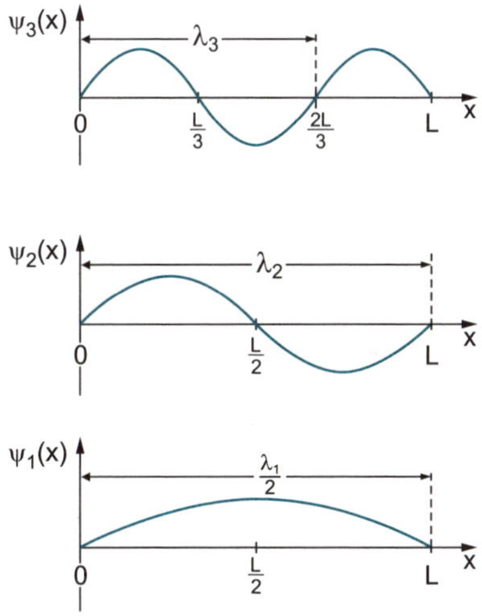

Die halbe Wellenlänge muss dann ein ganzzahliges Vielfaches der Topfbreite L sein:

$$n \cdot \frac{\lambda_n}{2} = L; \quad n = 1, 2, 3, \ldots$$

Multipliziert man auf beiden Seiten mit 2 und dividiert durch n, erkennt man, dass für die Wellenlängen nur ganz bestimmte Werte zulässig sind:

$$\lambda_n = \frac{2L}{n}; \quad n = 1, 2, 3, \ldots \quad (*)$$

Setzt man diese Werte in de Broglies Impulsformel $p = \frac{h}{\lambda}$ ein, erhält man für die möglichen Impulse des Teilchens entsprechend die diskret verteilten Werte

$$p_n = \frac{h \cdot n}{2L}; \quad n = 1, 2, 3, \ldots$$

Für die kinetische Energie und damit wegen $E_{pot} = 0$ auch für die Gesamtenergie gilt dann:

$$E_{kin} = E_{ges} = \frac{1}{2} m \cdot v^2$$ Formel für kinetische Energie

$$= \frac{p^2}{2m}$$ wegen $p = m \cdot v \Rightarrow p^2 = m^2 \cdot v^2 \Rightarrow \frac{p^2}{m} = m \cdot v^2$

$$= \frac{1}{2} \cdot \frac{\left(\frac{h \cdot n}{2L}\right)^2}{m}$$ $p_n = \frac{h \cdot n}{2L}$ einsetzen

$$= \frac{h^2 \cdot n^2}{8m \cdot L^2} = E_n$$ zusammenfassen

Als stehende Welle besitzt die Wellenfunktion die Form $\psi(x) = A \cdot \sin(k \cdot x)$. Für die Wellenzahl $k = \frac{2\pi}{\lambda}$ folgt aus der Bedingung (∗) für die Wellenlängen:

$$k_n = \frac{2\pi}{\lambda_n} = \frac{2\pi}{2L} \cdot n = \frac{n \cdot \pi}{L}; \quad n = 1, 2, 3, \ldots$$

Der Vorfaktor A ergibt sich aus einer quantenphysikalisch begründeten Normierungsbedingung: Nach der Kopenhagener Interpretation der Quantenmechanik (vgl. Kap. 4, S. 23) gibt der Wert $\psi^2(x) \cdot \Delta x$ die Wahrscheinlichkeit dafür an, das Teilchen im Intervall $[x; x + \Delta x]$ anzutreffen. Die Wahrscheinlichkeit dafür, das Teilchen im Intervall $[0; L]$ – also *irgendwo* im Topf – zu finden, muss eins sein. Diese Gesamtwahrscheinlichkeit ist aber gerade durch das Integral über die „lokale" Wahrscheinlichkeit $\psi^2(x) \cdot dx$ in den Grenzen 0 und L gegeben, sodass die Normierungsbedingung lautet:

$$\int_0^L \psi^2(x)\, dx = 1$$

Einsetzen der Lösungsfunktion $\psi_n(x) = A \cdot \sin(k_n \cdot x)$ liefert eine Bestimmungsgleichung für den Vorfaktor A:

$$\int_0^L \left(A \cdot \sin\left(\frac{n \cdot \pi}{L} \cdot x\right)\right)^2 dx = 1$$

Hieraus ergibt sich nach Berechnung des Integrals (vgl. Aufgabe 75): $A = \sqrt{\frac{2}{L}}$
Damit lautet die Wellenfunktion:

$$\psi_n(x) = \sqrt{\frac{2}{L}} \cdot \sin\left(\frac{n \cdot \pi}{L} \cdot x\right)$$

Begründung 2: Schrödingergleichung
Die ortsabhängige Wellenfunktion $\psi(x)$ eines Teilchens der Masse m im linearen, unendlich hohen Potenzialtopf ist eine Lösung der zugehörigen Schrödingergleichung, einer eindimensionalen, zeitunabhängigen Differenzialgleichung 2. Ordnung:

$$\psi''(x) + \frac{8\pi^2 \cdot m}{h^2} \cdot E_{ges} \cdot \psi(x) = 0$$

Gesucht ist also eine Funktion $\psi(x)$, die folgende Eigenschaft hat: Setzt man sie und ihre zweite Ableitung $\psi''(x)$ in die linke Seite der Schrödingergleichung ein und fasst zusammen, so ergibt sich für alle x null. Damit das gelingt, muss

- die zweite Ableitung der Funktion bis auf einen Vorfaktor gleich der Ausgangsfunktion sein und
- der Vorfaktor negativ sein.

Sie kennen zwei Funktionstypen, die die erste Bedingung erfüllen: die Sinus- bzw. Kosinusfunktion und die Exponentialfunktion. Da die zweite Ableitung der Exponentialfunktion aber dasselbe Vorzeichen wie die Ausgangsfunktion besitzt, kommt für die Lösung der Schrödingergleichung nur die Sinus- bzw. Kosinusfunktion infrage. Setzt man daher $\psi(x) = A \cdot \sin(k \cdot x)$ an, wobei A und k zunächst noch beliebige Werte annehmen können, erhält man durch zweimaliges Differenzieren

$$\psi''(x) = -A \cdot k^2 \cdot \sin(k \cdot x)$$

und eingesetzt in die Schrödingergleichung:

$$-A \cdot k^2 \cdot \sin(k \cdot x) + \frac{8\pi^2 \cdot m}{h^2} \cdot E_{ges} \cdot A \cdot \sin(k \cdot x) = 0$$

$$\left(-k^2 + \frac{8\pi^2 \cdot m}{h^2} \cdot E_{ges}\right) \cdot A \cdot \sin(k \cdot x) = 0$$

Wenn diese Gleichung an allen Orten x erfüllt sein soll, muss bereits der Ausdruck in der Klammer null sein:

$$-k^2 + \frac{8\pi^2 \cdot m}{h^2} \cdot E_{ges} = 0 \qquad (1)$$

Um die noch unbekannte Größe k zu bestimmen, berücksichtigt man, dass die gesuchte Wellenfunktion zwei **Randbedingungen** erfüllen muss: Sie muss an den Topfrändern den Wert null annehmen, da dort die potenzielle Energie nach Voraussetzung schlagartig auf „unendlich" anwächst, die Aufenthaltswahrscheinlichkeit des Teilchens an diesen Stellen also verschwindet (vgl. Kap. 4, S. 23).
Es muss also gelten:

$$\psi(0) = 0 \quad \text{und} \quad \psi(L) = 0$$

Die erste Randbedingung wird durch die Lösungsfunktion unabhängig von k stets erfüllt, $\psi(0) = A \cdot \sin(k \cdot 0) = 0$.
Aus der zweiten Randbedingung $\psi(L) = A \cdot \sin(k \cdot L) = 0$ folgt eine Bedingung für die Werte, die k annehmen kann:

$$k \cdot L = n \cdot \pi; \qquad n = 1, 2, 3, \ldots$$

Dividiert man auf beiden Seiten durch L,

$$k = \frac{n \cdot \pi}{L}, \qquad (2)$$

und setzt den Term (2) in die Gleichung (1) ein, so folgt

$$-\left(\frac{n \cdot \pi}{L}\right)^2 + \frac{8\pi^2 \cdot m}{h^2} \cdot E_{ges} = 0$$

und daraus durch Umstellen für die Gesamtenergie:

$$E_{ges} = \frac{h^2 \cdot n^2}{8m \cdot L^2} = E_n$$

Den Wert von A bestimmt man wieder über die Normierung der Wellenfunktion (vgl. S. 50 oben). Insgesamt ergibt sich damit für die gesuchte Wellenfunktion:

$$\psi_n(x) = \sqrt{\frac{2}{L}} \cdot \sin\left(\frac{n \cdot \pi}{L} \cdot x\right)$$

In der folgenden Abbildung sind für n = 1, 2, 3 die Energieniveaus, die Wellenfunktionen $\psi_n(x)$ und die Wahrscheinlichkeitsdichten $\psi_n^2(x)$ dargestellt.

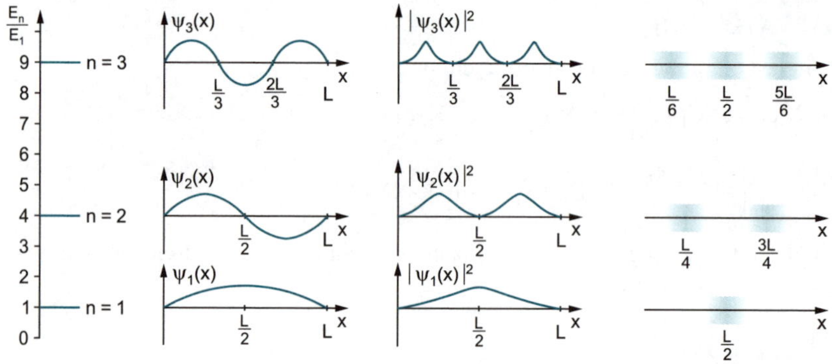

Energieniveaus

$E_n = \frac{h^2 \cdot n^2}{8m \cdot L^2}$

Wellenfunktionen

$\psi_n(x) = \sqrt{\frac{2}{L}} \cdot \sin\left(\frac{n \cdot \pi}{L} \cdot x\right)$

Wahrscheinlichkeitsdichte $|\psi_n(x)|^2$. Die von den Graphen und der x-Achse eingeschlossenen Flächen besitzen jeweils den Betrag 1.

Veranschaulichung der Wahrscheinlichkeitsdichte: Je dichter die Punkte in einem Intervall $[x; x + \Delta x]$ liegen, desto größer ist die Wahrscheinlichkeit, das Teilchen in diesem Intervall „anzutreffen".

Definition

Nullpunktsenergie

Die kleinste Energie, die ein Teilchen im linearen Potenzialtopf annehmen kann, heißt Nullpunktsenergie. Sie hat den Wert

$$\mathbf{E_1 = \frac{h^2}{8m \cdot L^2}}.$$

Diese Nullpunktsenergie hat nichts mit dem absoluten Nullpunkt der Temperatur zu tun. Ihre Ursache liegt einzig in der Einschränkung des Aufenthaltsbereichs für das Teilchen.

Beispiel

Berechnen Sie die Größenordnung der Nullpunktsenergie eines Elektrons in der Atomhülle in eV. Begründen Sie Ihren Ansatz.

Lösung:

In einem Atom ist der Aufenthaltsbereich eines Elektrons durch die Coulombkräfte des Kerns auf die Atomhülle (Durchmesser $\approx 10^{-10}$ m) begrenzt. Es ist daher sinnvoll, im Modell des linearen Potenzialtopfs $L = 10^{-10}$ m zu setzen. Mit $m_e = 9{,}1 \cdot 10^{-31}$ kg folgt für die Nullpunktsenergie:

$$E_1 = \frac{h^2}{8m \cdot L^2} = \frac{(6{,}63 \cdot 10^{-34}\,\text{Js})^2}{8 \cdot 9{,}1 \cdot 10^{-31}\,\text{kg} \cdot (10^{-10}\,\text{m})^2} = 6{,}0 \cdot 10^{-18}\,\text{J} = \mathbf{38\,eV}$$

Sie liegt in der Größenordnung von einigen zehn eV. Zum Vergleich: Die Ionisierungsenergie des Wasserstoffatoms beträgt 13,6 eV.

In der Realität trifft man nur sehr selten auf Gegebenheiten, die den Einsatz des Potenzialtopfs mit unendlich hohen Wänden als Modell rechtfertigen. Häufiger sprechen die Umstände dafür, einen Potenzialtopf mit endlich hohen Wänden (endlicher Dicke) als Modell zu verwenden.
Die Lösung der Schrödingergleichung liefert hierfür die folgende Regel:

Regel

Linearer Potenzialtopf mit endlich hohen Wänden

Sind die Wände des Potenzialtopfs nur noch endlich hoch, so ändert sich die Form der für den unendlich hohen Potenzialtopf gleicher Breite gefundenen Wellenfunktionen im Wesentlichen nicht. Sie können aber exponentiell abfallend in die klassisch verbotenen Bereiche eindringen. Je höher die Energie eines Zustands ist, desto größer ist die Eindringtiefe.

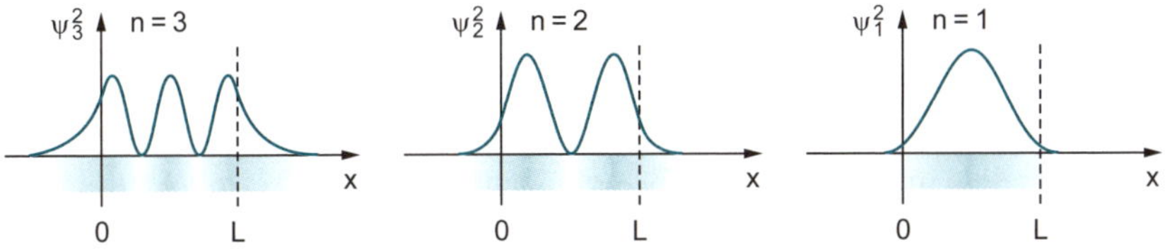

Teilchen, deren Gesamtenergie über der Topfkante des Potenzialtopfs liegt, können sich im gesamten Ortsbereich bewegen – man spricht von **freien** Teilchen. **Gebundene** Teilchen haben eine Gesamtenergie, die geringer ist als die potenzielle Energie an der Kante, sie könnten daher als klassische Teilchen den Topf nicht verlassen. Die Lösungen der Schrödingergleichung nehmen aber im Bereich unmittelbar außerhalb der endlich hohen Potenzialwände Werte ungleich null an; Quantenteilchen besitzen dort folglich eine zwar kleine, aber endliche Aufenthaltswahrscheinlichkeit (vgl. Diagramme im Kasten oben). Sie können also mit einer gewissen Wahrscheinlichkeit endlich hohe Potenzialwände durchdringen oder, wie man auch sagt, durchtunneln, weswegen man das Phänomen **Tunneleffekt** nennt. Mithilfe des Tunneleffekts lässt sich z. B. der α-Zerfall von Atomkernen erklären (vgl. Kap. 22, S. 98 f.).

Aufgaben

73. Wie verhält sich ein Teilchen der Masse m

a) nach der klassischen Physik

b) nach der Quantenmechanik

in einem linearen Potenzialtopf mit unendlich hohen Wänden? Unterscheiden Sie dabei zwischen Teilchen, die elektrisch neutral und geladen sind.

74. Begründen Sie für die Teilchenbewegung im linearen Potenzialtopf das sogenannte Bohr'sche Korrespondenzprinzip: Warum stimmen für sehr große Quantenzahlen die quantenmechanischen Aussagen über die Aufenthaltsbereiche des Teilchens im Potenzialtopf mit den Aussagen der klassischen Physik überein?

75. Berechnen Sie den Vorfaktor $A \in \mathbb{R}^+$, der sich aus der Normierung der Wellenfunktion

$$\psi_n(x) = A \cdot \sin\left(\frac{n \cdot \pi}{L} \cdot x\right); \quad n = 1, 2, 3, \ldots$$

eines Teilchens der Masse m im linearen Potenzialtopf mit unendlich hohen Wänden ergibt. Dabei gilt:

$$\int \sin^2(a \cdot x)\,dx = \frac{1}{2}x - \frac{1}{4a} \cdot \sin(2a \cdot x) + C$$

76. Berechnen Sie die Größenordnung der Nullpunktsenergie eines Neutrons im Atomkern in eV. Begründen Sie Ihren Ansatz und vergleichen Sie Ihr Ergebnis mit dem im Beispiel auf S. 52 gefundenen Wert für ein Hüllelektron.

77. In einem Farbstoffmolekül können sich 10 Elektronen längs einer Kohlenwasserstoffkette der Länge $L = 1{,}4 \cdot 10^{-9}$ m praktisch kräftefrei bewegen, das Molekül aber nicht verlassen. Ein Molekül dieses Farbstoffs kann daher näherungsweise als linearer Potenzialtopf betrachtet werden, bei dem die Niveaus 1 bis 5 mit jeweils 2 Elektronen besetzt sind. Kein Niveau kann mit mehr als 2 Elektronen besetzt werden. Trifft weißes Licht auf ein im Grundzustand befindliches Farbstoffmolekül, so absorbiert es nur Photonen einer bestimmten Wellenlänge λ. Berechnen Sie λ.

78. Unter welchen Voraussetzungen liegen die Energieniveaus eines Teilchens im linearen Potenzialtopf so eng beieinander, dass benachbarte Energieniveaus kaum mehr voneinander unterscheidbar sind?

79. Die Zahlen $n = 1, 2, 3, \ldots$ in den Beziehungen für Energien E_n und Wellenfunktionen ψ_n der gebundenen Zustände im linearen Potenzialtopf mit unendlich hohen Wänden heißen Quantenzahlen. Unter den Knoten einer Wellenfunktion versteht man ihre „inneren" Nullstellen, d. h. die Orte innerhalb des Topfs, an denen die Aufenthaltswahrscheinlichkeit des Teilchens null ist. Welcher Zusammenhang besteht zwischen der Anzahl der Knoten von ψ_n und der Quantenzahl bzw. der Energie des Zustands?

80. Warum liegen die Energieniveaus für ein Teilchen der Masse m in einem linearen Potenzialtopf mit endlich hohen Wänden tiefer als in einem Topf gleicher Breite mit unendlich hohen Wänden?

10 Quantenphysikalisches Modell des Wasserstoffatoms

Um das Wasserstoffatom quantenphysikalisch zu beschreiben, bietet der in Kap. 9 behandelte Potenzialtopf einen ersten Zugang. Da das Elektron im Wasserstoffatom sich in drei Dimensionen bewegt, muss man dazu aber vom Modell des linearen Potenzialtopfs auf das Modell des dreidimensionalen Potenzialwürfels übergehen. In diesem ist der Aufenthaltsbereich des Elektrons auf den Innenraum eines Würfels der Kantenlänge L mit undurchdringlichen Wänden beschränkt. Mit den dabei gewonnenen Einsichten wird die exaktere Schrödinger'sche Beschreibung des Wasserstoffatoms verständlicher.

Regel

Energiewerte im Potenzialwürfel

In einem Potenzialwürfel der Kantenlänge L mit undurchdringlichen Wänden kann ein Teilchen der Masse m nur die diskreten Energien

$$E_{n_x n_y n_z} = \frac{h^2}{8m \cdot L^2} \cdot \left(n_x^2 + n_y^2 + n_z^2\right)$$

annehmen (n_x, n_y, n_z sind natürliche Zahlen).

Begründung: Im Potenzialwürfel kann sich in jede Raumrichtung eine stehende Welle ausbilden. Analog zum Potenzialtopf sind die Wellenlängen λ_x, λ_y, λ_z in x-, y-, z-Richtung gequantelt:

$$\lambda_x = \frac{2L}{n_x}, \quad \lambda_y = \frac{2L}{n_y}, \quad \lambda_z = \frac{2L}{n_z}$$

n_x, n_y, n_z sind dabei voneinander unabhängige natürliche Zahlen. Für die Gesamtenergie $E_{n_x n_y n_z}$ gilt unter Verwendung der entsprechenden Ergebnisse des Potenzialtopfs:

$$E_{n_x n_y n_z} = E_{kin,\, n_x} + E_{kin,\, n_y} + E_{kin,\, n_z}$$

$$= \frac{h^2 \cdot n_x^2}{8m \cdot L^2} + \frac{h^2 \cdot n_y^2}{8m \cdot L^2} + \frac{h^2 \cdot n_z^2}{8m \cdot L^2} = \frac{h^2}{8m \cdot L^2} \cdot (n_x^2 + n_y^2 + n_z^2)$$

Regel

Wellenfunktionen im Potenzialwürfel

Die Wellenfunktionen im Potenzialwürfel ergeben sich als Produkt der Wellenfunktionen des linearen Potenzialtopfs:

$$\psi_{n_x n_y n_z} = \sqrt{\frac{8}{L^3}} \cdot \sin\left(\frac{n_x \cdot \pi}{L} \cdot x\right) \cdot \sin\left(\frac{n_y \cdot \pi}{L} \cdot y\right) \cdot \sin\left(\frac{n_z \cdot \pi}{L} \cdot z\right)$$

Hinweis: Dass die Wellenfunktionen diese Funktionsvorschrift haben, lässt sich analog zum eindimensionalen Fall – allerdings mit höherem Rechenaufwand – durch Lösen der Schrödingergleichung zeigen.

Der Grundzustand des H-Atoms liegt für $n_x = n_y = n_z = 1$ vor. Der zugehörige Energiewert lautet:

$$E_{111} = \frac{3h^2}{8m \cdot L^2}$$

Die Graphen der Wellenfunktionen können nicht mehr gezeichnet werden, weil eine Wellenfunktion jedem Punkt des Raums eine Zahl zuordnet (man bräuchte also eine vierdimensionale Darstellung). Man kann sich dadurch behelfen, dass man geeignete Schnittmengen betrachtet, z. B., indem man – ähnlich wie bei der Äquipotenzialflächenbetrachtung in der Elektrostatik – einen Funktionswert und zusätzlich noch eine Ortskoordinate festhält. Das Resultat ist ein zweidimensionaler Graph (Schnitt) mit der durch die beiden restlichen Ortskoordinaten aufgespannten Ebene. Skizze A zeigt eine Kombination dreier solcher Schnitte für den Grundzustand ψ_{111} an den drei Kantenmitten des Würfels. Mit ihrer Hilfe findet man die Bereiche im Würfel, in denen sich das Elektron mit höherer (ψ_{111}^2 größer) oder geringerer (ψ_{111}^2 kleiner) Wahrscheinlichkeit aufhält. Skizze B zeigt die aus Skizze A gewonnene Dichteverteilung des Elektrons für den Grundzustand, das sogenannte **Orbital** des Elektrons im Potenzialwürfel.

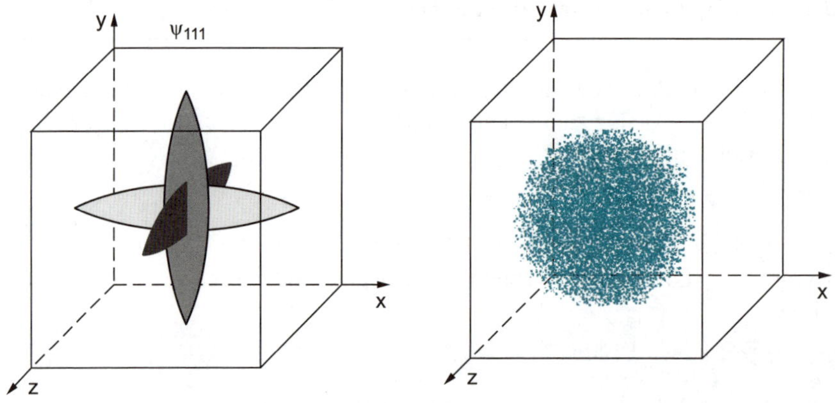

A B

Hinweis: Alternativ zur Darstellung B könnte man den Funktionswert des Betragsquadrats der Wellenfunktion an einem Raumpunkt auch als Farbwert – z. B. als Schwärzungsgrad – auffassen und so das Orbital visualisieren.

Definition

Orbital

Die räumliche Verteilung der Wahrscheinlichkeitsdichte ψ^2 heißt Orbital. Orbitale beschreiben die Aufenthaltswahrscheinlichkeit des Elektronen im Würfel.

Die Skizze rechts zeigt das Orbital des Elektrons im Potenzialwürfel für den Zustand $n_x = 2$, $n_y = 5$, $n_z = 1$.
Man erkennt, dass es vier zur x-z-Ebene und eine zur y-z-Ebene parallele Ebenen gibt, in deren Umgebung die Aufenthaltswahrscheinlichkeit des Elektrons sehr gering ist. Solche Flächen heißen Knotenflächen.

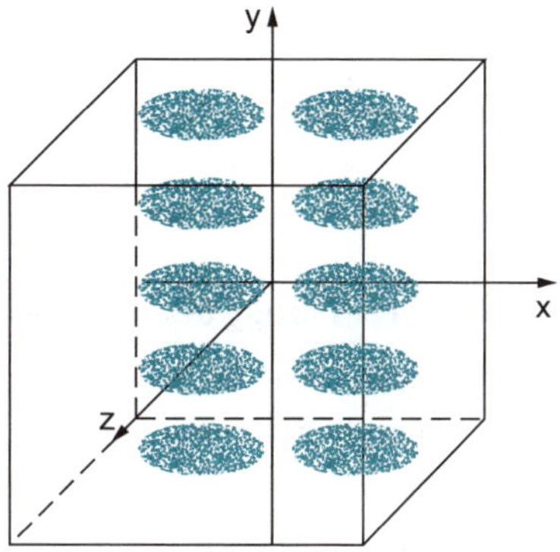

Definition

Knotenfläche
Unter einer Knotenfläche versteht man eine ebene oder gekrümmte Fläche, in deren Punkten die Wellenfunktion $\psi(x, y, z)$ den Wert 0 annimmt.

Zwischen der Anzahl der Knotenflächen eines Orbitals und der Energie des Zustands besteht folgender qualitativer Zusammenhang:

Regel

Je größer die **Anzahl der Knotenflächen** ist, desto größer ist die **Energie** des zugehörigen Zustands.

Begründung: Je größer die Anzahl der Knotenflächen ist, desto größer sind die zugehörigen Quantenzahlen, desto größer sind wegen

$$E_{n_x n_y n_z} = \frac{h^2}{8m \cdot L^2} \cdot \left(n_x^2 + n_y^2 + n_z^2\right)$$

die Energiewerte (vgl. auch Aufgabe 79, S. 54).

Das Modell des Potenzialwürfels mit undurchdringlichen Wänden liefert zwar die experimentell beobachtete Quantisierung der Energiezustände des Wasserstoffatoms; dennoch ist es unzulänglich, weil darin das Elektron unendlich fest ans Proton gebunden ist, während tatsächlich das Elektron vom Proton nur mit einer endlich großen Kraft – nämlich der Coulombkraft – angezogen wird.

Regel

Coulombkraft zwischen Kern und Hüllelektron des Wasserstoffatoms
Befindet sich ein Elektron im Abstand r vom Zentrum des Wasserstoffatoms, so
- wird es vom Proton mit einer Kraft vom Betrag $\mathbf{F} = \frac{1}{4\pi \cdot \varepsilon_0} \cdot \frac{e^2}{r^2}$ angezogen.
- muss mindestens die Energie $\mathbf{E} = \frac{1}{4\pi \cdot \varepsilon_0} \cdot \frac{e^2}{r}$ zugeführt werden, um es ins „Unendliche“ zu transportieren.

Schrödinger berücksichtigte diese Fakten in seiner Gleichung für das Wasserstoffatom und konnte 1926 eine allen Anforderungen genügende Beschreibung des Wasserstoffatoms vorlegen. In der folgenden Tabelle sind die Resultate, die sich hierfür aus der sogenannten Wellenmechanik Schrödingers ergeben, den entsprechenden Aussagen des Potenzialwürfelmodells gegenübergestellt.

<table>
<tr><th>Schrödingers Lösung des H-Atoms</th><th>Potenzialwürfelmodell des H-Atoms</th></tr>
<tr><td>• Die Zustände des Elektrons können durch drei Quantenzahlen n, m, ℓ beschrieben werden, die jedoch voneinander abhängen.</td><td>• Die Zustände des Elektrons können durch drei voneinander unabhängige Quantenzahlen n_x, n_y, n_z beschrieben werden.</td></tr>
<tr><td>• Die Quantenzahlen nehmen nur ganzzahlige Werte an.</td><td>• Die Quantenzahlen nehmen nur natürliche Zahlen als Werte an.</td></tr>
<tr><td>• Für den durch n beschriebenen Zustand nimmt das Elektron nur die vom Atommodell Bohrs bekannten, diskreten Energien $E_n = -\frac{e^4 \cdot m}{8\varepsilon_0^2 \cdot h^2 \cdot n^2}$ an.</td><td>• Für den durch n_x, n_y, n_z beschriebenen Zustand nimmt das Elektron nur die diskreten Energien $E_{n_x n_y n_z} = \frac{h^2}{8m \cdot L^2} \cdot \left(n_x^2 + n_y^2 + n_z^2\right)$ an.</td></tr>
<tr><td>• Für jeden dieser Energiewerte nimmt die Atomhülle eine charakteristische geometrische Form, Orbital genannt, an.</td><td>• Für jeden dieser Energiewerte hält sich das Elektron innerhalb des Würfels bevorzugt in ganz bestimmten Bereichen, Orbitale genannt, auf.</td></tr>
<tr><td colspan="2">• Orbitale lassen sich mithilfe von Knotenflächen beschreiben.</td></tr>
<tr><td colspan="2">• Je größer die Quantenzahlen des Zustands sind, desto mehr Knotenflächen gibt es.</td></tr>
<tr><td colspan="2">• Je größer die Anzahl der Knotenflächen ist, desto größer ist die Energie des Zustands.</td></tr>
<tr><td>• Die Knotenflächen können Ebenen, aber auch gekrümmte Flächen sein.</td><td>• Die Knotenflächen sind immer Ebenen.</td></tr>
<tr><td colspan="2">• Es gibt auch Zustände, für die es keine Knotenflächen gibt, z. B. den Grundzustand.</td></tr>
</table>

Aufgaben **81.** Zeichnen Sie für einen Potenzialwürfel der Länge L das Energieniveauschema für die ersten fünf Energieniveaus. Wählen Sie dabei auf der Energieachse als Einheit $\frac{h^2}{8m \cdot L^2}$.

82. Skizzieren Sie für den Potenzialwürfel aus Aufgabe 81 die Orbitale zu den Wellenfunktionen ψ_{121} und ψ_{211} und begründen Sie Ihr Vorgehen. Berücksichtigen Sie hierzu die Zahl und Lage der zu erwartenden Knotenflächen. Argumentieren Sie in Analogie zum linearen Potenzialtopf.

83.

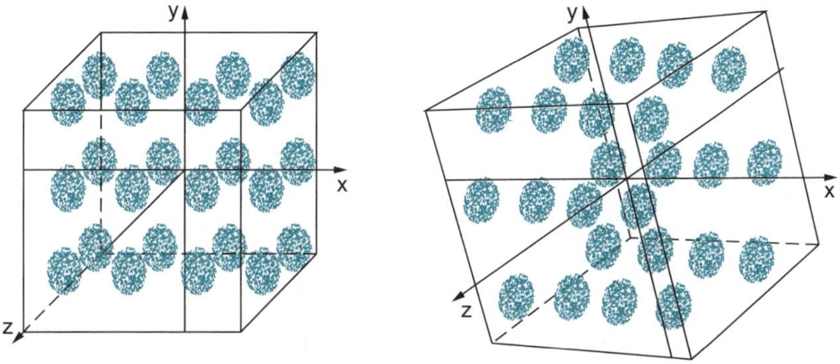

Die Abbildung zeigt das Orbital des Elektrons im Potenzialwürfel für den Zustand $n_x = 4$, $n_y = 3$, $n_z = 2$ aus unterschiedlichen Blickrichtungen.

a) Bestimmen Sie die Anzahl der Knotenflächen.

b) Stellen Sie eine allgemeine Regel für die Anzahl der Knotenflächen in Abhängigkeit von den Quantenzahlen auf.

11 Ausblick auf Mehrelektronenatome

Ein Mehrelektronenatom ist ein Atom mit mindestens zwei Elektronen. Da diese untereinander und mit dem Kern elektrisch und magnetisch wechselwirken, ist die zugehörige Schrödingergleichung kompliziert und kann nur noch näherungsweise gelöst werden.

Die Zustände eines einzelnen Elektrons in einem Mehrelektronenatom lassen sich durch drei voneinander abhängige Quantenzahlen n, ℓ, m und eine zusätzliche Zahl s beschreiben, die sich beim Lösen der Schrödingergleichung ergeben. Sie legen die Größe, die Gestalt und die räumliche Orientierung der Orbitale fest, in denen sich die Elektronen aufhalten.

Definition

Quantenzahlen

Die **Hauptquantenzahl n** bestimmt die mittlere Entfernung des Elektrons zum Kern und somit auch dessen Energie. Die Energie der Elektronen nimmt mit steigender Hauptquantenzahl n zu. n kann die Werte 1, 2, 3, … annehmen.

Die **Nebenquantenzahl ℓ** bestimmt die Gestalt der Orbitale. Sie kann ganzzahlige Werte von 0 bis $n-1$ annehmen.

Die **magnetische Quantenzahl m** legt die räumliche Orientierung der Orbitale mit gleichem n und ℓ fest. Sie kann ganzzahlige Werte zwischen $-\ell$ und $+\ell$ annehmen.

Die **Spinquantenzahl s** beschreibt die Orientierung des Elektrons, hat aber keinen Einfluss auf die Form des Orbitals. Sie kann unabhängig von n, ℓ, m nur die Werte $+\frac{1}{2}$ und $-\frac{1}{2}$ annehmen.

Regel

Orbitalzahl

Für einen bestimmten, durch n festgelegten Zustand gibt es n^2 Lösungen der Schrödingergleichung und eine entsprechende Zahl von Orbitalen.

Beispiel

Finden Sie alle für $n = 3$ möglichen Quantenzahlkombinationen und berechnen Sie daraus durch direktes Abzählen die Gesamtzahl z_3 der möglichen Orbitale. Überprüfen Sie Ihr Ergebnis mithilfe der Regel $z_n = n^2$.

Lösung:

n	ℓ	m	Anzahl
3	0	0	1
3	1	–1, 0, +1	3
3	2	–2, –1, 0, +1, +2	5

Gesamtzahl nach Tabelle: $z_3 = 1 + 3 + 5 = \mathbf{9}$
Gesamtzahl nach Regel: $z_3 = 3^2 = \mathbf{9}$

Jedes durch n, ℓ und m definierte Orbital kann in einem Mehrelektronenatom mit maximal zwei Elektronen besetzt werden. Das ist eine Folge des Ausschließungsprinzips von Pauli.

Regel

Pauli-Prinzip

In der Natur kommen nur solche Zustände eines Atoms wirklich vor, in denen je zwei Hüllelektronen sich mindestens in einer der vier Quantenzahlen unterscheiden.

Die Abbildung rechts zeigt das Energieniveauschema eines Mehrelektronenatoms. In der Ziffer-Buchstabenkombination gibt die Ziffer den Wert der Hauptquantenzahl n an, die Buchstaben s, p, d, f stehen für die Werte 0, 1, 2, 3 der Nebenquantenzahl ℓ. Zu jedem Zustand $n\ell$ gibt es $2\ell+1$ Orbitale. 3d bedeutet z. B. den Zustand mit $n=3$ und $\ell=2$; er besitzt $2\cdot 2+1=5$ Orbitale („Kästchen").

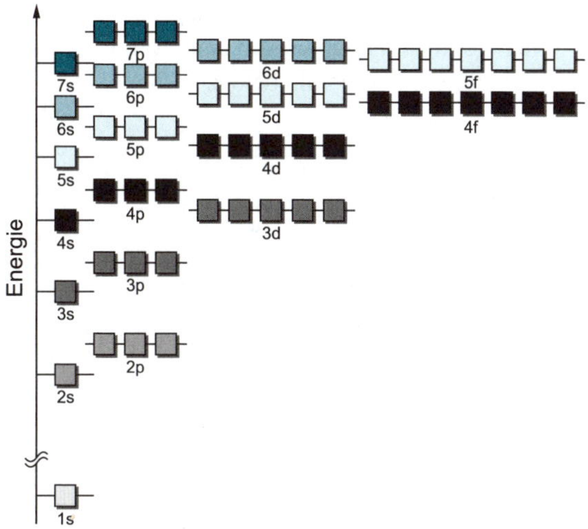

Die Elektronen eines im Grundzustand befindlichen Mehrelektronenatoms besetzen die Orbitale unter Beachtung des Pauli-Prinzips in energetischer Reihenfolge.

Beispiel

Geben Sie die Verteilung der 11 Elektronen eines im Grundzustand befindlichen Natrium-Atoms auf die möglichen Orbitale an.

Lösung:

Da jedes Orbital nach dem Pauli-Prinzip mit maximal 2 Elektronen besetzt werden darf, gilt:

- In das 1s-Orbital passen 2 Elektronen,
- in das 2s-Orbital passen 2 Elektronen,
- in jedes der drei 2p-Orbitale passen je 2 Elektronen.

Damit sind $2+2+3\cdot 2=10$ Elektronen „untergebracht". Das letzte der 11 Natriumelektronen befindet sich im 3s-Orbital.

Definition

Elektronenschalen

Die Gesamtheit der Elektronen, die alle Zustände mit gleicher Hauptquantenzahl n besetzen, bildet eine Elektronenschale. Elektronenschalen werden mit der Nummer der Hauptquantenzahl oder bei K beginnend mit großen lateinischen Buchstaben K, L, M, … bezeichnet. Je niedriger die Schalennummer, desto kleiner ist die Energie der darin befindlichen Elektronen.

Schalennummer n	1	2	3	4	5	6	7
Elektronenhöchstzahl $2n^2$	2	8	18	32	50	72	98
Symbol für die Schale	K	L	M	N	O	P	Q

Beispiel

Erläutern Sie, inwiefern das Diagramm, das den Zusammenhang zwischen der Kernladungszahl Z und dem Radius eines Atoms darstellt, die Schalenstruktur der Atomhülle belegt.

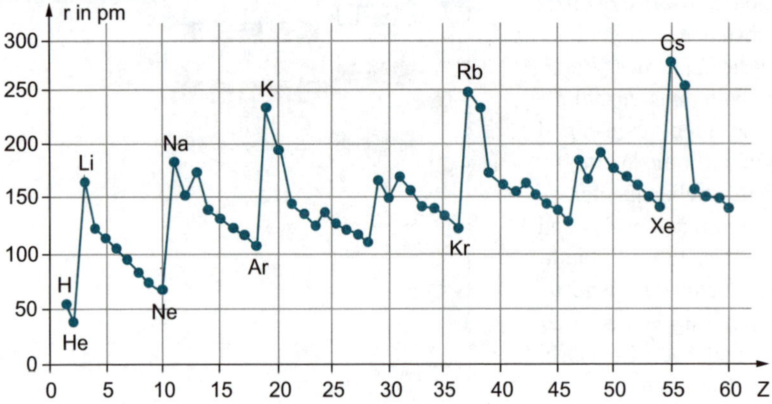

Lösung:
Der sprunghafte Anstieg des Atomradius beim Übergang von He auf Li, von Ne auf Na, von Ar auf K, von Kr auf Rb und von Xe auf Cs deutet darauf hin, dass hier jeweils mit der Neubesetzung einer höheren Schale begonnen wird. Läge keine Schalenstruktur vor, müsste mit zunehmender Kernladungszahl Z der Atomradius abnehmen, da die Elektronen vom Kern umso stärker angezogen werden, je größer Z ist.

Aufgaben

84. Finden Sie alle für $n = 4$ möglichen Quantenzahlkombinationen und berechnen Sie daraus die Gesamtzahl z_4 der zugehörigen Orbitale.
Überprüfen Sie Ihr Ergebnis mithilfe der Regel $z_n = n^2$.

85. Erläutern Sie, inwiefern das Diagramm, das den Zusammenhang zwischen der Kernladungszahl Z und der Ionisierungsenergie eines Atoms darstellt, die Schalenstruktur der Atomhülle belegt.

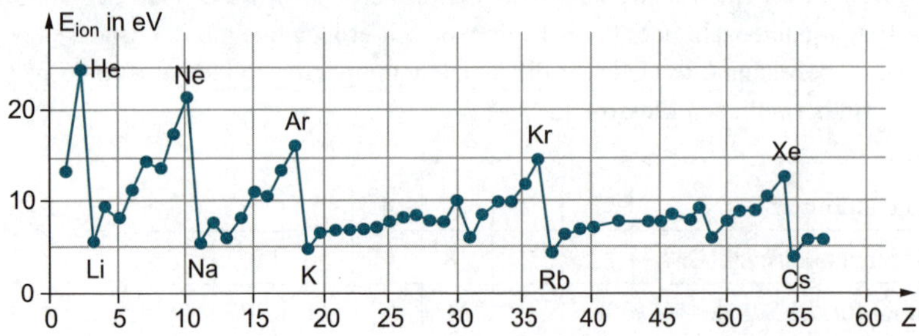

86. a) Bestimmen Sie die Zahl der Elektronen, die auf der K-, der L- und der M-Schale insgesamt Platz haben.

b) Erklären Sie mithilfe des Energieniveauschemas auf S. 61, warum ab dem Element Kalium mit der Kernladungszahl 19 mit der Besetzung der N-Schale begonnen wird.

87. a) Erklären Sie, wie die Anordnung der chemischen Elemente im Periodensystem mit dem Schalenaufbau der Atomhülle zusammenhängt. Beschränken Sie sich dabei auf die ersten beiden Perioden.

b) Begründen Sie quantenphysikalisch, dass Materie eine Ausdehnung besitzt.

12 Der Franck-Hertz-Versuch

Von 1911 bis 1914 führten James Franck und Gustav Hertz Versuche durch, in denen sie die Ionisierungsenergien von Atomen bestimmen wollten. Dabei entdeckten sie zufällig, dass Elektronen durch Stöße nur ganz bestimmte Energien auf Atome übertragen können. Zwar deuten die optischen Linienspektren der Atome auf diskrete Energieniveaus in Atomen hin; es könnte aber prinzipiell neben den „optisch bestätigten" Energieniveaus eines Atoms auch kontinuierlich verteilte Zustände geben, die man nur mit Photonen nicht nachweisen kann. Mit den Ergebnissen des Franck-Hertz-Versuchs konnten solche Bedenken ausgeräumt werden.

Regel

> **Franck-Hertz-Versuch**
> Mit dem Franck-Hertz-Versuch weist man direkt nach, dass sich durch Elektronenstoß nur ganz bestimmte Energiebeträge auf ein Atom übertragen lassen, die charakteristisch für die Atomart sind.

Aufbau und Durchführung

In einer mit Quecksilberdampf (Temperatur ≈ 170° C; Druck ≈ 20 hPa) gefüllten Triode werden an der Kathode K Elektronen glühelektrisch freigesetzt und von einer Gleichspannung U_A zum Gitter A beschleunigt. Dahinter durchlaufen sie zwischen A und B ein schwaches elektrisches Gegenfeld.

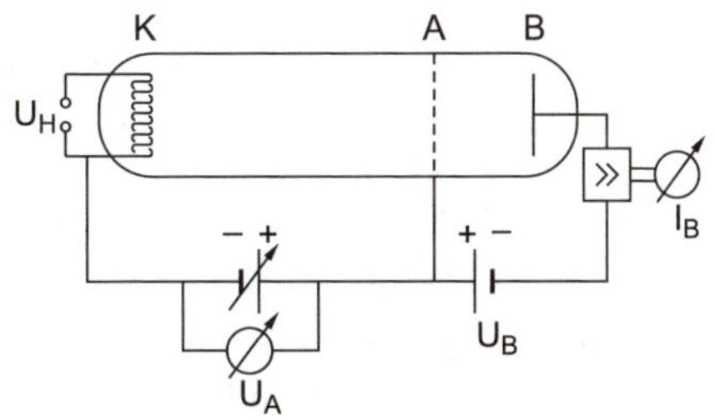

Misst man die Stärke des in B eintreffenden Elektronenstroms als Funktion der Beschleunigungsspannung U_A, so weist die Messkurve periodisch lokale Strommaxima und -minima auf.

Erklärung

Mit wachsender Beschleunigungsspannung werden pro Zeiteinheit immer mehr Glühelektronen zur Anode gezogen. Eventuelle Stöße mit Quecksilberatomen erfolgen **elastisch** und wegen des enormen Massenunterschieds der Stoßpartner ohne Energieübertrag. Die Elektronen durchfliegen das Gitter und können erfolgreich gegen die Bremsspannung anlaufen. Die Stärke des Auffängerstroms steigt an. Bei einer bestimmten Beschleunigungsspannung hat die kinetische Energie der Elektronen unmittelbar vor dem Gitter den Wert erreicht, welcher der niedrigsten Anregungsenergie der Quecksilberatome entspricht. Jetzt stoßen die Elektronen **unelastisch** mit den Quecksilberatomen. Bei einem Stoß verlieren sie ihre gesamte kinetische Energie durch Anregung der Hg-Atome und können nicht mehr gegen die Bremsspannung anlaufen. Die Stärke des Auffängerstroms sinkt.

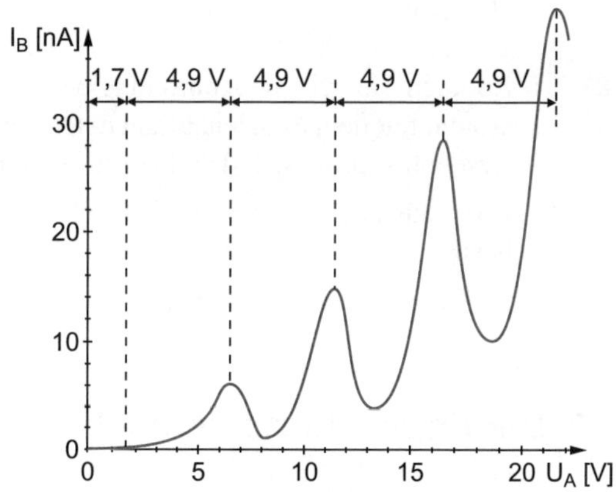

Bei weiterer Steigerung von U_A erreichen die Elektronen die notwendige Energie für einen unelastischen Stoß mit den Quecksilberatomen bereits weiter vor dem Gitter, gewinnen auf der Reststrecke bis A erneut kinetische Energie und können wieder erfolgreich gegen die Bremsspannung anlaufen; I_B steigt wieder an. Erreichen sie jedoch bei weiterer Steigerung von U_A kurz vor dem Gitter zum zweiten Mal die kinetische Energie, die sie zur Anregung der Quecksilberatome befähigt, wiederholt sich der Abfall von I_B. Durch weitere Erhöhung der Beschleunigungsspannung U_A ergeben sich analog weitere periodische Maxima und Minima.

Aufgaben **88.** Nehmen Sie an, dass folgende idealisierte Bedingungen bei der Durchführung eines Franck-Hertz-Versuchs gelten würden:

- Alle Elektronen mit ausreichender Energie stoßen unelastisch.
- Alle Elektronen verlassen die Glühkathode in gleicher Richtung mit exakt gleicher Geschwindigkeit.

Zeichnen Sie das zu erwartende U_A-I_B-Diagramm. Begründen Sie, warum diese Bedingungen im Realexperiment nicht erfüllt sind.

89. Erläutern Sie, welchen Einfluss die Temperatur des Quecksilberdampfs in der Franck-Hertz-Röhre auf die Elektronenbewegung und die Franck-Hertz-Kurve hat.

90. Skizzieren und erläutern Sie den Verlauf der U-I-Kennlinie einer Franck-Hertz-Röhre bei Zimmertemperatur.

91. Misst man mit der im Bild links skizzierten Schaltung – die Franck-Hertz-Röhre ist mit Quecksilberdampf gefüllt ($E_{Hg,\,ion} = 10{,}44$ eV) – die Stärke I_B des Auffängerstroms in Abhängigkeit von der Beschleunigungsspannung U_A, so erhält man das im Bild rechts skizzierte Diagramm.

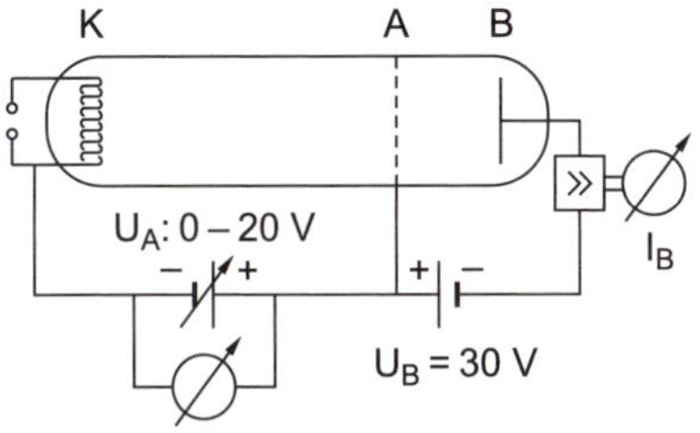

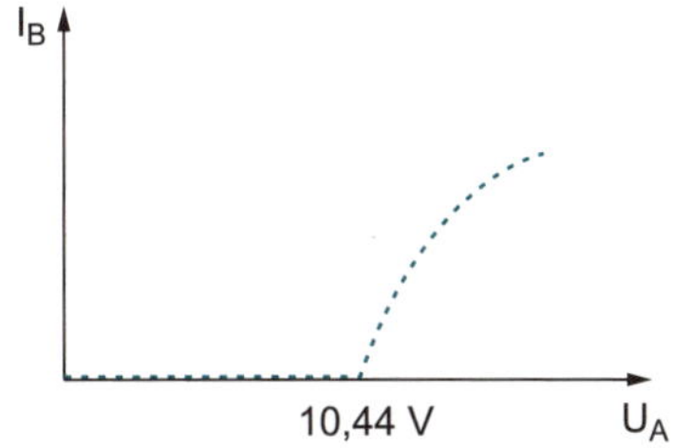

a) Erklären Sie das schlagartige Einsetzen des Auffängerstroms bei 10,44 V. Beachten Sie dabei die auftretenden Spannungen.

b) Warum beobachtet man das skizzierte Spannungs-Stromstärke-Diagramm nur dann, wenn die Temperatur in der Franck-Hertz-Röhre nicht zu hoch ist (d. h. unter 100 °C)?

92. Verwendet man bei einem Franck-Hertz-Versuch eine mit Kaliumdampf gefüllte Röhre, so beobachtet man die Maxima des Auffängerstroms in einem Abstand von 1,63 V. Bei bestimmten Beschleunigungsspannungen beobachtet man im Franck-Hertz-Rohr monochromatische Strahlung der Wellenlänge 760,6 nm.

a) Erklären Sie das Auftreten der elektromagnetischen Strahlung.

b) Berechnen Sie aus den angegebenen Daten den Wert des Planck'schen Wirkungsquantums.

93. In einem kugelförmigen Gefäß (siehe nächste Seite, Abbildung oben) befindet sich Heliumgas, das mit Elektronen der kinetischen Energie 50 eV beschossen wird. Durch die starke Verdünnung des Gases kann erreicht werden, dass ein Elektron nicht mehrfach mit einem He-Atom stößt. Mithilfe des Geschwindigkeitsfilters, dessen Durchlassbereich kontinuierlich verändert werden kann, stellt man das skizzierte Energiespektrum der unter dem Winkel θ gestreuten Elektronen fest (siehe Abbildung unten).

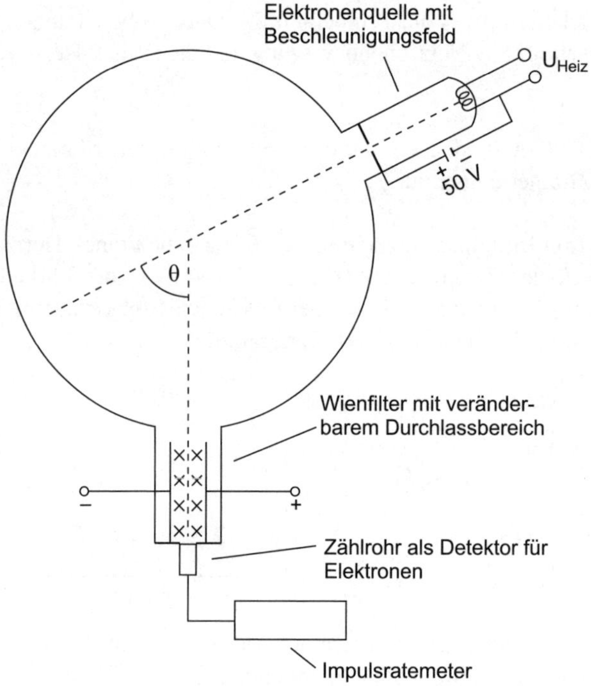

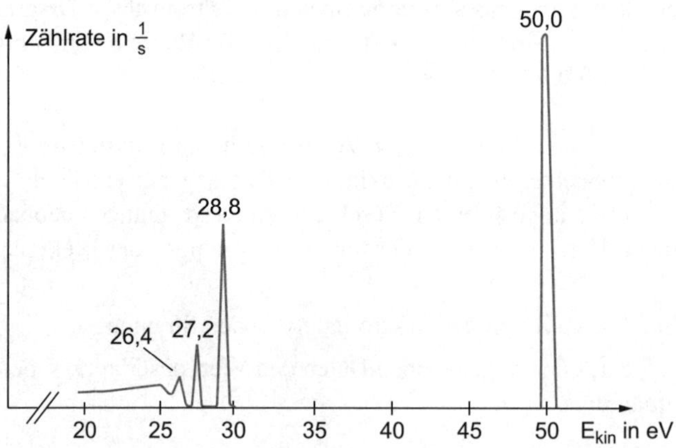

a) Wie lässt sich das Auftreten scharfer Maxima erklären? Deuten Sie das Zustandekommen der Maxima bei 50 eV; 28,8 eV; 27,2 eV; 26,4 eV.

b) Die Grenze der beobachtbaren Maxima liegt etwa bei 25,5 eV. Daran schließt sich ein Kontinuum an. Erklären Sie sein Zustandekommen.

c) Zeichnen Sie mithilfe der Ergebnisse aus den Teilaufgaben a und b das Energieniveauschema des Heliumatoms.

13 Röntgenstrahlung

1895 entdeckte Wilhelm Conrad Röntgen die nach ihm benannte Strahlung, 1912 identifizierten Paul Knipping und Walter Friedrich sie als sehr hochfrequente elektromagnetische Wellen, 1914 deutete Walther Kossel die Röntgenspektren auf der Grundlage des Schalenmodells für Mehrelektronensysteme. In diesem Abschnitt werden die Funktionsweise einer Röntgenröhre und die Grundlagen der Röntgenspektroskopie wiederholt. Bei der abschließenden Analyse von Röntgenemissions- und Röntgenabsorptionsspektren können Sie Ihre Kenntnisse über Atome und Quantenobjekte anwenden.

In der Abiturprüfung wird immer wieder nach Aufbau und Funktionsweise einer Röntgenröhre gefragt. Eine für die Prüfung genügende Formulierung finden Sie in folgender Regel:

Regel

Erzeugung von Röntgenstrahlung

In einem gut evakuierten Hartglaszylinder sind eine Glühkathode K und eine massive Anode A (Antikathode) eingeschmolzen. Die durch Glühemission bei K freigesetzten Elektronen werden durch die Hochspannung U_B (je nach Art der Röhre von 10 kV bis über 1 MV) beschleunigt. Die Röntgenstrahlen entstehen beim Aufprall der Elektronen auf die Anode.

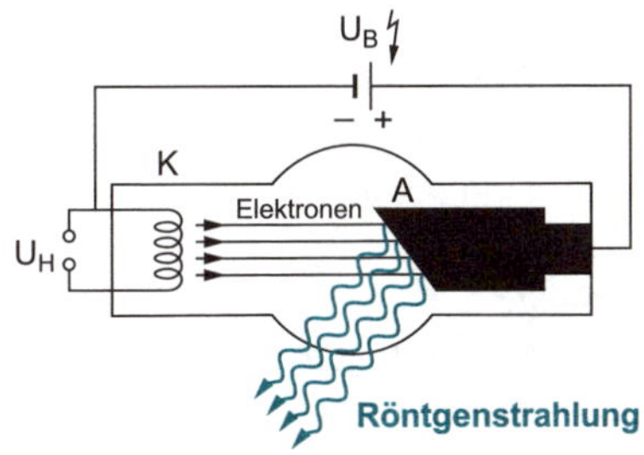

Da nur ca. 1 ‰ bis 1 % der kinetischen Energie der Glühelektronen in Röntgenstrahlung, der Rest aber durch strahlungslose Prozesse in Wärme verwandelt wird, heizt sich die Anode auf und muss gekühlt werden.

Zur Aufnahme des Spektrums einer Röntgenröhre eignet sich das **Drehkristallverfahren** (schematischer Aufbau nächste Seite).

Die aus der Röhre austretende Strahlung trifft in definierter Richtung auf einen drehbaren Einkristall. Mit einem Zählrohr und einem Impulsratemeter bestimmt man die Intensität der Strahlung, die pro Zeiteinheit am Kristall unter dem Winkel ϑ_1 in 1. Interferenzordnung braggreflektiert wird.

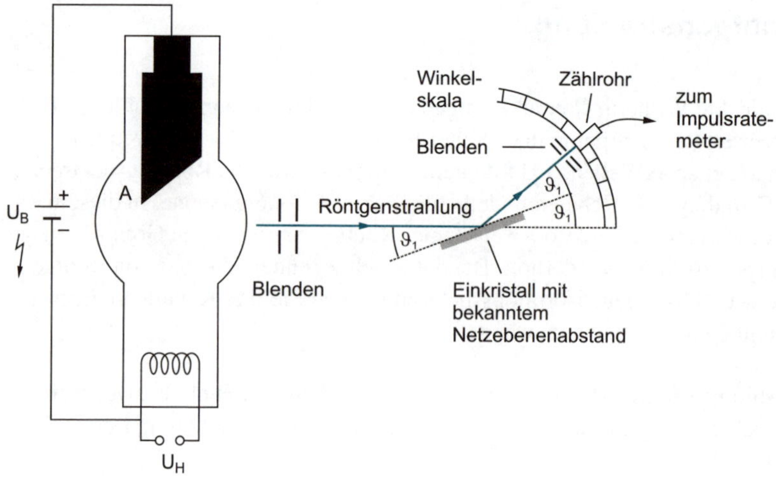

Mit der Bragg-Beziehung $2d \cdot \sin \vartheta_1 = \lambda$ (vgl. Kap. 3, S. 16) kann aus dem bekannten Netzebenenabstand d und dem gemessenen Winkel ϑ die Wellenlänge λ der ins Zählrohr gelangten Röntgenstrahlung berechnet werden. Trägt man die Zählimpulsrate gegen λ in einem rechtwinkligen Koordinatensystem an, so erhält man das **Röntgenemissionsspektrum** der Röhre. Es besteht aus einem kontinuierlichen Spektrum und dem charakteristischen Linienspektrum.

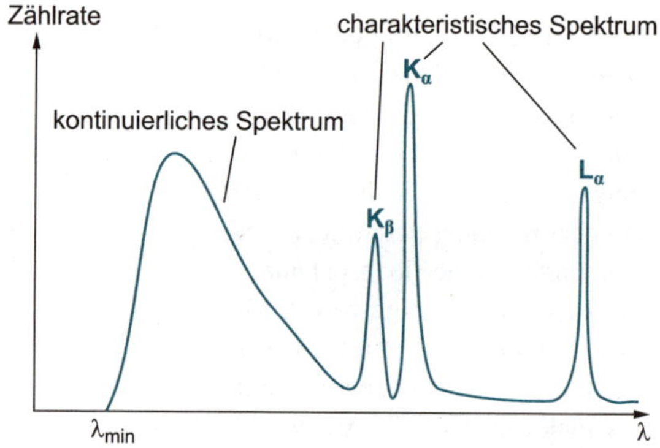

Kontinuierliches Spektrum

Das kontinuierliche Spektrum entsteht dadurch, dass die Elektronen beim Aufprall auf die Antikathode abgebremst werden. Dabei setzt sich der Verlust an kinetischer Energie der Elektronen in Röntgenphotonen (Bremsstrahlung) um. Da ein großer Teil der abgebremsten Elektronen seine Energie in mehreren, statistisch willkürlichen Bremsprozessen abgibt, ist das Röntgenbremsspektrum kontinuierlich. Es besitzt eine kurzwellige Grenze λ_{min}, die dann entsteht, wenn die gesamte kinetische Energie eines Elektrons in einem einzigen Bremsprozess in Strahlungsenergie umgewandelt wird. Dies stellt quasi eine Umkehrung des Fotoeffekts dar, bei dem die gesamte Energie eines einzigen Photons in kinetische Energie eines Elektrons umgewandelt wird.

Regel

Grenzwellenlänge des kontinuierlichen Röntgenspektrums

Zwischen der Wellenlänge λ_{min} der kurzwelligen Grenze und der Betriebsspannung U_B der Röntgenröhre besteht folgender Zusammenhang:

$$\boldsymbol{\lambda_{min} = \frac{h \cdot c}{e \cdot U_B}}$$

Begründung:

$$\frac{h \cdot c}{\lambda_{min}} = e \cdot U_B$$

Energiebilanz $E_{Photon,\,max} = E_{kin,\,Elektron}$; $E_{Photon,\,max} = h \cdot f_{max} = \frac{h \cdot c}{\lambda_{min}}$

$$\Rightarrow \quad \lambda_{min} = \frac{h \cdot c}{e \cdot U_B}$$

auf beiden Seiten mit $\frac{\lambda_{min}}{e \cdot U_B}$ multiplizieren und Seiten umstellen

Beispiel

Berechnen Sie die Betriebsspannung einer Röntgenröhre, wenn die kurzwellige Grenze ihres Emissionsspektrums 2,00 pm beträgt.

Lösung:

$$\lambda_{min} = \frac{h \cdot c}{e \cdot U_B}$$

Regel für Grenzwellenlänge

$$\Rightarrow \quad U_B = \frac{h \cdot c}{e \cdot \lambda_{min}}$$

auf beiden Seiten mit $\frac{U_B}{\lambda_{min}}$ multiplizieren

$$= \frac{6{,}63 \cdot 10^{-34}\,\text{Js} \cdot 3{,}00 \cdot 10^{8}\,\frac{\text{m}}{\text{s}}}{1{,}60 \cdot 10^{-19}\,\text{As} \cdot 2 \cdot 10^{-12}\,\text{m}} = \mathbf{622\,kV}$$

Zahlenwerte einsetzen

Charakteristisches Spektrum

Das charakteristische Spektrum lässt sich mithilfe der Schalenstruktur der Elektronenhülle deuten. Beschleunigte Glühelektronen schlagen aus inneren Schalen der Anodenatome Elektronen heraus oder heben sie auf höhere, noch unbesetzte Schalen. Die so in der inneren Schale des Anodenatoms entstandene Lücke wird durch ein Elektron aus einer höheren Schale des gleichen Atoms aufgefüllt. Da das Elektron auf der höheren Schale wesentlich mehr Energie besitzt als auf der inneren, wird der Energieunterschied in Form eines Röntgenquants abgestrahlt. Für die Linien des charakteristischen Spektrums sind die folgenden Bezeichnungen eingeführt (vgl. Definition der Elektronenschalen auf S. 61):

- **K-Serie:** Alle Linien, die entstehen, wenn ein „Loch" in der K-Schale durch ein Elektron aus einer höheren Schale (L-, M-, N-, … Schale) aufgefüllt wird.
- **L-Serie:** Alle Linien, die entstehen, wenn ein „Loch" in der L-Schale durch ein Elektron aus einer höheren Schale (M-, N-, O-, … Schale) aufgefüllt wird.
- Eine **Einzellinie** einer Serie wird mit einem lateinischen Großbuchstaben („Zielschale" des Elektrons) und einem griechischen Kleinbuchstaben als Index („Startschale" des Elektrons, relativ zur Zielschale) gekennzeichnet.

Regel

Wichtige Linien im charakteristischen Röntgenspektrum

Typische Linien im Röntgenemissionsspektrum sind die K_α-, die K_β- und die L_α-Linie.

Die Linie … entsteht,	*wenn Loch in der …*	*durch e^- aus der … aufgefüllt wird.*
K_α	K-Schale	L-Schale
K_β	K-Schale	M-Schale
L_α	L-Schale	M-Schale

Beispiel

Benennen Sie die Serien, die im Emissionsspektrum einer Röntgenröhre, deren Antikathode aus Kupfer besteht, prinzipiell zu erwarten sind. Bestimmen Sie die Anzahl der Linien, die zu jeder Serie gehören.

Lösung:

Dem Periodensystem der Elemente (Formelsammlung) entnimmt man, dass Kupfer eine voll besetzte K-, L- und M- und eine teilweise besetzte N-Schale hat. Daher sind, entsprechende Lücken vorausgesetzt, die im Schema rechts gezeichneten Übergänge möglich: Man kann 3 Linien der K-Serie, 2 Linien der L-Serie und 1 Linie der M-Serie erwarten.

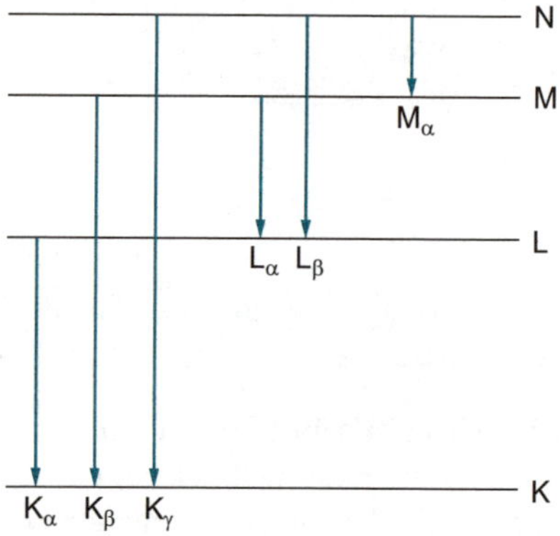

Henry Moseley wollte experimentell bestätigen, dass die Kernladungszahl eines chemischen Elements mit seiner Platznummer im Periodensystem der Elemente übereinstimmt. Dabei fand er 1913 das nach ihm benannte Gesetz.

Regel

Moseley-Gesetz

Zwischen der Kernladungszahl Z eines Atoms und der Wellenlänge der K_α-Linie seines Röntgenemissionsspektrums besteht die Beziehung (R: Rydberg-Konstante):

$$\frac{1}{\lambda_{K_\alpha}} = \frac{3}{4} R \cdot (Z-1)^2$$

Dem Moseley-Gesetz kommt deshalb große Bedeutung zu, weil es die rasche und relativ genaue **Bestimmung der Kernladungszahl** erlaubt.

Beispiel

In einem Röntgenemissionsspektrum tritt die K_α-Linie bei 80 pm auf. Bestimmen Sie das Antikathodenmaterial der Röntgenröhre.

Lösung:

$$\frac{1}{\lambda_{K_\alpha}} = \frac{3}{4} R \cdot (Z-1)^2$$

Moseley-Gesetz

$$\frac{4}{3R \cdot \lambda_{K_\alpha}} = (Z-1)^2$$

auf beiden Seiten mit $\frac{4}{3R}$ multiplizieren, Seiten vertauschen

$$Z = \sqrt{\frac{4}{3R \cdot \lambda_{K_\alpha}}} + 1$$

auf beiden Seiten radizieren und 1 addieren

$$= \sqrt{\frac{4}{3 \cdot 1{,}1 \cdot 10^7\,\text{m} \cdot 80 \cdot 10^{-12}\,\text{m}}} + 1 = 40$$

Zahlenwerte einsetzen

Die Antikathode besteht aus **Zirkonium** ($Z = 40$, Formelsammlung).

Zur Aufnahme eines **Röntgenabsorptionsspektrums** durchstrahlt man eine dünne Metallfolie nacheinander mit Röntgenstrahlung unterschiedlicher Wellenlängen, bestimmt für jede Wellenlänge die Intensitäten I_0 bzw. I vor bzw. hinter der Folie und trägt die Größe (Absorptionskoeffizient)

$$\mu = \left| \ln \frac{I}{I_0} \right|$$

gegen λ an. μ ist ein Maß für die Abschwächung der Strahlung: Der ln-Term wird umso kleiner, je kleiner der Quotient $\frac{I}{I_0}$ wird, d. h., je mehr Strahlung von der Folie absorbiert wird. Man erhält kein mit den optischen Absorptionsspektren vergleichbares Linienspektrum, sondern ein durch Absorptionskanten gekennzeichnetes kontinuierliches Spektrum (Bild links):

- Die **Absorptionskanten** bei λ_1 bzw. λ_2 treten auf, weil für diese Wellenlängen die Energie der Röntgenphotonen gerade ausreicht, um ein Elektron aus einer inneren Schale in den freien Zustand zu überführen (Bild rechts).
- Das Spektrum ist **kontinuierlich**, weil auch Röntgenphotonen mit jeweils größerer Energie – d. h. kürzerer Wellenlänge – absorbiert werden und dabei den Energieüberschuss in Form von kinetischer Energie auf die herausgeschlagenen Elektronen übertragen.

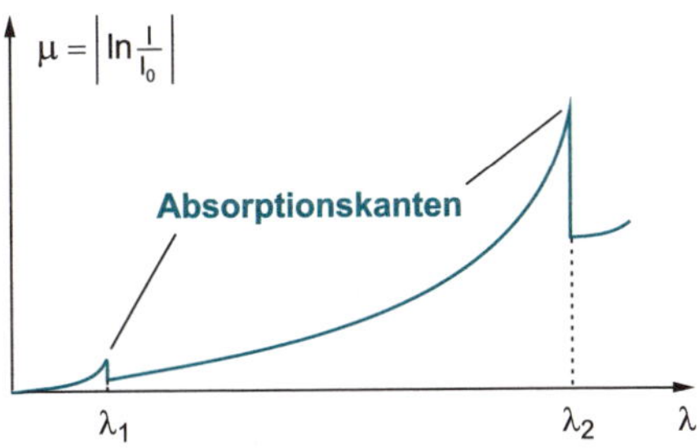

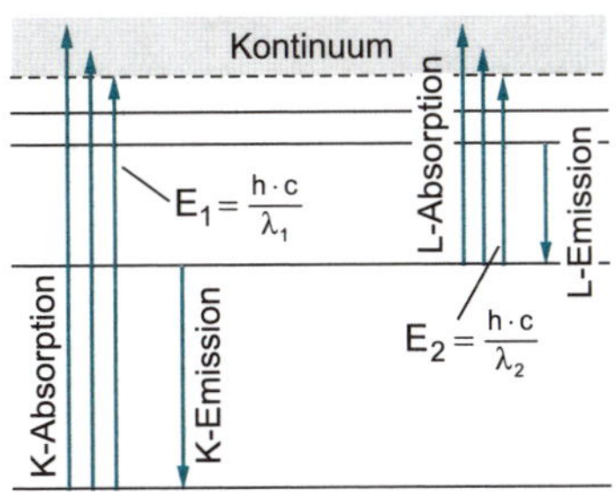

Die K-, L-, … Absorptionskanten fallen auch nicht mit der K_α- bzw. L_α-Linie, … des Emissionsspektrums zusammen, sondern liegen im kürzerwelligen Bereich, da sie durch Übergänge zwischen Schale und Kontinuum entstehen und nicht (wie die Emissionslinien) durch Übergänge zwischen zwei Schalen (Bild rechts).

Aufgaben

94. Eine Röntgenröhre emittiert nur Linien der K-, der L- und der M-Serie. In welcher Reihenfolge erscheinen diese Serien, wenn man die Betriebsspannung der Röhre stetig von null beginnend erhöht?
Begründen Sie Ihre Aussage.

95. Warum erscheinen alle Linien einer Serie des Röntgenemissionsspektrums gleichzeitig, sobald die Betriebsspannung einen bestimmten Schwellenwert erreicht hat?

96. Erläutern Sie am Beispiel der K-Serie, warum die Linien einer Serie unterschiedliche Intensitäten haben. Ordnen Sie die Linien der K-Serie entsprechend ihrer Intensität.

97. Erläutern Sie, wie sich das Emissionsspektrum einer Röntgenröhre verändert, wenn die Betriebsspannung verringert wird.

98. Für die Wellenlänge der K_α-Linie einer Röntgenröhre findet man den Wert $\lambda_{K_\alpha} = 1{,}54 \cdot 10^{-10}$ m.
Aus welchem Material besteht die Antikathode?

99. Die Wellenlänge der K_α-Linie einer Röntgenröhre beträgt $\lambda_{K_\alpha} = 154$ pm. Für die Ionisation aus der L-Schale eines Anodenatoms ist die Mindestenergie $E_L = 0{,}936$ keV aufzubringen. Berechnen Sie den Wert der Betriebsspannung, der an der Röntgenröhre mindestens eingestellt werden muss, damit die K_α-Linie beobachtet werden kann.

100. Berechnen Sie die Wellenlänge λ_{min} der kurzwelligen Grenze des kontinuierlichen Spektrums einer Röntgenröhre, wenn ihre Betriebsspannung den Wert $U_B = 9\,000$ V hat.

101. Berechnen Sie die Wellenlänge der L_α-Linie eines Atoms, wenn die Frequenz seiner K_β-Linie $2{,}16 \cdot 10^{18}$ Hz ist und die Wellenlänge seiner K_α-Linie 154 pm beträgt.

102. Für die Ionisation aus der L-Schale eines Atoms ist die Mindestenergie $E_L = 936$ eV aufzubringen, ferner gilt $\lambda_{L_\alpha} = 1{,}42 \cdot 10^{-9}$ m.
Welche Mindestenergie E_M ist dann zur Ionisation aus der M-Schale nötig?

103. Schickt man Röntgenstrahlung durch eine dünne Metallfolie, erhält man für die Abschwächung des Strahls in Abhängigkeit von der Wellenlänge das Diagramm rechts.
Ermitteln Sie aus den Daten des Diagramms die Wellenlänge der K_α-Linie der Metallatome.

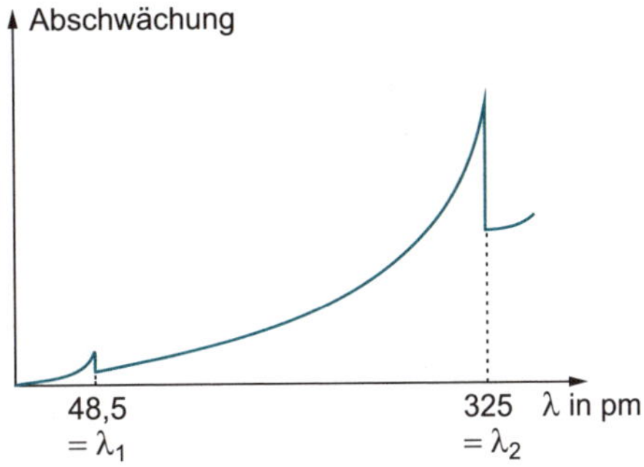

104. Mehrere gleich dicke Metallfolien aus unterschiedlichem Material werden mit monochromatischer Röntgenstrahlung bestrahlt ($\lambda = 10^{-10}$ m). Das Diagramm rechts zeigt, wie die Abschwächung des Röntgenstrahls von der Kernladungszahl Z der Atomkerne in den Absorberfolien abhängt.
Erklären Sie das sprunghafte Abfallen der Absorption bei $Z = 34$.

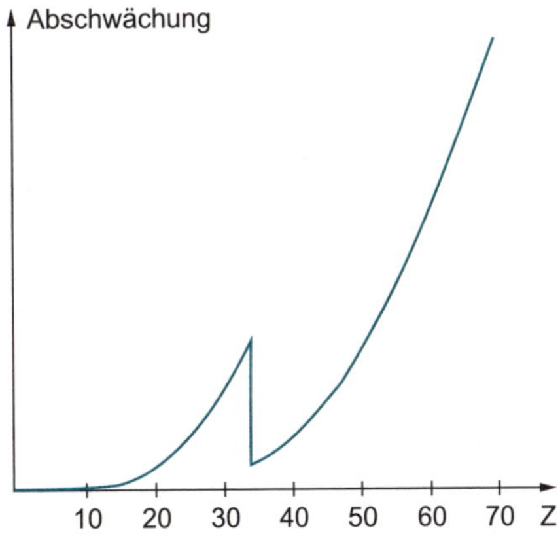

14 Anwendungen in Natur und Technik

Die Physik der Atomhülle ist allgegenwärtig! An drei Beispielen wird gezeigt, wie vielseitig sich atomphysikalisches Wissen einsetzen lässt: einmal zur Bestimmung der riesigen Entfernungen im Weltall, dann zum Verständnis eines technischen Geräts, das heute jeder mehrmals täglich verwendet – und dessen Erfinder noch meinte, dass es die Lösung für ein Problem ist, das erst noch gefunden werden muss –, und schließlich zur Echtheitsüberprüfung von Gold.

Aufgaben

105. Entfernung des Galaxienhaufens Ursa maior II

Entfernt sich eine Lichtquelle mit der Geschwindigkeit v von einem Beobachter, so ist Licht der Wellenlänge λ_0 um den Betrag $\Delta\lambda$ in Richtung größerer Wellenlängen verschoben (Rotverschiebung). Näherungsweise gilt dabei:

$$\frac{\Delta\lambda}{\lambda_0} = \frac{v}{c}$$

In den Zwanzigerjahren des letzten Jahrhunderts wies Edwin Hubble nach, dass sich die meisten Galaxien radial von der Erde mit Geschwindigkeiten v entfernen, die proportional zu ihren Entfernungen r von der Erde sind:

$$v = H_0 \cdot r$$

Die Proportionalitätskonstante H_0 heißt Hubblekonstante, sie hat den numerischen Wert:

$$H_0 = 74 \, \frac{km}{s \cdot Mpc}$$

Dabei ist Mpc (Megaparsec) eine Längeneinheit: 1 Mpc $= 3{,}086 \cdot 10^{22}$ m

Ursa maior II ist ein Galaxienhaufen, der aus mindestens 200 Galaxien besteht. Im Spektrum einer seiner hellsten Galaxien beobachtet man die Rotverschiebung der Fraunhoferlinien K (393,4 nm) und H (396,8 nm) des Ions Ca^+ (siehe Abbildung).

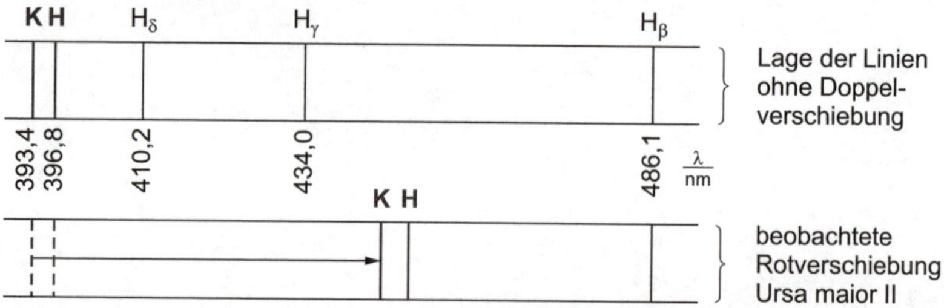

Berechnen Sie aus diesen Angaben die Entfernung des Galaxienhaufens Ursa maior II. Vergleichen Sie diese mit dem Durchmesser der Milchstraße.

106. Physikalische Reizwortgeschichte

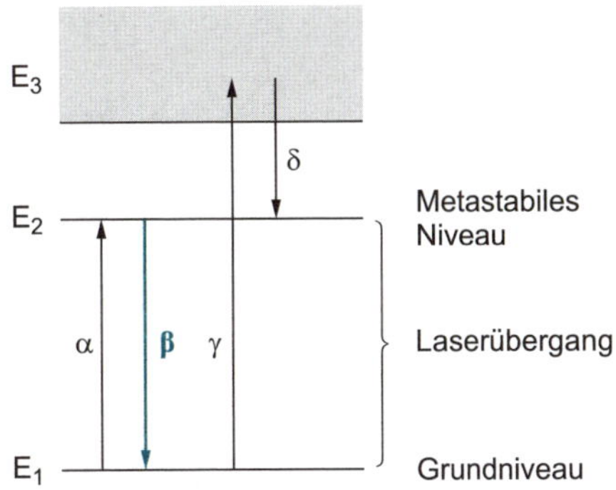

Laser sind aus unserem Alltag nicht mehr fortzudenken. Dabei wurde der erste funktionstüchtige Laser überhaupt erst 1960 entwickelt: Theodore Maiman baute einen Rubinlaser, in dem ein synthetischer Rubinkristall mit einer Beimischung von ca. 0,04 % an Chromatomen das sogenannte Lasermedium bildet. Um den stabförmigen Kristall ist eine wendelförmige Röhrenblitzlampe angebracht. Der Rubinlaser ist ein Drei-Niveau-Festkörper-Laser (siehe Termschema), dessen Hauptemissionslinie im roten Spektralbereich bei der Wellenlänge 694,3 nm liegt.

Recherchieren Sie in Ihrem Lehrbuch oder im Internet den Aufbau und die Funktionsweise eines Rubinlasers. Fassen Sie Ihre Erkenntnisse in einem kurzen zusammenhängenden Text zusammen und verwenden Sie dabei folgende Begriffe:
Lasermedium – stimulierte Emission – metastabiles Niveau – optisches Pumpen – Besetzungsinversion – stehende Welle

107. Archimedes hätte versagt – Sie nicht!

Sie kennen vielleicht die Geschichte von Archimedes und König Hieron II. von Syrakus. Letzterer hatte einem Goldschmied Gold für eine neue Krone gegeben. Die fertige Krone gefiel ihm, er befürchtete aber, der Goldschmied könnte das reine Gold mit Silber gestreckt haben.
Hieron bat daher Archimedes, die Echtheit der Goldkrone zu überprüfen. Archimedes tauchte einmal die Krone und dann einen Goldbarren, der genauso viel wog wie die Krone, in einen bis zum Rand gefüllten Wasserbehälter und maß die Menge des überlaufenden Wassers. Da die Krone mehr Wasser verdrängte als der Goldbarren und somit bei gleichem Gewicht voluminöser war, musste sie aus einem Material geringerer Dichte, also nicht aus reinem Gold, gefertigt worden sein. Tatsächlich handelte es sich dabei, wie Archimedes nachweisen konnte, um Silber.

a) Bestimmen Sie das Metall, mit dem der betrügerische Goldschmied das Gold für die Krone hätte „strecken“ müssen, damit Archimedes den Betrug nicht entdeckt hätte. Nutzen Sie dazu die Tabelle auf der folgenden Seite, in der die Dichten einiger Metalle in $\frac{g}{cm^3}$ aufgeführt sind.

Al	Sb	Be	Pb	Cd	Cr	Fe	Au	Ir
2,7	6,7	1,8	11,3	8,6	7,2	7,9	19,3	22,4

Cu	Mg	Ni	Os	Hg	Pd	Pt	Rh	Ru
8,9	1,7	8,9	22,5	13,5	12,0	21,4	12,4	12,4

Ag	Ti	Ta	Bi	W	Zn	Sn
10,5	4,5	16,6	9,8	19,2	7,1	7,3

b) Erläutern Sie, wie Sie heutzutage mit Röntgenstrahlung den Betrug trotzdem aufdecken könnten.

c) Begründen Sie, dass es dabei unerheblich wäre, ob die Goldatome in der Krone chemisch gebunden sind oder nicht.

Strukturuntersuchungen zum Aufbau der Materie

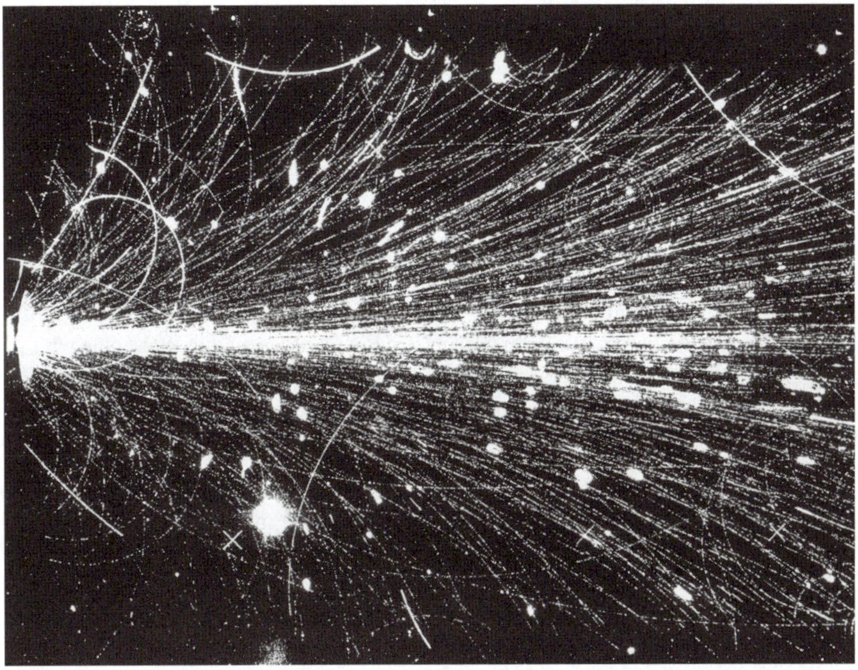

Die Frage, wie man Informationen über den Aufbau von Materie gewinnt, beantworten die Physiker seit den Streuversuchen Rutherfords Anfang des 20. Jahrhunderts im Prinzip stets auf dieselbe Weise: Man lässt Teilchen mit genügend großer Energie innerhalb einer geeigneten Messapparatur aufeinanderprallen und versucht, die dabei erzeugten Teilchen zu identifizieren und daraus Rückschlüsse über die Kollisionspartner zu ziehen (Foto: Kollision von Schwefel- und Goldatomen in einer Funkenkammer). Über die Jahre und unter ständiger Steigerung der Aufprallenergie wurden so immer mehr „Elementarteilchen" entdeckt – zuletzt das seit Langem postulierte Higgs-Boson, mit dem man den Ursprung der Masse der Elementarteilchen erklärt. Mit dem sogenannten Standardmodell der Teilchenphysik ist es zudem gelungen, Ordnung in diesen „Teilchenzoo" zu bringen, sodass die Physiker heute eine recht genaue Vorstellung davon haben, was unsere Welt im Innersten zusammenhält.

15 Streuexperimente

Anfang des 20. Jahrhunderts konnten durch Experimente, bei denen Metallfolien mit Elektronen und Alphateilchen beschossen wurden – etwa durch den Rutherford'schen Streuversuch (vgl. Kap. 8, S. 43) –, Aussagen über die Struktur der Atome gemacht werden, aus denen die Folien aufgebaut waren. Es handelte sich dabei um die ersten Streuexperimente.

Allgemein versteht man unter einem Streuexperiment einen Versuch, bei dem ein Strahl bekannter Teilchen auf ein ruhendes, unbekanntes Objekt (Target) gelenkt wird. Aus der Richtung, der Energie und dem Impuls der gestreuten Teilchen versucht man dann auf die Struktur der Targetteilchen zu schließen. Das gelingt nur, wenn man sich an folgende Regel hält.

Regel

Relevanz von Streuexperimenten
Streuexperimente liefern nur dann brauchbare Resultate, wenn die Wellenlängen der Geschossteilchen der Größenordnung nach mit der räumlichen Ausdehnung der Targetteilchen übereinstimmen.

Beispiele

1. Trifft Laserlicht der einheitlichen Wellenlänge λ senkrecht auf eine kreisförmige Blende B vom Radius R, so beobachtet man dahinter auf einem zu B parallelen Schirm ein System konzentrischer Interferenzringe.

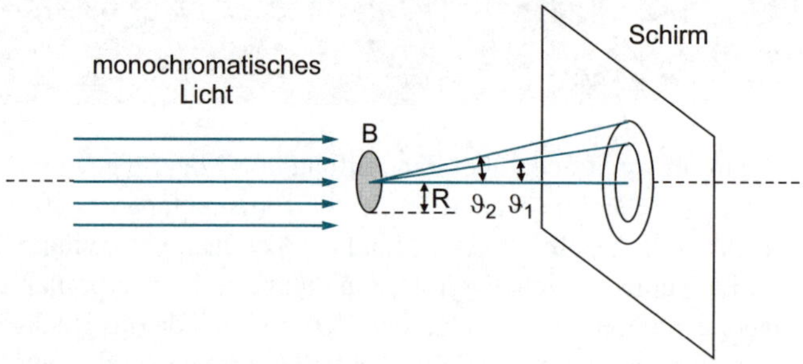

Für die Winkel ϑ_k, unter denen konstruktive Interferenz k-ter Ordnung beobachtet werden kann, gilt:

$\sin \vartheta_k = C_k \cdot \frac{\lambda}{R}$ $\quad (k = 1, 2, 3, \ldots) \quad (*)$

C_k sind dabei von der Interferenzordnung k abhängige reelle Zahlen. Es gilt $C_1 = 0{,}819$, $C_2 = 1{,}346$, $C_3 = 1{,}850$, …
Fassen Sie die Blende als Targetteilchen und die Photonen des Laserlichts als Geschossteilchen auf.

a) Beschreiben Sie ohne explizite Rechnung, wie man den Radius R der Blende aus dem Abstand Blende–Schirm, den Radien der Interferenzringe und der Wellenlänge λ des Laserlichts bestimmen kann.

b) Warum lässt sich R nicht ermitteln, wenn λ wesentlich größer bzw. kleiner als R ist?

Lösung:

a) Bei bekanntem Abstand L der Blende vom Schirm und bekanntem Interferenzringradius r_k erhält man den Winkel ϑ_k aus $\tan\vartheta_k = \frac{r_k}{L}$. Durch Einsetzen von ϑ_k in (*) ergibt sich eine Gleichung, die sich leicht nach R auflösen lässt und in der nur R unbekannt ist.

b)
- Ist λ wesentlich größer als R, $\lambda \gg R$, so ist wegen $C_k \approx 1$ der Term $C_k \cdot \frac{\lambda}{R}$ größer als 1. Da die Sinusfunktion keine Werte annimmt, die größer als 1 sind, gibt es keinen Winkel ϑ_k, der die Gleichung (*) lösen könnte. Es entsteht keine Interferenzfigur auf dem Schirm.
- Ist λ wesentlich kleiner als R, $\lambda \ll R$, so ist der Term $C_k \cdot \frac{\lambda}{R}$ fast 0. Dann gibt es zwar Winkel ϑ_k, welche die Gleichung (*) lösen, diese unterscheiden sich aber zu wenig vom Winkel $\vartheta_k = 0°$ für das Hauptmaximum 0. Ordnung, um mit hinreichender Genauigkeit gemessen werden zu können.

2. Überprüfen Sie durch Rechnung, ob Alphateilchen der kinetischen Energie $E_{kin} = 4{,}78$ MeV prinzipiell für ein Streuexperiment an Goldkernen vom Radius $R = 8{,}1 \cdot 10^{-15}$ m geeignet sind.

Lösung:
Sie müssen überprüfen, ob die De-Broglie-Wellenlänge $\lambda = \frac{h}{m \cdot v}$ eines Alphateilchens der Größenordnung nach mit dem Radius R eines Goldkerns übereinstimmt. Dazu wird erst die Geschwindigkeit v berechnet:

$$E_{kin} = \frac{1}{2} m \cdot v^2$$ kinetische Energie

$$\Rightarrow \quad v = \sqrt{2 \cdot \frac{E_{kin}}{m}}$$ auf beiden Seiten durch m dividieren, mit 2 multiplizieren und radizieren

$$= \sqrt{2 \cdot \frac{4{,}78 \cdot 10^6 \cdot 1{,}6 \cdot 10^{-19}\ \text{J}}{6{,}64 \cdot 10^{-27}\ \text{kg}}}$$ Zahlenwerte einsetzen

$$= 1{,}5 \cdot 10^7\ \frac{\text{m}}{\text{s}}$$

Berechnung der Wellenlänge:

$$\lambda = \frac{h}{m \cdot v}$$ De-Broglie-Wellenlänge

$$= \frac{6{,}63 \cdot 10^{-34}\ \text{Js}}{6{,}64 \cdot 10^{-27}\ \text{kg} \cdot 1{,}5 \cdot 10^7\ \frac{\text{m}}{\text{s}}} = \mathbf{6{,}7 \cdot 10^{-15}\ m}$$ Zahlenwerte einsetzen

Sowohl R als auch λ liegen in der Größenordnung von 10^{-14} m, die Alphateilchen eignen sich also für das Streuexperiment.

Aufgaben

108. Indem man sehr stark beschleunigte Elektronen an Neutronen streut, möchte man untersuchen, ob Neutronen (Radius $r = 1{,}4 \cdot 10^{-15}\,m$) aus noch kleineren Teilchen zusammengesetzt sind.
Überprüfen Sie durch Rechnung, ob Elektronen, die eine Beschleunigungsspannung von 12 GV durchlaufen haben, prinzipiell für ein solches Streuexperiment geeignet sind. Beachten Sie dabei, dass für die De-Broglie-Wellenlänge relativistischer Elektronen gilt:

$$\lambda = \frac{h \cdot c}{\sqrt{2E_0 \cdot E_{kin} + E_{kin}^2}}$$

109. Begründen Sie, dass man zur Erforschung immer kleinerer Strukturen Maschinen braucht, die Teilchen auf immer höhere kinetische Energien beschleunigen.

110. Bei der Durchführung des Rutherford'schen Streuversuchs mit beschleunigten Alphateilchen stellt man fest, dass zentral gegen den Goldatomkern anlaufende Alphateilchen erst dann in den Bereich der kurzreichweitigen Kernkräfte gelangen, wenn ihre kinetische Energie in unendlicher Entfernung vom Goldatomkern mindestens 27,7 MeV beträgt.
Berechnen Sie aus diesen Daten den Radius R des Goldatomkerns.

16 Das Standardmodell der Teilchenphysik – Elementarteilchen

Vor 1937 dachte man, dass die Materie nur aus Protonen, Neutronen, Elektronen, Positronen und Neutrinos aufgebaut ist. Indem man im Laufe der folgenden Jahre zunächst Fotoplatten der energiereichen Höhenstrahlung aussetzte und später mit immer größeren Beschleunigermaschinen hochenergetische Teilchen für Streuexperimente erzeugte, fand man immer mehr solche „Elementarteilchen", bis man schließlich einen ganzen „Teilchenzoo" hatte. Schritt für Schritt, auch mithilfe rein mathematischer Ordnungsprinzipien, gelang es, diese Teilchen zu klassifizieren und gegenseitig in Beziehung zu setzen – es entstand das **Standardmodell der Teilchenphysik**.

Zahlreiche Versuche zeigten, dass zwischen den Teilchen aus dem Zoo nur vier verschiedene Arten von Kräften wirken. Da die Kraftwirkung durch den Austausch spezieller Teilchen, die für die jeweilige Kraft charakteristisch sind, zustande kommt, spricht man statt von Kräften präziser von **Wechselwirkungen**; die vermittelnden Teilchen bezeichnet man als **Austauschteilchen**.

Regel

Fundamentale Wechselwirkungen (WW) und ihre Austauschteilchen

Alle Kraftwirkungen zwischen Elementarteilchen lassen sich zurückführen auf die

- **starke WW** mit dem **Gluon** als Austauschteilchen, verantwortlich für den Zusammenhalt des Atomkerns;
- **elektromagnetische WW** mit dem **Photon** als Austauschteilchen, verantwortlich für die meisten physikalischen Phänomene des Alltags wie Licht, Magnetismus, Chemie und Elektrizität;
- **schwache WW** mit den drei **Vektorbosonen W^+, W^-** und **Z^0** als Austauschteilchen, verantwortlich z. B. für den radioaktiven Betazerfall;
- **Gravitations-WW** mit dem (hypothetischen) Graviton als Austauschteilchen, verantwortlich für die Ausbildung der großräumigen Strukturen im Universum.

Mit Ausnahme des Gravitons sind alle Austauschteilchen experimentell nachgewiesen. Elektromagnetische und Gravitationswechselwirkung haben unendliche Reichweite, die Reichweite der starken Wechselwirkung beträgt ca. 10^{-15} m, die der schwachen Wechselwirkung ca. 10^{-17} m. Nimmt man die starke Wechselwirkung als Bezugsgröße, so verhalten sich die Stärken der vier Kräfte etwa wie
$F_{stark} : F_{el.\text{-}mag.} : F_{schwach} : F_{Grav.} = 1 : 10^{-2} : 10^{-14} : 10^{-40}$.

An welcher der vier Wechselwirkungen ein Teilchen teilnimmt, wird durch seine **Ladungen** bestimmt:

- Ein Teilchen kann nur **elektromagnetisch** wechselwirken, wenn es eine **elektrische Ladung** trägt. Sie wissen, dass es zwei entgegengesetzte, durch unterschiedliches Vorzeichen gekennzeichnete elektrische Ladungen gibt, die bei freien Teilchen stets ein ganzzahliges Vielfaches der Elementarladung e sind.
- Analog kann ein Teilchen nur dann an der **starken Wechselwirkung** teilnehmen, wenn es eine von null verschiedene starke Ladung, die sogenannte **Farbladung**, besitzt. Es gibt drei verschiedene Farbladungen, die sich zusammen zur Farbladung null addieren. In Analogie zur additiven Farbmischung nennt man diese Ladungen „rot“, „grün“, „blau“, die Farben der zugehörigen Antiteilchen sind entsprechend antirot (cyan), antigrün (magenta) und antiblau (gelb). Teilchen ohne Farbladung nennt man „weiß“, sie können durch Kombination einer Farbe mit ihrer Antifarbe oder aller drei Farben oder aller drei Antifarben gebildet werden. Entscheidend ist: Teilchen mit Farbladung treten nie einzeln auf, sondern sind stets in weißen Teilchen gebunden.
- Zur **schwachen Wechselwirkung** gehört die **schwache Ladung**. Sie kommt nur in ganzzahligen Vielfachen einer „schwachen Elementarladung“ g vor, die mit der elektrischen Ladung zusammenhängt.
- Die „Ladung“ der **Gravitationskraft** ist die **Masse**: Nur solche Teilchen unterliegen der Gravitation, die eine Masse besitzen. Da der Betrag der Gravitationskraft zwischen zwei Teilchen extrem klein ist, wird sie in der Teilchenphysik meist nicht berücksichtigt.

Nach dem heutigen Kenntnisstand gibt es 12 Arten von Teilchen, die keine bestimmte innere Struktur besitzen; sie sind also wirkliche **Elementarteilchen**, aus denen alle anderen Teilchen zusammengesetzt sind. Diese 12 Arten von Teilchen bestehen aus den **6 Quarks** und den **6 Leptonen**.

Quarks	Name (Symbol)	Masse in MeV/c^2	elektrische Ladung in e	schwache Ladung	Farbladung
1. Familie	up (u)	2,3	$\frac{2}{3}$	$+\frac{1}{2}$	rot, grün, blau
	down (d)	4,8	$-\frac{1}{3}$	$-\frac{1}{2}$	
2. Familie	charm (c)	$1{,}3 \cdot 10^3$	$\frac{2}{3}$	$+\frac{1}{2}$	
	strange (s)	95	$-\frac{1}{3}$	$-\frac{1}{2}$	
3. Familie	top (t)	$173 \cdot 10^3$	$\frac{2}{3}$	$+\frac{1}{2}$	
	bottom (b)	$4{,}7 \cdot 10^3$	$-\frac{1}{3}$	$-\frac{1}{2}$	

Leptonen	Name (Symbol)	Masse in MeV/c^2	elektrische Ladung in e	schwache Ladung	Farbladung
1. Familie	Elektron (e^-)	0,511	−1	$-\frac{1}{2}$	keine
	e-Neutrino (ν_e)	$< 2 \cdot 10^{-6}$	0	$+\frac{1}{2}$	
2. Familie	Myon (μ)	106	−1	$-\frac{1}{2}$	
	μ-Neutrino (ν_μ)	$< 0{,}2$	0	$+\frac{1}{2}$	
3. Familie	Tauon (τ)	$1{,}8 \cdot 10^3$	−1	$-\frac{1}{2}$	
	τ-Neutrino (ν_τ)	< 16	0	$+\frac{1}{2}$	

Die Quarks und die Leptonen

- werden jeweils in **3 Familien** mit je zwei Quarks bzw. je zwei Leptonen unterteilt. Die Teilchen der beiden 1. Familien sind Bestandteil der stabilen Materie. Die Teilchen der anderen Familien sind nur künstlich herstellbar.
- besitzen jeweils ein **Antiteilchen**. Es gibt also 6 Antiquarks und 6 Antileptonen, die jeweils die gleichen Massen, aber die jeweils entgegengesetzten Ladungen aufweisen. Die Antiteilchen teilen sich wiederum in je 3 Familien mit je zwei Antiquarks bzw. zwei Antileptonen auf.

- besitzen jeweils **Masse**, **elektrische Ladung** und **schwache Ladung**. Dabei ist die elektrische Ladung ein ganzzahliges Vielfaches eines Drittels der Elementarladung (vgl. Spalte 4 der beiden Tabellen). Quarks und Leptonen nehmen also an der Gravitations-, an der elektrischen und an der schwachen Wechselwirkung teil.

Nur die Quarks besitzen darüber hinaus eine **Farbladung** und unterliegen daher zusätzlich der starken Wechselwirkung.

Definition

Zusammengesetzte Teilchen

- **Mesonen** sind Teilchen, die aus zwei Quarks – einem Quark und einem Antiquark – aufgebaut sind. Alle Mesonen sind instabil und zerfallen in leichtere Mesonen oder Leptonen.
- **Baryonen** sind Teilchen, die aus jeweils drei Quarks bestehen. Die Baryonen werden nochmals in zwei Untergruppen unterteilt, die **Nukleonen** und die **Hyperonen**. Zu den Nukleonen gehören nur das Proton und das Neutron, alle schwereren Teilchen zählt man zu den Hyperonen.
- Mesonen und Baryonen bilden zusammen die Gruppe der **Hadronen**.

Beispiele

1. Das π^+-Meson ist aus einem up-Quark und einem Anti-down-Quark aufgebaut. Bestimmen Sie seine elektrische Ladung.

   Lösung:
   u trägt die elektrische Ladung $\frac{2}{3}e$; $\overline{d}$ trägt die elektrische Ladung $-\left(-\frac{1}{3}\right)e$.
   Daher gilt für die elektrische Gesamtladung Q:

   $$Q = \frac{2}{3}e - \left(-\frac{1}{3}\right)e = e$$

   Das π^+-Meson trägt also eine positive elektrische Elementarladung.

2. Das Proton ist nur aus Quarks der 1. Familie aufgebaut. Bestimmen Sie seine Zusammensetzung.

   Lösung:
   Ein Proton ist nach der Definition über zusammengesetzte Teilchen aus 3 Quarks aufgebaut. Diese gehören nach Aufgabenstellung der 1. Familie an, sind also up- oder down-Quarks. Da die elektrische Gesamtladung des Protons +e ist und u die Ladung $\frac{2}{3}e$, d die Ladung $-\frac{1}{3}e$ trägt, kommt nur die Kombination **uud** infrage.

   Anmerkung: Bezieht man die Antiquarks mit in die Überlegungen ein, wäre theoretisch auch die Kombination $\overline{d}\,\overline{d}\,\overline{d}$ denkbar. Sie stellt das Antiteilchen des sogenannten Delta-Baryons Δ^- dar, das sich tatsächlich experimentell beobachten lässt. Erst wenn man den Spin der Teilchen berücksichtigt (darin unterscheiden sich $\overline{\Delta^-}$ und Proton), wird die Zuordnung der Quarkkombination uud zum Proton eindeutig.

Aufgaben

111. Das π^--Meson ist aus einem Anti-up-Quark und einem down-Quark aufgebaut. Bestimmen Sie seine elektrische Ladung.

112. Das Neutron ist nur aus Quarks der 1. Familie aufgebaut.
Bestimmen Sie seine Zusammensetzung.

113. Welche der folgenden Farbkombinationen für die Quarks des Protons sind richtig oder falsch? Begründen Sie.

Rot	Blau	Grün	richtig	falsch
u	u	d	☐	☐
u	d	u	☐	☐
d	u	u	☐	☐

114. Welche Farbladung hat das Anti-down-Quark in einem π^+-Meson, wenn das up-Quark die Farbladung Blau trägt?

115. Begründen Sie, welche Fundamentalkraft Sie spüren, wenn Sie Ihre Hand auf einer Tischplatte aufstützen.

17 Anwendungen in Natur und Technik

In diesem Abschnitt erhalten Sie am Beispiel der Zerstrahlung und der Bildung eines Leptonenpaars einen Einblick in den Elementarteilchenprozess der Paarvernichtung (Annihilation) bzw. der Paarbildung. Paarprozesse sind für die Entwicklung des Kosmos von großer Bedeutung, spielen aber auch in technischen Anwendungen wie der Positronen-Emissions-Tomografie eine Rolle.

Aufgaben

116. Positronen-Emissions-Tomografie (PET)
Die PET ist ein bildgebendes Verfahren, das sich neben anderen Verfahren wie der Endoskopie, der Computertomografie (CT) oder der Magnetresonanztomografie (MRT) als wichtiges Instrument der medizinischen Diagnostik etabliert hat. Sie eignet sich v. a. zur Analyse von Stoffwechselvorgängen, zur Identifizierung von Tumoren und für neurologische Forschungen. Dazu wird dem Patienten ein Stoff in die Vene gespritzt, der mit β^+-Strahlern markiert ist, z. B. eine Traubenzuckerlösung mit dem Marker Fluor-18. Tumorzellen und aktive Bereiche im Gehirn haben einen erhöhten

Stoffwechsel, sodass sich dort verstärkt Zuckermoleküle finden. Im Körper reagieren die Positronen mit Elektronen. Die dabei erzeugten Photonen werden mit Detektoren registriert, die um den Körper herum angeordnet sind.

a) Betrachten Sie den Fall, dass Elektron und Positron praktisch ruhen. Begründen Sie, dass dann Elektron und Positron in zwei Photonen zerstrahlen, und bestimmen Sie die Flugrichtung dieser Photonen relativ zueinander.

b) Berechnen Sie die Energie und die Wellenlänge dieser Photonen und ordnen Sie sie in das elektromagnetische Spektrum ein.

117. Paarbildung

Ein Beispiel für einen Paarbildungsprozess ist die Umwandlung eines hochenergetischen Photons in ein Elektron-Positron-Paar (vgl. Aufgabe 116):

$\gamma \rightarrow e^+ + e^-$

Genauere Rechnungen zeigen, dass die Reaktionsprodukte Elektron und Positron den Impuls des Photons nicht vollständig abtransportieren können. Daher können Paarbildungsprozesse nur in unmittelbarer Nähe eines Hilfsteilchens stattfinden, das den Impulsüberschuss aufnimmt. Für die Mindestenergie E_{min} eines Photons für einen Paarbildungsprozess ermittelt man

$$E_{min} = 2m_0 \cdot c^2 \cdot \left(1 + \frac{m_0}{M_0}\right).$$

m_0 bzw. M_0 bezeichnen dabei die Ruhemassen des Elektrons bzw. des Hilfsteilchens.

a) Ergänzen Sie folgenden Satz:

Je ______________ die Masse des Hilfsteilchens ist, desto ______________ ist die Schwellenenergie E_{min}.

b) Bestimmen Sie die Schwellenenergie E_{min} für einen Paarbildungsprozess, wenn es sich bei dem Hilfsteilchen um ein Elektron bzw. um einen sehr schweren Kern handelt.

c) Paarbildung ist mit einer Nebelkammer nachweisbar, die von einem Magnetfeld durchsetzt wird, wenn ein Photonenstrahl hinreichender Energie auf ein geeignetes Target trifft. Die Skizze zeigt eine solche Nebelkammeraufnahme. Die in der Aufnahme nicht sichtbare Bahn des Photons ist gestrichelt gezeichnet.
Ordnen Sie die Bahnen dem Elektron und dem Positron zu.

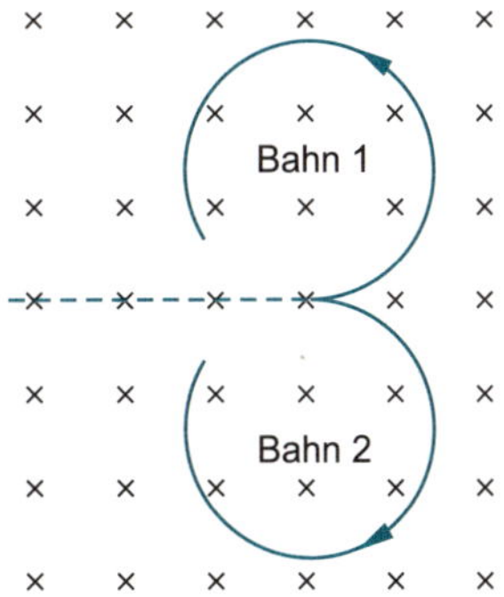

Ein einfaches Kernmodell der Quantenphysik

Die Formel $E = m \cdot c^2$ gilt als die berühmteste Formel der Welt. Einstein hatte die Äquivalenz zwischen Masse und Energie 1905 im Rahmen seiner Speziellen Relativitätstheorie aufgezeigt, doch erst vierzig Jahre später wurde der Menschheit durch den Abwurf der ersten Atombombe auf die japanische Stadt Hiroshima die Tragweite dieser Entdeckung vollends bewusst. Die Energiemenge, die bei der Spaltung von Atomkernen frei wird, stellt – bezogen auf den nötigen Brennstoff – alle anderen exothermen Prozesse in den Schatten und wird nur noch von der Energiemenge übertroffen, welche die Kernfusion freisetzt (Foto: erste Wasserstoffbombe „Ivy Mike“ mit rund 800-facher Sprengwirkung der Hiroshimabombe). Um zu verstehen, wie diese riesigen Energien zustande kommen, muss man verstanden haben, wie Atomkerne aufgebaut sind und durch welche Kräfte die Kernbausteine zusammengehalten werden; dabei spielen wiederum quantentheoretische Überlegungen eine entscheidende Rolle.

18 Nomenklatur für Atomkerne – Kernradius

Im Folgenden werden die wichtigsten im Zusammenhang mit Atomkernen stehenden Begriffe und Bezeichnungen zusammengestellt.

Alle Atomkerne bestehen nur aus Protonen und Neutronen. Die Ruhemasse des Neutrons ist mit $m_N = 1{,}675 \cdot 10^{-27}$ kg geringfügig größer als die Ruhemasse des Protons mit $m_P = 1{,}673 \cdot 10^{-27}$ kg.

Definition

Kenngrößen des Atomkerns

- **Nukleonen:** „Bausteine" der Atomkerne, also Protonen und Neutronen. Dabei besteht ein Proton aus zwei up- und einem down-Quark (uud) und ein Neutron aus einem up- und zwei down-Quarks (udd).
- **Kernladungszahl Z:** Anzahl der Protonen eines Kerns. Z deckt sich mit der Ordnungszahl des entsprechenden chemischen Elements im Periodensystem der Elemente.
- **Neutronenzahl N:** Anzahl der Neutronen eines Kerns.
- **Massenzahl A:** Gesamtzahl der Nukleonen eines Kerns. A ist also gleich der Summe aus Protonenzahl Z und Neutronenzahl N: $\mathbf{A = Z + N}$
- **Nuklid:** Atomkernart, die durch die Protonenzahl Z und die Neutronenzahl N eindeutig festgelegt ist.
  Kurzschreibweise: $^{A}_{Z}\mathbf{X}$ (X: chemisches Symbol des betreffenden Elements)

Beispiele

1. Wie viele Neutronen besitzt das Nuklid $^{235}_{92}\text{U}$?

   Lösung:
   $N = A - Z = 235 - 92 = \mathbf{143}$
2. Wie viele Protonen besitzt das Nuklid $^{22}_{?}\text{Na}$?

   Lösung:
   Für Na gilt nach dem Periodensystem der Elemente (PSE): $Z = \mathbf{11}$

Definition

Spezielle Nuklide

- **Isotope:** Nuklide mit gleicher Kernladungszahl Z
- **Isobare:** Nuklide mit gleicher Massenzahl A
- **Isotone:** Nuklide mit gleicher Neutronenzahl N

In einer **Nuklidkarte** (N-Z-Diagramm) sind Nukleonen, die zu einer dieser drei Nuklidklassen gehören, sofort aufgrund ihrer besonderen Lage zu erkennen: Isotope eines Elements liegen auf einer Parallelen zur N-Achse, Isobare auf einer Parallelen zur Winkelhalbierenden des 2. und 4. Quadranten, Isotone auf einer Parallelen zur Z-Achse.

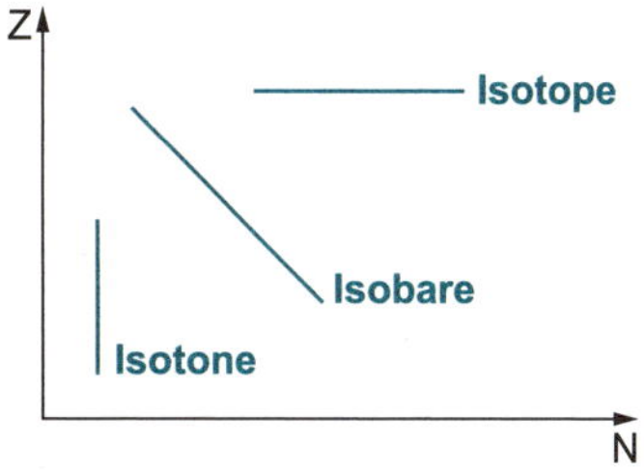

Beispiel

Suchen Sie aus den folgenden Nukliden jeweils ein Isotopen-, ein Isobaren- und ein Isotonenpaar: ${}^{1}_{1}H$; ${}^{2}_{1}H$; ${}^{57}_{26}Fe$; ${}^{13}_{6}C$; ${}^{14}_{7}N$; ${}^{57}_{27}Co$

Lösung:

Isotopenpaar: ${}^{1}_{1}H$; ${}^{2}_{1}H$; Isobarenpaar: ${}^{57}_{26}Fe$; ${}^{57}_{27}Co$; Isotonenpaar: ${}^{13}_{6}C$; ${}^{14}_{7}N$

Die meisten Atomkerne haben Kugelgestalt. Die Grenzen dieser Kugeln sind jedoch nicht scharf umrissen, weshalb die Verwendung des Begriffs **Kernradius** nur sinnvoll ist, wenn man das Wie der Grenzfestlegung angibt. Beim Rutherford'schen Streuversuch wird der Kernradius eines Goldatomkerns als der Abstand vom Kernmittelpunkt definiert, ab dem ein zentral anfliegendes Alphateilchen mehr durch die anziehenden Kernkräfte als durch die abstoßende elektrische Kraft der Kernladungen beeinflusst wird.
Unter dieser Voraussetzung zeigen Messdaten, dass für den Radius r_K eines Kerns der Massenzahl A in guter Näherung gilt:

Regel

Kernradius

Ein kugelförmiger Kern der Massenzahl A besitzt einen Kern vom Radius

$\mathbf{r = r_0 \cdot \sqrt[3]{A}}$,

wobei $r_0 = r(A=1) = 1{,}42 \cdot 10^{-15}$ m.

Beispiele

1. Berechnen Sie den Radius r_U eines ${}^{235}_{92}U$-Kerns.

   Lösung:

   $r_U = 1{,}42 \cdot 10^{-15}\text{ m} \cdot \sqrt[3]{235} = \mathbf{8{,}76 \cdot 10^{-15}\ m}$

2. Zeigen Sie, dass das Volumen V_K eines kugelförmigen Atomkerns proportional zu seiner Massenzahl A ist.

   Lösung:

   $$V_K = \frac{4}{3}\pi \cdot r^3 = \frac{4}{3}\pi \cdot \left(r_0 \cdot \sqrt[3]{A}\right)^3 = \underbrace{\frac{4}{3}\pi \cdot r_0^3}_{C = \text{konst.}} \cdot A = C \cdot A \Rightarrow \mathbf{V_K \sim A}$$

Aufgaben **118.** Das Bild zeigt einen Ausschnitt aus einer Nuklidkarte.

Si 24 103 ms β^+ βp 3,913	Si 25 218 ms β^+ βp 4,08; 1,87; 3,33 ...	Si 26 2,21 s β^+ 3,8 ... γ 829; 1622 ... m	Si 27 4,16 s β^+ 3,8 ... γ(2210 ...)	Si 28 92,23 α 0,17
Al 23 470 ms β^+ βp 0,83	Al 24 129 ms ¦ 2,07 s Iγ 426 ¦ β^+ 4,4; 8,7 ... β^+ 13,3 ... ¦ γ 1369; 2754; 7069 ... γ 1369 ... ¦ $\beta\alpha$ 1,98 ... $\beta\alpha$ 1,42; 1,79 ...	Al 25 7,18 s β^+ 3,3 ... γ(1612 ...)	Al 26 6,35 s ¦ $7{,}16 \cdot 10^6$ a β^+ 3,2 ¦ β^+ 1,2 ¦ γ 1809 1130	Al 27 100 α 0,230
Mg 22 3,86 s β^+ 3,2 ... γ 583,74 ...	Mg 23 11,3 s β^+ 3,1 ... γ 440 ...	Mg 24 78,99 α 0,053	Mg 25 10,00 α 0,180	Mg 26 11,01 α 0,0382
Na 21 22,48 s β^+ 2,5 ... βp 3,913	Na 22 2,602 a β^+ 0,5; 1,8 γ 1275 α 29000	Na 23 100 β^+ 3,8 ... γ 829; 1622 ... α 0,40 + 0,13	Na 24 20 ms ¦ 14,96 h Iγ 472 ¦ β^- 1,4 β^- 6 ¦ γ 2754 1369	Na 25 59,6 s β^- 3,8 ... γ 975; 390; 585; 1612 ...
Ne 20 90,51 α 0,037	Ne 21 0,27 α 0,692	Ne 22 9,22 α 0,048	Ne 23 37,2 s β^- 4,4 ... γ 440; 1639 ...	Ne 24 3,38 m β^- 2,0 ... γ 874 m

a) Geben Sie die Lage und Richtung der Z- und der N-Achse an.

b) Geben Sie in der Schreibweise $^{A}_{Z}X$ alle abgebildeten
- Isotope von Al
- Isotone von Na23
- Isobare von Mg23

an.

119. Zeigen Sie, dass alle kugelförmigen Atomkerne unabhängig von der Massenzahl A die gleiche Dichte $\rho_K = 1{,}4 \cdot 10^{17}\ \frac{\text{kg}}{\text{m}^3}$ besitzen, wenn man die Protonen- und die Neutronenmasse näherungsweise gleichsetzt.

120. Zwei Nuklide heißen Spiegelkerne, wenn die Protonen- bzw. Neutronenzahl des einen mit der Neutronen- bzw. Protonenzahl des anderen Kerns übereinstimmt, wenn also $Z_1 = N_2$ und $N_1 = Z_2$.

a) Geben Sie für obigen Nuklidkartenausschnitt alle Spiegelkernpaare an.

b) Vergleichen Sie das Volumen eines Kerns und seines Spiegelkerns.

19 Massendefekt und Kernbindungsenergie

Aus der Masse eines Kerns lässt sich mithilfe der Einstein'schen Masse-Energie-Beziehung der Mittelwert der Energie berechnen, mit der die Nukleonen im Kern gebunden sind. Stellt man diese Größe in Abhängigkeit von der Massenzahl für alle chemischen Elemente grafisch dar, kann man die Prinzipien zur „Gewinnung" von Energie aus Atomkernen erkennen.

Zahlreiche Messungen zeigen, dass die Masse eines Atomkerns stets kleiner ist als die Summe der Massen seiner Nukleonen. Die entsprechende Massendifferenz Δm heißt Massendefekt.

Definition

Massendefekt

Bezeichnen m_p, m_n und m_K die Massen eines Protons, eines Neutrons und eines Kerns $^A_Z X$, so versteht man unter dem Massendefekt Δm:

$$\mathbf{\Delta m = Z \cdot m_p + (A - Z) \cdot m_n - m_K}$$

Beispiel

Berechnen Sie den Massendefekt eines Alphateilchens.

Lösung:

$$(\Delta m)_\alpha = 2m_p + 2m_n - m_{K,\alpha}$$

Definition des Massendefekts; α-Teilchen besteht aus 2p und 2n

$$= 2 \cdot 1{,}0072766\ u + 2 \cdot 1{,}008665\ u - 4{,}0015065\ u$$

Formelsammlung; Massen gibt man in der Atom- und Kernphysik als Vielfache der atomaren Masseneinheit u an.

$$= \mathbf{0{,}0303767\ u}$$

Ursache für den Massendefekt ist, dass der zur Masse Δm äquivalente Energiebetrag $\Delta m \cdot c^2$ beim Zusammenbau des Kerns aus seinen Nukleonen frei wird. Umgekehrt ist $\Delta m \cdot c^2$ der Energiebetrag, der dem Kern zugeführt werden muss, damit er in seine Nukleonen zerlegt werden kann. Man bezeichnet diesen Energiebetrag daher als **Kernbindungsenergie**.

Regel

Kernbindungsenergie

Bezeichnen m_p, m_n und m_K die Massen eines Protons, eines Neutrons und eines Kerns $^A_Z X$, so gilt für den Betrag seiner Kernbindungsenergie B:

$$\mathbf{B = \Delta m \cdot c^2 = \left(Z \cdot m_p + (A - Z) \cdot m_n - m_K\right) \cdot c^2}$$

Beispiel

Berechnen Sie die Bindungsenergie eines Alphateilchens.

Lösung:

$B_\alpha = (\Delta m)_\alpha \cdot c^2$ — Definition der Kernbindungsenergie

$= 0{,}0303767\,u \cdot c^2$ — Zahlenwert für Δm aus vorigem Beispiel

$= 0{,}0303767 \cdot 931{,}49\ \text{MeV} = \mathbf{28{,}30\ MeV}$ — Formelsammlung: der Masse 1 u entspricht die Energie 931,49 MeV

Um die Stabilität von Atomkernen verschiedener Elemente vergleichen zu können, ist es sinnvoll, die Kernbindungsenergie, mit der jedes einzelne Nukleon gebunden ist, zu betrachten, also den Quotienten $\frac{B}{A}$ aus der Kernbindungsenergie B und der Massenzahl A. Die so definierte **mittlere Bindungsenergie pro Nukleon** ist ein Maß dafür, wie viel Energie durchschnittlich pro Nukleon aufzuwenden ist, um den Kern in seine Bestandteile zu zerlegen.

Beispiel

Berechnen Sie die mittlere Bindungsenergie pro Nukleon für ein Alphateilchen.

Lösung:

$\frac{B_\alpha}{A} = \frac{28{,}30\ \text{MeV}}{4} = \mathbf{7{,}1\ MeV}$ — B_α aus Beispiel oben

Stellt man die mittlere Bindungsenergie pro Nukleon für alle chemischen Elemente als Funktion der Massenzahl A grafisch dar, erhält man das folgende Diagramm:

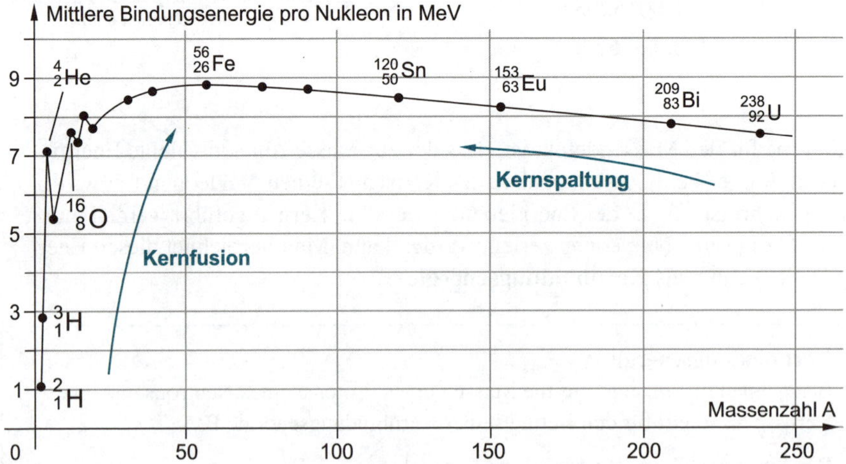

Ihm entnimmt man, dass mit wachsender Nukleonenzahl die Anziehung zwischen den Nukleonen bis etwa zur Nukleonenzahl A ≈ 60 zu- und von da ab wieder abnimmt, d. h.: Sieht man von den Zacken ab, sind die Nukleonen in mittelschweren

Kernen mit $A \approx 60$ sehr stark, in leichten und schweren Kernen weniger stark gebunden; der Unterschied beträgt etwa 1 MeV je Nukleon. Am stärksten ist der Nickelkern Ni62 gebunden, Nickel stellt damit das stabilste Element überhaupt dar.

Beispiel

Erläutern Sie anhand des Diagramms, warum bei der Spaltung eines schweren Kerns mit $A = 240$ in zwei gleich große leichtere Kerne Energie frei wird, und schätzen Sie den Betrag der frei werdenden Energie ab.

Lösung:
Spaltet man einen Kern der Massenzahl $A = 240$ in zwei gleich große Kerne der Massenzahl 120, so geht ein System aus 240 Nukleonen von einem weniger stabilen Zustand, in dem ein Nukleon im Mittel mit 7,5 MeV gebunden ist, in einen stabileren Zustand über, in dem ein Nukleon im Mittel mit 8,5 MeV gebunden ist. Das System senkt seine Energie ab, dabei wird der Betrag $\Delta E = 240 \cdot (8{,}5\ \text{MeV} - 7{,}5\ \text{MeV}) =$ **240 MeV** vom System nach außen abgegeben.

Aufgaben

121. Berechnen Sie den Massendefekt, die Bindungsenergie und die mittlere Bindungsenergie pro Nukleon für einen $^{240}_{94}$Pu-Kern ($m_{Pu,K} = 240{,}00299$ u).

122. „Nackte" Atomkerne kommen in der Natur nicht vor und lassen sich (außer bei den leichtesten Elementen) nur unter großem technischen Aufwand künstlich herstellen. Entsprechend aufwendig wäre die direkte experimentelle Bestimmung der Kernmasse von $^{240}_{94}$Pu. Dagegen lassen sich Atommassen relativ einfach mit hoher Präzision messen. In Ihrer Formelsammlung ist daher nur die Atommasse $m_{Pu,A}$ von $^{240}_{94}$Pu angegeben. Berechnen Sie damit die mittlere Bindungsenergie pro Nukleon in einem $^{240}_{94}$Pu Kern. Warum weicht der mit den Atommassen berechnete Wert von der Lösung in Aufgabe 121 geringfügig ab?

123. Erläutern Sie anhand des A-$\frac{B}{A}$-Diagramms, warum bei der Fusion zweier $^{2}_{1}$H-Kerne zu einem $^{4}_{2}$He-Kern Energie frei wird, und schätzen Sie den Betrag der frei werdenden Energie ab.

124. In manchen Astronomiebüchern findet man die Behauptung, dass am Ende der Entwicklung unseres Kosmos fast nur noch Eisenatome vorhanden sind. Erläutern Sie, inwiefern das A-$\frac{B}{A}$-Diagramm diese Vermutung nahelegt.

20 Kernkraft

Die Kraft, welche die Nukleonen eines Kerns gegen die abstoßenden elektrischen Kräfte der positiv geladenen Protonen zusammenhält, wird als Kernkraft bezeichnet. Bereits 1935 sagte der japanische Physiker Yukawa voraus, dass die Kernkraft durch π-Mesonen bewirkt wird, welche die Nukleonen untereinander austauschen. Cecil Powell entdeckte diese Austauschteilchen 1947 in der kosmischen Höhenstrahlung und erhielt dafür 1950 den Nobelpreis.
Im Standardmodell der Teilchenphysik (vgl. Kap. 16, S. 80) ist die Kernkraft auf die starke Wechselwirkung zwischen Quarks und Gluonen zurückgeführt. Genauer interpretiert man die Kernkraft als Restbetrag der starken Wechselwirkung: Er entsteht, wenn Nukleonen – die ja die Farbladung null tragen, also „weiß" sind – sich so weit annähern, dass es zu Verschiebungen der beteiligten Quarkfarbladungen kommt, und so die innere Struktur der benachbarten Partner spüren (Analogie auf atomarer Ebene: Van-der-Waals-Kraft zwischen neutralen Atomen).

Regel

Eigenschaften der Kernkraft

- Kernkräfte sind **anziehend**. Andernfalls gäbe es wegen der elektrischen Abstoßung zwischen den Protonen keinen stabilen Kern.
- Sie sind **ladungsunabhängig**. Die Kernkräfte zwischen 2 Protonen, zwischen 2 Neutronen oder zwischen 1 Proton und 1 Neutron sind gleich groß.
- Sie sind **kurzreichweitig**. Sie wirken zwischen 2 Nukleonen nur dann, wenn ihr Abstand kleiner als ca. $1{,}5 \cdot 10^{-15}$ m ist.
- Sie sind **stark**. Zwischen benachbarten Protonen im Kern sind die Kernkräfte rund 10^2-mal stärker als die entsprechende elektrische Abstoßungskraft und rund 10^{40}-mal stärker als die Gravitationskraft, mit der sich die Protonen anziehen.
- Sie besitzen **Sättigungscharakter**: Jedes Nukleon kann nicht mit allen, sondern nur mit einer begrenzten Zahl der ihm nächststehenden Nukleonen in Wechselwirkung treten.
- Sie besitzen **keinen zentralen Charakter**. Es gibt also kein Kraftzentrum, durch das die Wirkungslinie der Kernkraft stets verläuft.
- Kernkräfte treten **nur zwischen Nukleonen auf**, also z. B. nicht zwischen einem Nukleon und einem Elektron.

Das folgende Schema veranschaulicht an einem typischen Kernprozess, wie die Kernkraft durch Pionenaustausch vermittelt wird: Indem ein Proton (p) und ein Neutron (n) ein π^+-Meson erzeugen, tauschen und vernichten, wird das ursprüngliche Proton in ein Neutron und das ursprüngliche Neutron in ein Proton umgewandelt.

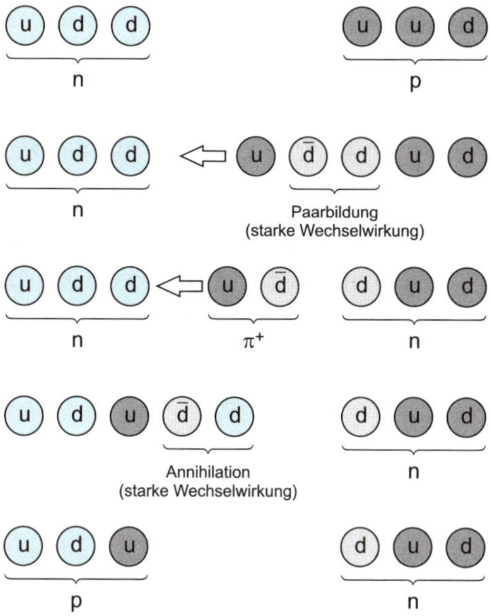

Quarkinhalt von Neutron und Proton

Ein u-Quark löst sich aus dem Proton. Da keine freien Quarks existieren dürfen, bildet sich ein d-$\bar{d}$-Paar.

Das d-Quark bleibt im vormaligen Proton zurück, es entsteht ein Neutron. Das u-Quark und das $\bar{d}$-Quark bilden ein freies π^+-Meson.

Dieses Meson trifft auf ein Neutron. Ein d-Quark des Neutrons und das $\bar{d}$-Quark des π^+-Mesons zerstrahlen.

Umwandlung von p in n und n in p abgeschlossen

Beispiel

Das A-$\frac{B}{A}$-Diagramm auf S. 92 zeigt mit wachsendem A zunächst eine Zu- und dann eine Abnahme der Stabilität der Atomkerne. Erklären Sie dies (ohne auf die „Zacken“ einzugehen) mithilfe der Eigenschaften der Kernkraft.

Lösung:

Mit wachsender Nukleonenzahl nimmt auch die durch die Kernkräfte bedingte Anziehung zwischen den Nukleonen zu. Die Stabilität der Kerne wächst, die mittlere Bindungsenergie pro Nukleon nimmt bis zur Nukleonenzahl $A \approx 60$ zu. Da die Kernkräfte nur kurzreichweitig sind und Sättigungscharakter besitzen, gewinnt von da ab mit zunehmender Protonenzahl die abstoßende elektrische Kraft immer mehr die Überhand und die Stabilität nimmt wieder ab.

Aufgabe 125. Zeichnet man die stabilen Kerne als Punkte in ein N-Z-Diagramm ein, so erhält man das Diagramm rechts. Begründen Sie, dass stabile Kerne größerer Ordnungszahl nicht auf der Winkelhalbierenden liegen.

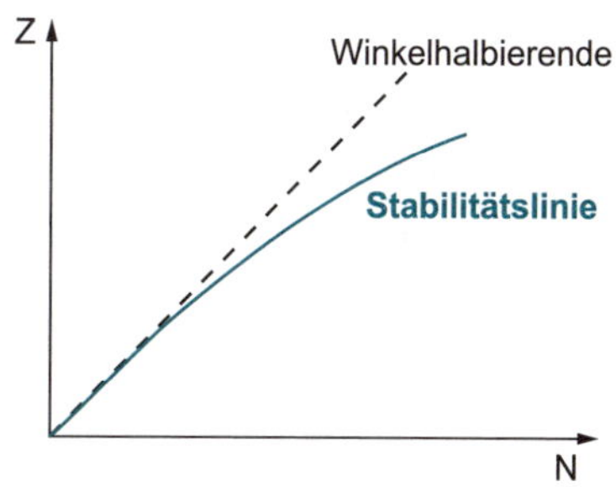

21 Das Potenzialtopfmodell für den Atomkern

Das aus der Atomphysik bekannte Potenzialtopfmodell (siehe Kap. 9, S. 48) lässt sich mit geringfügigen Ergänzungen auf den Atomkern übertragen und zur Erklärung der α-, β- und γ-Radioaktivität heranziehen.

Die Nukleonen sind im Atomkern gebundene Quantenteilchen, die der kurzreichweitigen Kernkraft und im Falle des Protons zusätzlich der langreichweitigen Coulombkraft unterliegen. Über ihre potenzielle Energie lassen sich die folgenden Aussagen treffen:

Regel

Potenzielle Energien von Nukleonen im Kern

1. Die potenzielle Energie eines Nukleons im Kerninneren ist negativ.
2. Die potenzielle Energie eines Nukleons ist an allen Stellen im Kern gleich.
3. Außerhalb des Kerns wird die potenzielle Energie eines Protons durch das Coulombpotenzial ($E_{pot} \sim \frac{1}{r}$) wiedergegeben, die eines Neutrons ist null.
4. Im Kerninneren kann ein Nukleon nur ganz bestimmte diskrete Energien annehmen.
5. Jedes dieser Energieniveaus im Kern kann nur mit endlich vielen Nukleonen besetzt werden.

Begründung:

1. Das Nukleon ist im Kern gebunden.
2. Wegen des Sättigungscharakters der Kernkraft kann jedes Nukleon nur mit den nächststehenden Nukleonen in Wechselwirkung treten. Es erfährt also an allen Stellen im Kern (bis auf den Rand) stets die gleiche Kraft.
3. Außerhalb des Kerns wird ein Proton wegen seiner positiven Ladung im radialsymmetrischen elektrischen Feld des positiv geladenen Kerns abgestoßen. Ein Neutron erfährt keine elektrische Kraft.
4. Die dem Nukleon zugeordnete De-Broglie-Welle kann in einem Kern mit begrenzter Ausdehnung dauerhaft nur als stehende Welle mit Knoten an den Umkehrpunkten existieren. Andernfalls würde sie sich durch Interferenz selbst auslöschen. Da stehende Wellen nur ganz bestimmte Wellenlängen besitzen und die Energie eines Quantenteilchens von seiner De-Broglie-Wellenlänge abhängt, sind die Energien der Nukleonen gequantelt.
5. Für Nukleonen gilt – ebenso wie für die Elektronen in der Atomhülle – das Pauli-Prinzip (siehe Kap. 11, S. 60).

Diese Fakten lassen sich mit dem **Potenzialtopfmodell des Atomkerns** abbilden:

- Ein Atomkern lässt sich durch zwei Potenzialtöpfe beschreiben, einen Neutronen- und einen Protonentopf. Im Neutronentopf befinden sich nur Neutronen, im Protonentopf nur Protonen.
- Der Boden des Neutronentopfs liegt um einen gewissen Energiebetrag E_C tiefer als der Protonentopf, da Protonen wegen der gegenseitigen Coulombabstoßung weniger fest gebunden sind als Neutronen.
- In jedem Topf können die Nukleonen nur diskrete Energien annehmen. Die zugehörigen Energieniveaus können nach dem Pauli-Prinzip mit maximal zwei Nukleonen besetzt werden.

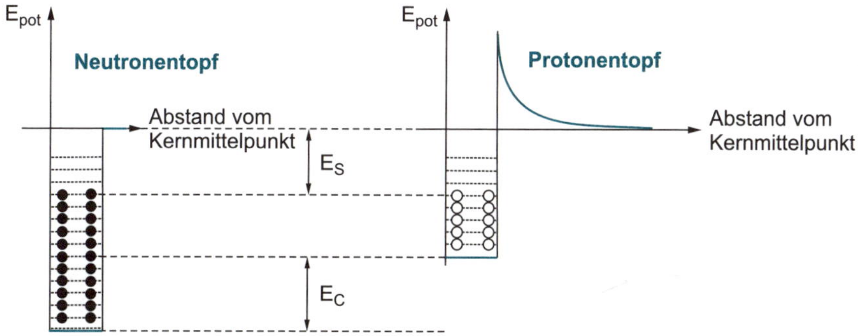

Beispiel

Warum sind Kerne instabil, deren oberstes besetztes Energieniveau im Protonentopf deutlich über dem obersten besetzten Niveau im Neutronentopf liegt?

Lösung:

Der Kern kann seine Energie absenken, indem er ein Proton aus dem obersten besetzten Niveau des Protonentopfs in ein Neutron umwandelt und dieses in einem energetisch tiefer liegenden freien oder nur teilweise besetzten Niveau des Neutronentopfs wieder einbaut.

Aufgaben

126. Begründen Sie, dass Neutronen im Kern nicht stoßen können.

127. Der Energieunterschied E_S zwischen dem obersten besetzten Energieniveau und dem Topfrand heißt Separationsenergie. Vergleichen Sie E_S mit einer für ein Atom charakteristischen Energie.

128. Warum sind Kerne instabil, deren oberstes besetztes Energieniveau im n-Topf deutlich über dem obersten besetzten Niveau im p-Topf liegt?

129. Erläutern Sie, was sich aus dem Verlauf der Stabilitätslinie (vgl. Aufgabe 125, S. 95) für die Lage der Böden des Potenzialtopfmodells folgern lässt.

22 Der Alphazerfall

Mithilfe des Potenzialtopfmodells für den Atomkern lässt sich die **Radioaktivität** erklären. Darunter versteht man die unter Emission von α-Strahlung ($^4_2$He-Kerne), β- (Elektronen und Positronen) oder γ-Strahlung (hochenergetische Photonen) spontan, ohne irgendwelche äußeren Einflüsse erfolgende Umwandlung instabiler Atomkerne.

Dieser Abschnitt befasst sich mit dem Alphazerfall. Er tritt nur bei schweren Kernen auf, bei denen die elektrische Abstoßung der „vielen" Protonen untereinander den Kern instabil macht. Eine Möglichkeit, dieser Instabilität entgegenzuwirken, besteht in der Emission eines Alphateilchens.

Regel

Alphazerfall
Beim Alphazerfall stößt ein Kern $^A_Z X$ einen $^4_2$He-Kern aus. Zurück bleibt der Kern $^{A-4}_{Z-2}Y$, dessen Massenzahl um 4 und dessen Kernladungszahl um 2 kleiner als beim Ausgangskern ist. Die Zerfallsgleichung lautet:

$$^A_Z X \xrightarrow{\alpha} {}^{A-4}_{Z-2}Y + {}^4_2\text{He}$$

Hinweis: Achten Sie zum korrekten Aufstellen von Zerfallsgleichungen darauf, dass jeweils die Summe der Kernladungszahlen Z und die Summe der Massenzahlen A der beteiligten Reaktionspartner stets erhalten sein müssen.

Nach den Vorstellungen der klassischen Physik wird beim Alphazerfall des Kerns $^A_Z X$ im Kerninneren aus zwei Neutronen und zwei Protonen ein $^4_2$He-Kern zusammengebaut. Die dabei freigesetzte Bindungsenergie hebt das Alphateilchen energetisch über den Protonentopfrand, sodass es den „Wirkungsbereich" der Kernkräfte verlässt und vom gleichnamig geladenen, zurückbleibenden Kern $^{A-4}_{Z-2}Y$ abgestoßen wird.
Zahlreiche Experimente zeigen, dass die nach dieser Vorstellung emittierten Alphateilchen wesentlich größere kinetische Energien besitzen müssten, als tatsächlich gemessen werden. Erst der quantenmechanische **Tunneleffekt** ermöglicht im Rahmen des Potenzialtopfmodells die Erklärung: Die beim Zusammenbau frei werdende Energie hebt das Alphateilchen nur in eine gewisse Höhe E_0 über das Nullniveau, die mit der gemessenen kinetischen Maximalenergie des freien Alphateilchens übereinstimmt. Die dem Alphateilchen als Quantenobjekt zugeordnete De-Broglie-

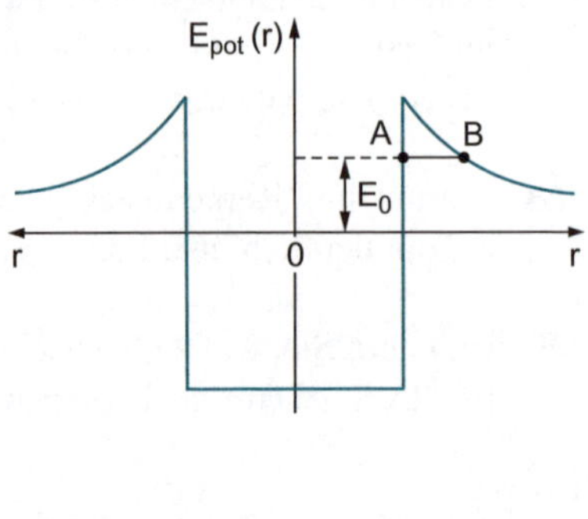

Welle kann in den Potenzialwall eindringen. Dabei nimmt zwar die Wellenamplitude exponentiell ab, wird aber nicht null. Das Alphateilchen kann also mit einer von null verschiedenen Wahrscheinlichkeit hinter dem Potenzialwall bei B nachgewiesen werden – es hat den Wall über AB quasi durchtunnelt. Die Tunnelwahrscheinlichkeit ist umso größer, je kürzer die Tunnelstrecke AB ist.

Anmerkung: Der Tunneleffekt kann als Folge der Heisenberg'schen Unschärferelation angesehen werden, die auch für das Größenpaar Energie/Zeit gilt:

$\Delta E \cdot \Delta t \geq \frac{h}{2\pi}$

Kurzfristig kann das Alphateilchen über einen sogenannten Heisenberg-Kredit ΔE auch größere Energien als E_0 besitzen und damit den Potenzialwall überwinden. Je kürzer $\overline{AB}$, desto kleiner ist Δt, desto größer ist ΔE und desto wahrscheinlicher ist ein Überwinden des Potenzialwalles.

Zerfallsprodukte, Zerfallswahrscheinlichkeiten und Energieumsetzungen bei einem Alphazerfall lassen sich übersichtlich in einem **Zerfallsschema** darstellen.

Beispiel

Stellen Sie die folgenden Informationen in einem Zerfallsschema dar.

- $^{226}_{88}Ra$ zerfällt unter Emission eines α-Teilchens in $^{222}_{86}Rn$.
- Bei 94 % aller Zerfälle ist der Folgekern nicht angeregt und die emittierten α-Teilchen besitzen die kinetische Energie 4,78 MeV.
- Bei 5,7 % aller Zerfälle ist der Folgekern mit 0,186 MeV über dem Grundzustand angeregt.
- Die dabei emittierten α-Teilchen besitzen die entsprechend kleinere Energie 4,60 MeV.
- Der angeregte Radonkern kehrt unter Emission eines γ-Quants der Energie 0,186 MeV in den Grundzustand zurück.

Lösung:

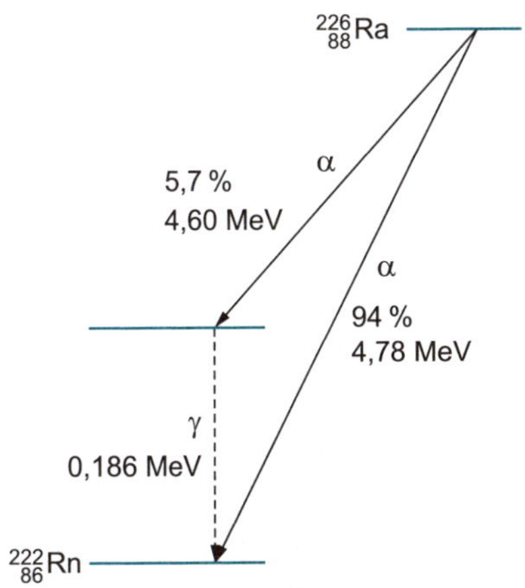

Aufgaben

130. $^{212}_{83}Bi$ macht aus dem Grundzustand einen α-Zerfall. 27,2 % der emittierten α-Teilchen besitzen die kinetische Energie 6,09 MeV. 69,8 % besitzen die kinetische Energie 6,04 MeV.

a) Geben Sie die Zerfallsgleichung an und zeichnen Sie das zugehörige Zerfallsschema.

b) Erklären Sie, warum bei diesem Zerfall auch γ-Strahlung beobachtet wird. Berechnen Sie die zugehörige Wellenlänge.

131. Weiß man nicht, dass sich $^{212}_{83}Bi$ im Grundzustand befindet, so kann der Zerfall aus Aufgabe 130 auch durch ein anderes Zerfallsschema beschrieben werden. Zeichnen Sie es.

132. Begründen Sie, dass beim natürlichen radioaktiven Zerfall nur sehr selten leichtere Teilchen (Protonen, Neutronen, Deuteronen) oder schwerere Teilchen als α-Teilchen aus dem Atomkern emittiert werden, sondern bevorzugt $^{4}_{2}He$-Kerne.

133. Geiger und Nutall entdeckten, dass α-Strahler umso rascher zerfallen, je größer die Energie der emittierten α-Teilchen ist.
Erklären Sie diese Beobachtung.

23 Der Betazerfall

Atomkerne, die einen relativen Protonen- oder Neutronenüberschuss aufweisen, machen einen Betazerfall.

Regel

Betazerfall

Man beobachtet drei Arten des Betazerfalls:

1. Relativer Neutronenüberschuss: **β⁻-Zerfall**
   Zerfallsgleichung: $^{1}_{0}n \xrightarrow{\beta^-} {}^{1}_{1}p + {}^{0}_{-1}e^- + {}^{0}_{0}\bar{\nu}$
2. Relativer Protonenüberschuss:
   a) **β⁺-Zerfall**
   Zerfallsgleichung: $^{1}_{1}p \xrightarrow{\beta^+} {}^{1}_{1}n + {}^{0}_{1}e^+ + {}^{0}_{0}\nu$
   b) **Elektroneneinfang**, abgekürzt EC (= electron capture)
   Zerfallsgleichung: $^{1}_{1}p + {}^{0}_{-1}e^- \rightarrow {}^{1}_{0}n + {}^{0}_{0}\nu$

Erklärung mithilfe des Potenzialtopfmodells:

1. Ein Kern mit relativem **Neutronenüberschuss** kann seine Energie dadurch absenken, dass er ein im Neutronentopf energetisch höher liegendes Neutron in ein Proton umwandelt und dieses im Protonentopf in einem tiefer liegenden Niveau an einem noch freien Platz einbaut.
→ **β^--Zerfall** unter Emission eines Elektrons und eines Anti-Elektronneutrinos. Die Kernladungszahl nimmt um eine Einheit zu, die Massenzahl bleibt unverändert.

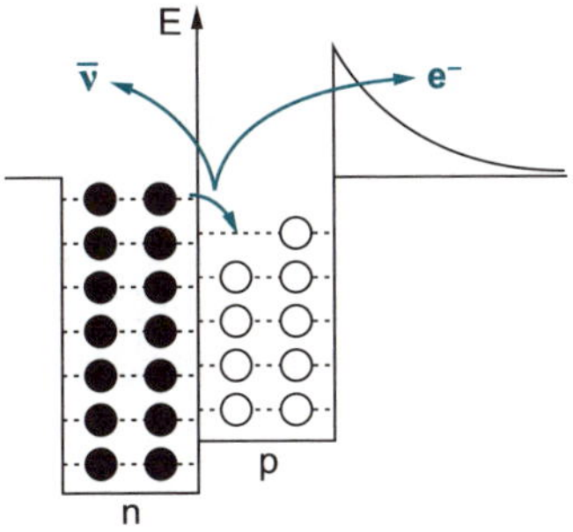

2. Ein Kern mit relativem **Protonenüberschuss** hat zwei Möglichkeiten, seine Energie abzusenken:
   a) Er wandelt ein im Protonentopf energetisch höher liegendes Proton in ein Neutron um und baut dieses im Neutronentopf in einem tiefer liegenden Niveau ein.
   → **β^+-Zerfall** unter Emission eines Positrons und eines Elektronneutrinos. Die Kernladungszahl nimmt um eine Einheit ab, die Massenzahl bleibt unverändert.

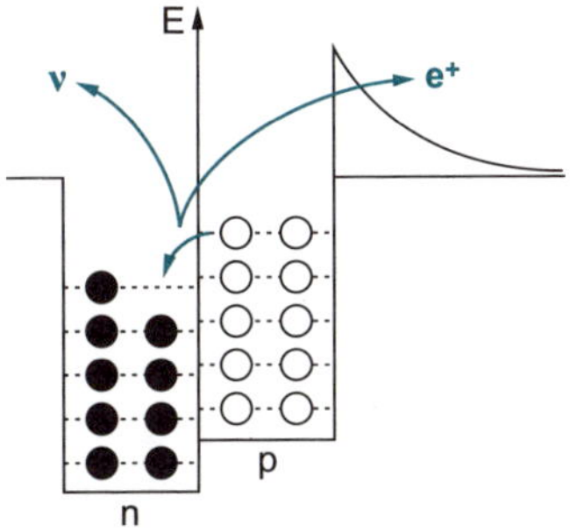

   b) Er fängt aus der Elektronenhülle ein Elektron ein und wandelt damit ein Proton in ein Neutron um. Dabei wird nur ein Elektronneutrino emittiert.
   → **EC-Umwandlung** unter Emission eines Elektronneutrinos. Die Kernladungszahl nimmt um eine Einheit ab, die Massenzahl bleibt unverändert.

Beispiele

1. Geben Sie die Zerfallsgleichung für den β^--Strahler ${}^{11}_{4}\text{Be}$ an.

   Lösung:

   $${}^{11}_{4}\text{Be} \rightarrow {}^{11}_{5}\text{B} + {}^{0}_{-1}\text{e}^- + {}^{0}_{0}\bar{\nu}$$

2. ${}^{25}_{13}\text{Al}$ ist instabil. Entscheiden Sie begründet, welchen Zerfall ${}^{25}_{13}\text{Al}$ erfährt, und geben Sie die zugehörige Zerfallsgleichung an.

   Lösung:

   ${}^{25}_{13}\text{Al}$ ist ein leichter Kern. Solche Kerne sind stabil, wenn $Z = N$. ${}^{25}_{13}\text{Al}$ weist daher einen kleinen relativen Protonenüberschuss auf. Da er instabil ist, erfährt er einen **β^+-Zerfall**.

   Die Zerfallsgleichung lautet:

   $${}^{25}_{13}\text{Al} \rightarrow {}^{25}_{12}\text{Mg} + {}^{0}_{+1}\text{e}^+ + {}^{0}_{0}\nu$$

Zerfallsprodukte und -wahrscheinlichkeiten sowie Energieumsetzungen bei einem Betazerfall lassen sich übersichtlich in einem **Zerfallsschema** darstellen.

Beispiel

Stellen Sie folgende Informationen in einem Zerfallsschema dar:

- $^{60}_{27}$Co ist ein β^--Strahler.
- Er emittiert aus dem Grundzustand zwei Gruppen von β^--Teilchen der Maximalenergie $E_{max,1} = 1{,}49$ MeV bzw. $E_{max,2} = 0{,}32$ MeV und geht dadurch in angeregte Zustände von $^{60}_{28}$Ni über.
- Aus diesen Zuständen kehrt $^{60}_{28}$Ni durch Emission von γ-Quanten der Energie 1,33 MeV bzw. 2,50 MeV in den Grundzustand zurück.

Lösung:

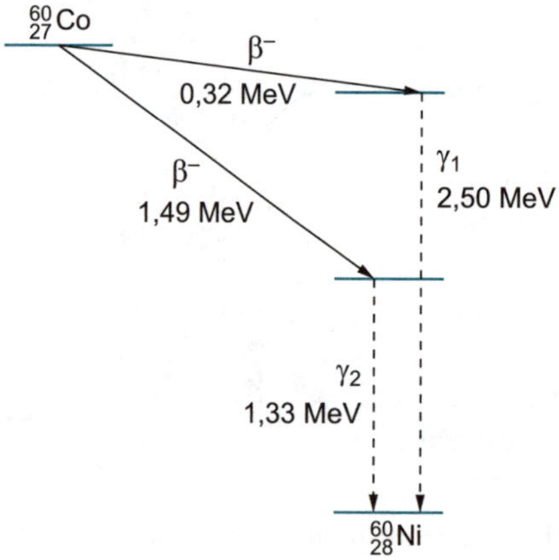

Aufgaben

134. $^{64}_{29}$Cu ist ein besonderes Radionuklid: Bei ihm treten alle drei Arten des Betazerfalls auf. Stellen Sie die zugehörigen Zerfallsgleichungen auf.

135. Stellen Sie folgende Informationen in einem Zerfallsschema dar.

- $^{40}_{19}$K erfährt mit einer Wahrscheinlichkeit von 0,888 einen β^--Zerfall und mit einer Wahrscheinlichkeit von 0,112 einen Elektroneneinfang.
- Nach dem β^--Zerfall befindet sich der Folgekern im Grundzustand. Die Zerfallsenergie 1,32 MeV teilt sich auf Elektron und Antineutrino auf.
- Beim Elektroneneinfang entsteht mit einer Wahrscheinlichkeit von 0,11 ein angeregter Kern, der durch Emission eines γ-Quants der Energie 1,46 MeV in den Grundzustand zurückkehrt. Mit einer Wahrscheinlichkeit von 0,0016 führt der EC-Prozess auf einen nicht angeregten Kern.
- Die Energie des abgestrahlten Neutrinos beträgt im ersten Fall 0,05 MeV und im zweiten Fall 1,51 MeV.

136. Jede EC-Umwandlung eines Radionuklids ist durch das Auftreten einer charakteristischen Röntgenstrahlung nachweisbar.
Erläutern Sie, wie diese Röntgenstrahlung zustande kommt.

137. Wie kann man aus der Stellung eines β-aktiven Radionuklids in der Nuklidkarte die Art seines Zerfalls vorhersagen? Begründen Sie Ihre Antwort.

24 Der Gammazerfall

γ-Strahlung wird nur im Anschluss an α- oder β-Zerfälle oder bei Kernreaktionen von Atomkernen emittiert.

Regel

> **Gammazerfall**
> γ-Strahlung entsteht beim Übergang eines angeregten Kerns in den Grundzustand oder in einen weniger angeregten Zustand. Dabei ist die Energie eines abgestrahlten γ-Quants gleich der Energiedifferenz zwischen Anfangs- und Endniveau.

Beispiel

Das Radioisotop $^{137}_{55}Cs$ zerfällt unter Aussendung von Elektronen mit einer Wahrscheinlichkeit von 6,5 % direkt und mit einer Wahrscheinlichkeit von 93,5 % indirekt über das metastabile $^{137}_{56}Ba$ in stabiles $^{137}_{56}Ba$.

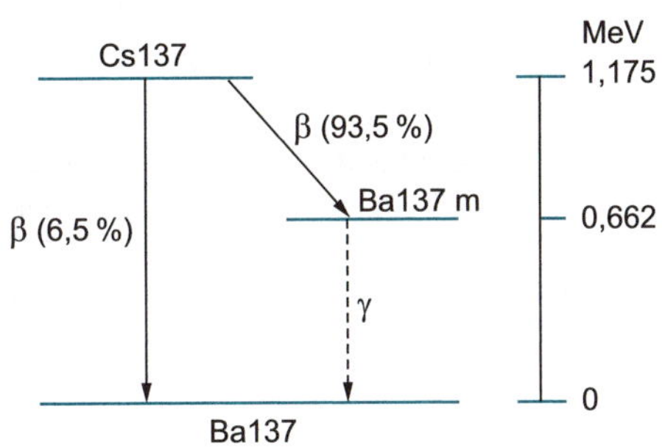

Die kinetische Maximalenergie der Elektronen des direkten Zerfalls beträgt 1,175 MeV, die des indirekten Zerfalls 0,513 MeV. Das metastabile $^{137}_{56}Ba$ zerfällt mit einer Halbwertszeit von 2,55 min unter Aussendung von Gammastrahlen.
Berechnen Sie die Wellenlänge der Gammastrahlen und vergleichen Sie mit der K_α-Linie von Barium, die bei 31 pm liegt.

Lösung:

$$E_\gamma = \frac{h \cdot c}{\lambda}$$

$$\Rightarrow \quad \lambda = \frac{h \cdot c}{E_\gamma} = \frac{4{,}14 \cdot 10^{-15}\,\text{eVs} \cdot 3{,}00 \cdot 10^8\,\frac{\text{m}}{\text{s}}}{(1{,}175 - 0{,}513) \cdot 10^6\,\text{eV}} = 1{,}88 \cdot 10^{-12}\,\text{m} = \mathbf{1{,}88\,pm}$$

Vergleich mit K_α(Ba): $\frac{\lambda_{K_\alpha}}{\lambda} = \frac{31\,\text{pm}}{1{,}88\,\text{pm}} \approx 16{,}5$

Das Röntgenquant des K_α-Übergangs besitzt gut die **16-fache** Wellenlänge des Gammaquants.

Aufgaben

138. Das Radioisotop $^{22}_{11}$Na kann unter Aussendung von Positronen direkt in das stabile $^{22}_{10}$Ne zerfallen. Es kann aber auch unter Aussendung von Positronen oder durch EC-Prozesse in einen angeregten Zustand des $^{22}_{10}$Ne und von dort unter Emission eines γ-Quants in den Grundzustand von $^{22}_{10}$Ne übergehen.

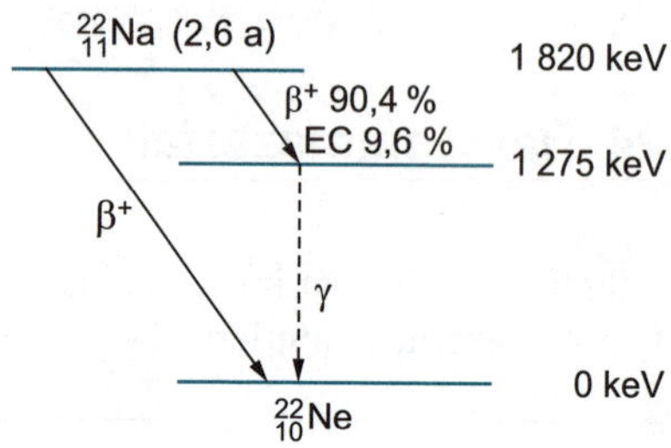

Geben Sie die kinetische Maximalenergie der dabei beobachtbaren Positronen an und berechnen Sie ihre maximale Geschwindigkeit.

139. Beim β^--Zerfall von Bi212 entsteht der angeregte Zwischenkern Po* 212, der unter Emission von γ-Quanten der Energien

$E_{\gamma_1} = 1{,}801$ MeV; $E_{\gamma_2} = 1{,}513$ MeV; $E_{\gamma_3} = 1{,}074$ MeV; $E_{\gamma_4} = 0{,}786$ MeV; $E_{\gamma_5} = 0{,}727$ MeV

in den Grundzustand zurückkehrt. Zeichnen Sie das zugehörige Energieniveauschema von Po* 212 und tragen Sie die zugehörigen Übergänge ein.

140. Erläutern Sie den Unterschied zwischen einem 20-keV-Röntgenquant und einem 20-keV-Gammaquant.

25 Anwendungen in Natur und Technik

Auf dem Mößbauereffekt basierende Messgeräte sind heute für Physiker, Chemiker, Mineralogen und Archäologen unverzichtbar. Mit Ihrem Wissen über die diskreten Energiezustände in Atomkernen können Sie sich in diesem Abschnitt die zugrunde liegende Physik erarbeiten.

Aufgaben

141. Mößbauereffekt

1957 untersuchte Rudolf Mößbauer die Emission und die Absorption von Kernstrahlung. Er verwendete hierfür u. a. die 14,4-keV-Strahlung, die ein Fe57-Kern beim Übergang aus einem angeregten Niveau mit der Halbwertszeit $9{,}8 \cdot 10^{-8}$ s in den Grundzustand abstrahlt (vgl. Zerfallsschema unten). Dabei stellte er fest, dass ein im Grundzustand befindlicher Fe57-Kern die 14,4-keV-Strahlung eines anderen Fe57-Kerns nur dann absorbieren kann, wenn beide Kerne in ein gut gekühltes Kristallgitter eingebaut sind.

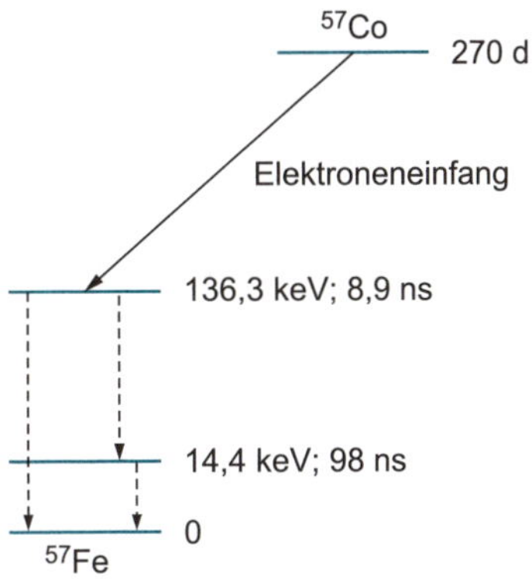

a) Erklären Sie, warum ein ruhender Fe57-Kern bei der Emission und der Absorption von γ-Quanten einen Rückstoß erfährt.

b) Erläutern Sie die Konsequenzen, die sich aus den Rückstoßeffekten für die Energie des γ-Quants ergeben.

c) Begründen Sie, dass die Rückstoßeffekte nicht auftreten, wenn die Kerne in ein Kristallgitter eingebaut sind.

d) Was bezweckt man mit der Kühlung des Kristallgitters?

e) Begründen Sie, dass die genannten Effekte bei der Emission und Absorption von Photonen durch Atome keine Rolle spielen.

142. Mößbauerspektrometer

Die Abbildung auf der folgenden Seite zeigt das Prinzip eines Mößbauerspektrometers: Das gut gekühlte Gitter mit den angeregten Fe57-Kernen (in der Skizze als Fe57-Quelle bezeichnet) kann durch einen geeigneten Mechanismus relativ zu einem ortsfesten, ebenfalls gut gekühlten Gitter, in dem die im Grundzustand befindlichen Fe57-Kerne eingebaut sind (in der Skizze als Fe57-Absorber bezeichnet), bewegt werden.

Hinter dem Absorber registriert ein Detektor, wie viele γ-Quanten den Absorber passieren konnten, ohne absorbiert zu werden.

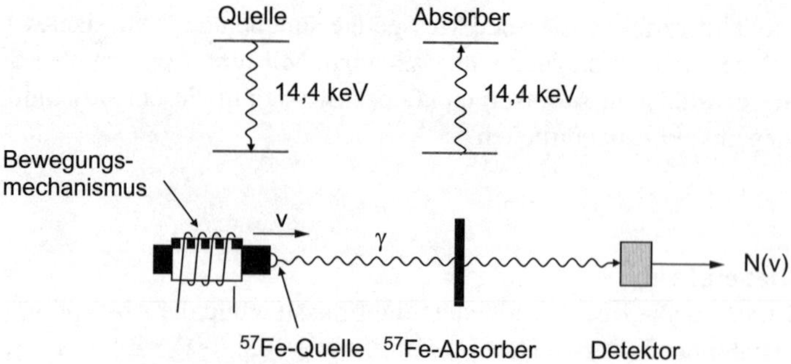

a) Trägt man deren Zahl N in einem Koordinatensystem gegen die Geschwindigkeit v der Fe57-Quelle an, erhält man das rechts abgebildete Diagramm. Erklären Sie dessen Verlauf.

Hinweis: Denken Sie an den Dopplereffekt.

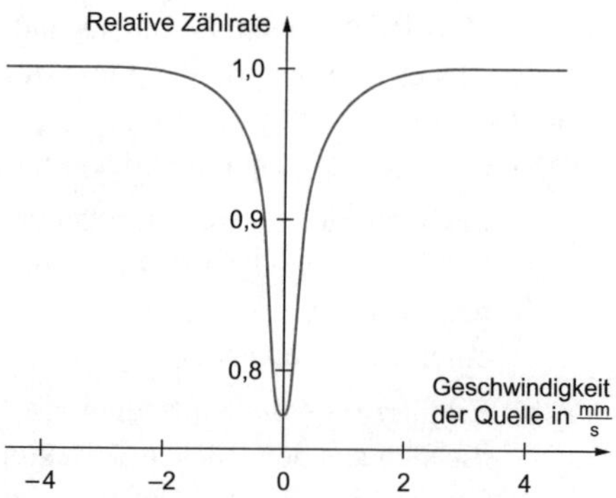

b) Beschreiben Sie, wie man mit einem Mößbauerspektrometer nachweisen kann, dass die Frequenz von Photonen aufgrund ihrer Masse kleiner wird, wenn sie sich im Gravitationsfeld der Erde von unten nach oben bewegen.

Radioaktivität und Kernreaktionen

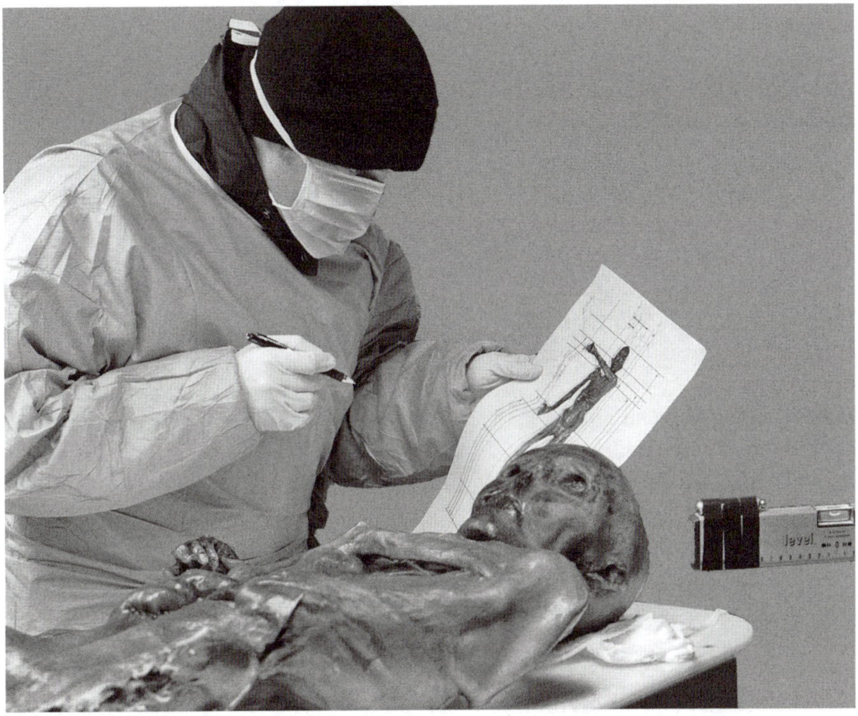

Als zwei Nürnberger Eheleute im September 1991 während ihres Urlaubs in den Ötztaler Alpen eine menschliche Leiche in einer Gletschermulde entdeckten, dauerte es nicht lange, bis den hinzugezogenen Wissenschaftlern klar war, dass es sich bei dem Fund um eine archäologische Sensation handelte: „Ötzi", der mumifizierte Mann aus dem Eis, musste mehrere Tausend Jahre alt sein – wann er genau lebte, konnte durch Datierung mittels der Radiokarbonmethode ermittelt werden, nämlich 3350–3100 v. Chr. Dieses Verfahren zur Altersbestimmung ist nur eine von vielen Anwendungsmöglichkeiten, die auf der Radioaktivität beruhen, also der Eigenschaft bestimmter Isotope, sich spontan umzuwandeln und dabei Teilchen- oder Photonstrahlung auszusenden. Ebenso wichtig wie die Kenntnis des Nutzens, den die Radioaktivität mit sich bringt, ist es, sich über ihre Gefahren im Klaren zu sein – beides setzt ein grundlegendes Verständnis der Kernprozesse und der dem radioaktiven Zerfall zugrunde liegenden Mechanismen voraus.

26 Detektoren für radioaktive Strahlung

Der Nachweis radioaktiver Strahlung beruht im Wesentlichen darauf, dass sie Atome in Gasen, Flüssigkeiten und Festkörpern ionisiert und bei gewissen Substanzen Photonenemission hervorruft.

Sehr zahlreich vorhandene, stark ionisierende Teilchen kann man mit einer **Ionisationskammer** nachweisen.

Funktionsprinzip: Eine Ionisationskammer besteht aus einem allseitig geschlossenen Metallzylinder (1. Elektrode), durch dessen Boden, isoliert gegen die Begrenzungsflächen, ein Metallstift S (2. Elektrode) ins Zylinderinnere ragt.

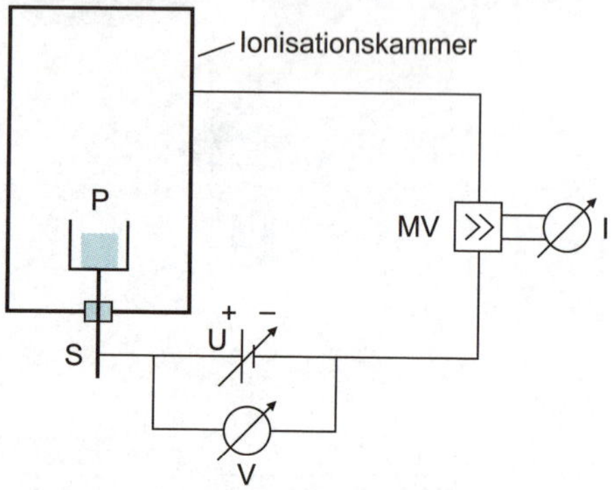

Die von einem festen Präparat P oder einem in den Hohlraum eingebrachten Gas ausgehende radioaktive Strahlung ionisiert die Luft im Zylinder. Die anliegende Spannung zieht die positiven Ionen zur Zylinderwand und die Elektronen zum Stift S. Die Stärke I des so entstehenden Ionisationsstroms wird nach Verstärkung durch den Messverstärker MV vom Drehspulinstrument angezeigt.

Beispiel

Die Skizze zeigt die **Kennlinie** einer Ionisationskammer, also den Zusammenhang zwischen der Betriebsspannung U und der Stärke I des Ionisationsstroms.
Erklären Sie den Verlauf.

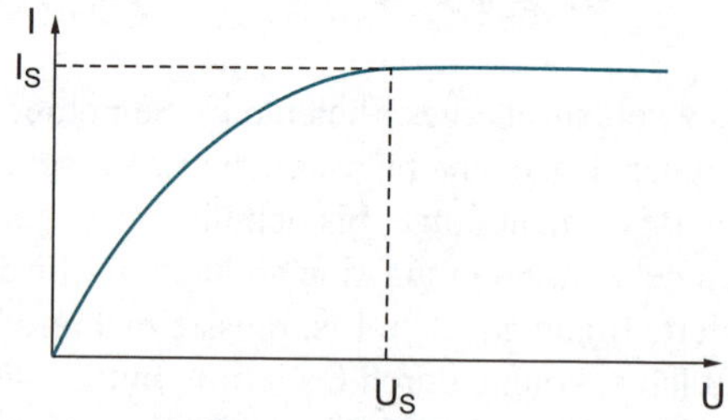

Lösung:
Je größer U, desto mehr positive Ionen bzw. Elektronen werden vor ihrer Rekombination zu den entsprechenden Elektroden gezogen. Daher steigt der Ionisationsstrom I mit wachsendem U an. Ab einer bestimmten Spannung U_S werden alle von der radioaktiven Strahlung im Zeitintervall Δt erzeugten Ionen-Elektronen-Paare im gleichen Zeitintervall zu den Elektroden gezogen, sodass ein weiterer Stromstärkeanstieg über die Sättigungsstromstärke I_S hinaus nicht mehr möglich ist.

Einzelne Teilchen einer radioaktiven Strahlung können – unabhängig von ihrem Ionisationsvermögen – mit einer Ionisationskammer nicht nachgewiesen werden, da der von ihnen erzeugte Ionisationsstrom unmessbar klein ist. Ihr Nachweis gelingt mithilfe eines **Zählrohrs**.

Funktionsprinzip: Ein Zählrohr besteht aus einem Metallzylinder, in dessen Achse ein feiner Metalldraht über ein Isolierstück eingeführt ist. Das Innere dieses Zylinderkondensators wird evakuiert und dann mit einem Edelgas gefüllt. Oft befindet sich an einer Stelle ein Glimmerfenster, durch das auch α-Teilchen ins Zählrohrinnere gelangen können.

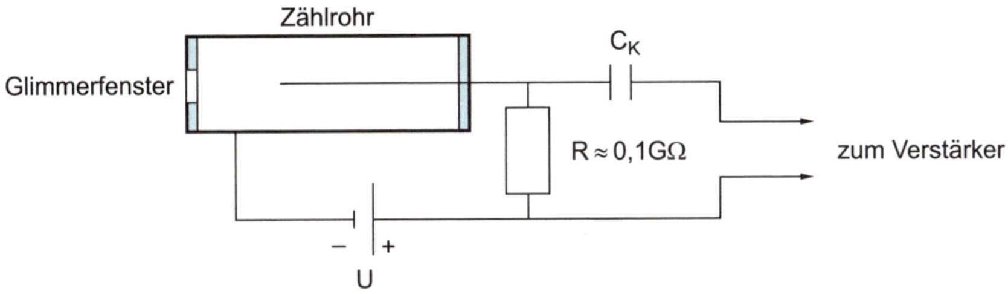

Die einfallende ionisierende Strahlung erzeugt im Inneren positive Gasionen und Elektronen (Primärelektronen). Die Elektronen werden zum Zählrohrdraht, die Gasionen zur Zählrohrwand beschleunigt.
Bei genügend großer Beschleunigungsspannung erzeugen die Primärelektronen auf ihrem Weg zum Zähldraht durch Stoßionisation eine größere Anzahl von Sekundärelektronen, die ihrerseits nach entsprechender Beschleunigung durch Stoßionisation weitere Elektronen hervorrufen können usw. Es kommt zur Ausbildung von Elektronenlawinen, die am Widerstand R einen Spannungsstoß erzeugen, der z. B. an einem Lautsprecher ein Knacken hervorruft.

Beispiel

Begründen Sie, dass bei einem Zählrohr die Zählrohrwand immer mit dem Minus- und der Zählrohrdraht immer mit dem Pluspol verbunden werden muss und nicht umgekehrt.

Lösung:

Hauptverantwortlich für die Stoßionisation sind nicht die trägen Gasionen, sondern die praktisch trägheitslosen Elektronen. An deren Beschleunigung ist man interessiert und bringt sie daher an jene Stellen des Zählrohrs, wo die elektrische Feldstärke besonders hoch ist, also in die Nähe des Zählrohrdrahtes.

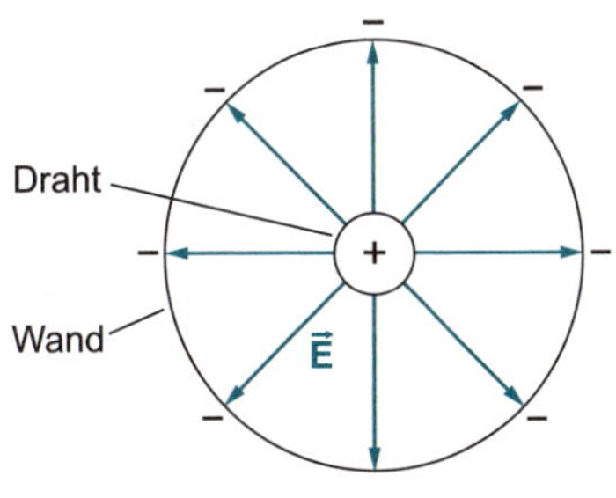

Charles T. R. Wilson konstruierte 1912 mit der **Nebelkammer** eine Vorrichtung, mit der man die Bahnen von ionisierenden Teilchen beobachten kann.

Funktionsprinzip: Eine Wilson'sche Nebelkammer besteht aus einer luftdicht abgeschlossenen Dose mit Plexiglaskappe. Im Kammerinneren wird eine gesättigte Wasser-Alkoholdampf-Atmosphäre erzeugt. Wird der Gasdruck in der Kammer durch ruckartige Betätigung der Luftpumpe kurzfristig verringert, kühlt sich die Luft im Kammerinneren ab und ein Teil des Wassers fällt in Form feiner Tröpfchen aus; kältere Luft kann nämlich nicht mehr so viel Wasser in gasförmigem Zustand aufnehmen. Die Tröpfchenbildung findet bevorzugt an den Ionen statt, die ein ionisierendes Teilchen auf seinem Weg durch die Kammer erzeugt. Die Tröpfchenspuren können unmittelbar nach der Expansion fotografiert oder mit bloßem Auge beobachtet werden.

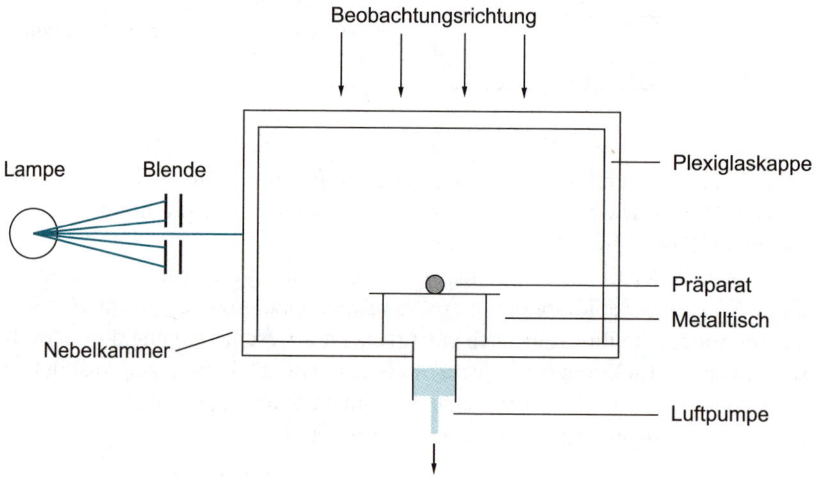

Aufgaben

143. Zeichnen Sie die Kennlinien einer Ionisationskammer für zwei unterschiedlich stark ionisierende Präparate.

144. Erläutern Sie, inwiefern der Widerstand R in der Zählrohrschaltung dazu beiträgt, dass die Ionenlawinen wieder abreißen.

145. Erklären Sie, warum ein Zählrohr unmittelbar nach einem Impuls für eine kurze Zeit für neu einfallende ionisierende Strahlung unempfindlich ist.

146. Nennen Sie einen entscheidenden Nachteil der Nebelkammer.

27 Experimente zur Unterscheidung der Strahlungsarten

Welche Teilchen in der Strahlung eines radioaktiven Präparats enthalten sind, kann man mithilfe von Absorbern sowie mit elektrischen oder magnetischen Feldern feststellen.

Zahlreiche Versuche zeigen, dass α-, β- und γ-Teilchen ein sehr unterschiedliches Ionisierungsvermögen aufweisen.

Regel

Ionisationsvermögen radioaktiver Strahlung

Für die Zahl N von einwertigen Elektron-Ion-Paaren, die ionisierende Teilchen der Energie 1 MeV in Luft von Atmosphärendruck längs eines Zentimeters erzeugen, gilt

- bei α-Teilchen: $N_\alpha = 10^4$
- bei β-Teilchen: $N_\beta = 10^2$
- bei γ-Teilchen: $N_\gamma = 1$

Beispiel

Schätzen Sie die Reichweite von α-Teilchen der kinetischen Energie 1 MeV in Luft ab, wenn zur Erzeugung eines Elektron-Ion-Paars in Luft ca. 35 eV notwendig sind.

Lösung:

Die kinetische Energie eines α-Teilchens ist „aufgebraucht", wenn es

$$\frac{1\,\text{MeV}}{35\,\text{eV}} = 2{,}9 \cdot 10^4$$

Elektron-Ion-Paare erzeugt hat. Nach der Regel zum Ionisationsvermögen beträgt die Reichweite für ein α-Teilchen in Luft demnach ca. **2,9 cm**.

Unterschiedliches Ionisierungsvermögen zeigen α-, β- und γ-Teilchen nicht nur in Gasen, sondern auch in Festkörpern.

Regel

Absorption radioaktiver Strahlung

Aufgrund ihres Ionisierungsvermögens werden

- α-Teilchen bereits von einem Blatt Papier vollständig,
- β-Teilchen bereits von einer 3 mm dicken Aluminiumfolie vollständig,
- γ-Teilchen erst von einer mindestens 5 cm dicken Bleischicht fast vollständig

absorbiert.

Beispiel Ein idealisiertes radioaktives Präparat P emittiere nur eine Komponente der natürlichen radioaktiven Strahlung. Beschreiben Sie, wie man mithilfe von Absorbern die von P emittierte Strahlungsart identifizieren kann.

Lösung:

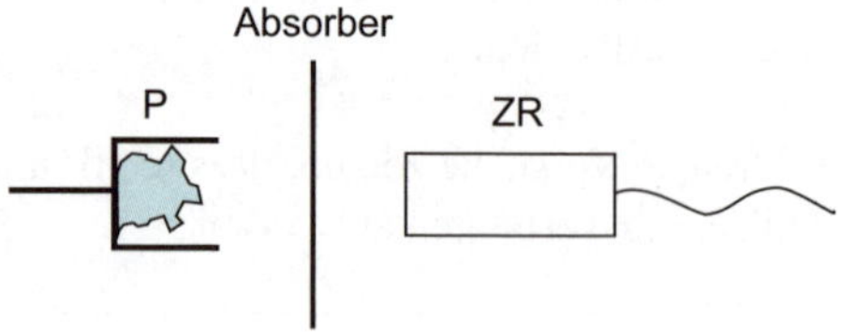

Zwischen Präparat P und Zählrohr ZR werden nacheinander ein Blatt Papier, eine 3 mm dicke Aluminiumplatte und eine 5 cm dicke Bleiplatte gebracht.

Wird die Strahlung vollständig

- bereits durch das Blatt Papier ausgelöscht, so ist P ein α-Strahler.
- durch die Aluminiumplatte ausgelöscht, so ist P ein β-Strahler.
- erst durch die Bleiplatte ausgelöscht, so ist P ein γ-Strahler.

Aufgrund ihres unterschiedlichen Ionisierungsvermögens kann man α-, β- und γ-Teilchen auch mithilfe einer **Nebelkammer** unterscheiden:

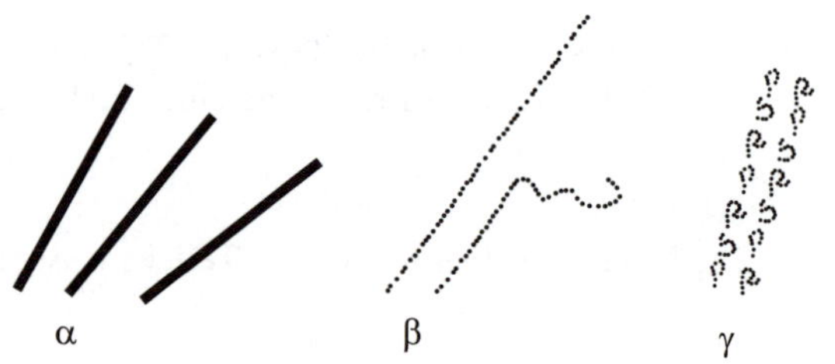

- α-Teilchen hinterlassen dort relativ kurze, kräftige und dicke, geradlinige Spuren.
- β-Teilchen lange, dünne, perlschnurartige Tröpfchenspuren, die bei energiereichen Teilchen relativ gerade verlaufen, bei energieärmeren auch Knicke aufweisen können.
- γ-Quanten sind in der Nebelkammer aufgrund ihres geringen Ionisierungsvermögens direkt nicht nachweisbar. Sie erzeugen längs ihrer Bahn Fotoelektronen, deren faserige, recht undeutliche Spuren beobachtet werden können.

Da α- und β-Teilchen Ladungen entgegengesetzten Vorzeichens tragen, γ-Quanten aber ungeladen sind, werden α- und β-Teilchen von einem magnetischen oder einem elektrischen Feld in entgegengesetzter Richtung aus dem „Mischstrahl" heraus abgelenkt, während γ-Quanten ohne Ablenkung durch Felder gelangen können.

Beispiel Tritt ein geladenes Teilchen (Ladungsbetrag q) der Masse m senkrecht zu den Feldlinien mit der Geschwindigkeit $\vec{v}_0$ in ein homogenes elektrisches Querfeld der Stärke $\vec{E}$ und der Länge L ein, so hat es unmittelbar nach Verlassen des Feldes die Ablenkung d erfahren, wobei gilt (ohne Herleitung):

$$d = \frac{q \cdot E \cdot L^2}{2m \cdot v_0^2}$$

Vergleichen Sie damit die Ablenkungen d_α bzw. d_{β^-}, die ein α- bzw. β^--Teilchen in einem homogenen elektrischen Querfeld erfahren.

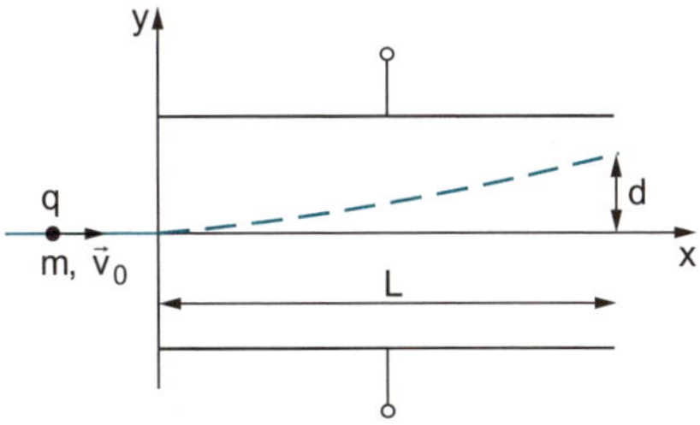

Lösung:
Richtung der Ablenkung:
α- bzw. β^--Teilchen werden aufgrund ihres verschiedenen Ladungsvorzeichens in entgegengesetzte Richtungen abgelenkt.

Größe der Ablenkung:

$$\left.\begin{aligned} d_{\beta^-} &= \frac{e \cdot E \cdot L^2}{2m_{\beta^-} \cdot v_0^2} \\ d_\alpha &= \frac{2e \cdot E \cdot L^2}{2m_\alpha \cdot v_0^2} \end{aligned}\right\} \Rightarrow \frac{d_{\beta^-}}{d_\alpha} = \frac{m_\alpha}{2m_{\beta^-}} = \frac{4{,}0\,u}{2 \cdot 5{,}5 \cdot 10^{-4}\,u} = 3{,}6 \cdot 10^3$$

Ein β^--Teilchen wird ca. **3600-mal stärker** als ein α-Teilchen abgelenkt.

Aufgaben **147.** a) Schätzen Sie ab, wie groß die Reichweite eines β^--Teilchens der kinetischen Energie 1 MeV in Luft sein müsste.

b) Begründen Sie, dass man bereits in deutlich geringerer Entfernung von der Quelle als in Teilaufgabe a geschätzt keine β-Teilchen mehr registriert.

148. Das Bild zeigt ein zerlegtes Geiger-Müller-Zählrohr. Das untere Glasrohr stellt das eigentliche Zählrohr dar; eine Elektrode ist als Wendeldraht, die andere als mittig angeordneter gerader Draht ausgeführt.

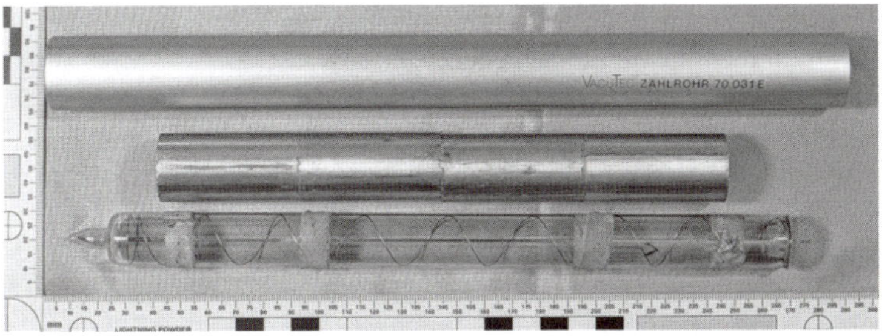

Begründen Sie, dass man mit diesem Zählrohr nicht die Strahlenbelastung messen kann, die in der Zimmerluft durch den Alphastrahler Radon hervorgerufen wird.

149. Erläutern Sie, wie sich α-Strahler relativ einfach als solche identifizieren lassen.

150. Besucher in Kernkraftwerken müssen vor Betreten des Reaktorbereichs Schutzanzüge anlegen; meistens handelt es sich dabei um weiße Baumwollanzüge.
Recherchieren Sie im Internet, warum Baumwolle ein geeignetes Material für Schutzkleidung darstellt. Wogegen schützt der Baumwollanzug, wogegen nicht?

151. Tritt ein geladenes Teilchen (Ladungsbetrag q, Masse m, Geschwindigkeit $\vec{v}_0$) senkrecht zu den Feldlinien in ein homogenes Magnetfeld der Flussdichte $\vec{B}$ ein, so beschreibt es eine Kreisbahn vom Radius

$$r = \frac{m \cdot v_0}{q \cdot B}.$$

Vergleichen Sie die Bahnen, die ein α- bzw. β^--Teilchen im Magnetfeld beschreiben, wenn sie die gleiche Eintrittsgeschwindigkeit $\vec{v}_0$ haben.

152. Das phänomenologische Wissen der Zeit bis 1904 über radioaktive Strahlung ist in der Abbildung rechts wiedergegeben. Sie ist der 1904 verfassten Doktorarbeit von Marie Curie entnommen.
Erläutern Sie, welche Informationen die Physiker der damaligen Zeit aus der Illustration gewinnen konnten, wenn sie wussten, dass die vom Präparat ausgehenden Teilchen senkrecht zu den Feldlinien in ein homogenes Magnetfeld eintreten, dessen Feldlinien senkrecht in die Zeichenebene hineingerichtet sind.

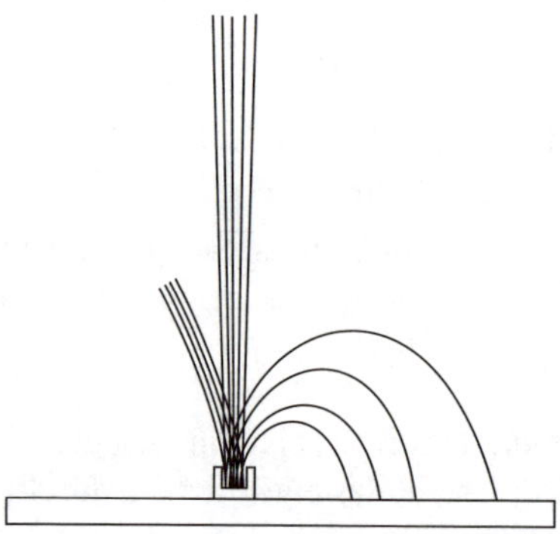

153. Erläutern Sie, wie das geringe Ionisierungsvermögen von γ-Quanten ihre Registrierbarkeit mit einem Zählrohr beeinflusst.

28 Wechselwirkung von radioaktiven Strahlen mit Materie

Dringt ein Teilchenstrahl in einen Absorber ein, so

- verlieren **α-Teilchen** ihre kinetische Energie fast ausschließlich durch Ionisation der Atome und Moleküle des Absorbers. Wegen ihrer großen Masse ändern sie ihre Einfallsrichtung dabei nicht wesentlich.
- verlieren **β^--Teilchen** ihre kinetische Energie durch Ionisation. Schnellere β^--Teilchen können kinetische Energie zusätzlich durch Bremsstrahlung (vgl. kontinuierliches Röntgenspektrum, Kap. 13, S. 68f.) in Photonen umwandeln. Wegen ihrer kleinen Masse werden β^--Teilchen bei beiden Prozessen stark aus der Einfallsrichtung abgelenkt.
- wechselwirken **γ-Teilchen** über den Fotoeffekt, den Comptoneffekt oder die Paarerzeugung mit Materie.
  - Beim Fotoeffekt wird das γ-Quant von einem Atom absorbiert und löst ein Elektron aus einer Elektronenschale. Die kinetische Energie des Fotoelektrons ist gleich der um die Bindungsenergie des Elektrons verminderten Energie des γ-Quants.
  - Beim Comptoneffekt wird das γ-Quant an einem Elektron im Absorber gestreut, ändert dabei seine Richtung und gibt einen Teil seiner Energie an das Elektron ab.
  - Bei der Paarerzeugung entsteht aus dem γ-Quant im Coulombfeld eines Kerns ein Elektron-Positron-Paar.

Beispiel

Unter der Reichweite eines Teilchens in einem Absorber versteht man diejenige Schichtdicke, die ein Teilchen durchdringt, bis es seine gesamte Energie verloren hat. Warum kann man für β^--Teilchen keine Reichweite festlegen?

Lösung:

β^--Teilchen können bei einem Stoß bis zur Hälfte ihrer Energie abgeben und bewegen sich auf Zickzack-Bahnen durch den Absorber. Die Schichtdicken, innerhalb derer β^--Teilchen ihre Energie verlieren, schwanken daher sehr stark und ihre Bahnlängen sind wesentlich größer als diese Schichtdicken.

γ-Quanten passieren einen Absorber entweder ohne Wechselwirkung oder gehen dem Strahl bei einer einzigen Wechselwirkung verloren. Hinter einem Absorber austretende γ-Quanten haben im Gegensatz zu α- oder β-Strahlung dieselbe Energie und weisen keine Abweichungen von der Einfallsrichtung auf. Wegen dieser Eigenschaft unterliegt nur die **Absorption von γ-Quanten** einem **Exponentialgesetz**, das experimentell gut bestätigt ist.

Regel

Absorptionsgesetz für γ-Quanten

Bezeichnen Z_0 bzw. Z(x) die Anzahl der pro Zeiteinheit vor und hinter einem Absorber der Dicke x gemessenen γ-Quanten, so gilt:

$$\mathbf{Z(x) = Z_0 \cdot e^{-\mu \cdot x}}$$

Der material- und energieabhängige Parameter **μ** heißt **Schwächungskoeffizient** und hat die Benennung $\frac{1}{m}$.

Beispiel

Bei einem Absorptionsversuch mit monoenergetischen γ-Quanten misst man hinter Bleiabsorbern der Dicken $d_1 = 1{,}0$ cm bzw. $d_2 = 4{,}0$ cm die Zählraten $Z_1 = 3\,867\,\frac{1}{\text{min}}$ bzw. $Z_2 = 223\,\frac{1}{\text{min}}$.

Berechnen Sie den zugehörigen Schwächungskoeffizienten μ.

Lösung:

$$\frac{Z_1}{Z_2} = \frac{Z(d_1)}{Z(d_2)}$$ Verhältnis der Zählraten

$$= \frac{Z_0 \cdot e^{-\mu \cdot d_1}}{Z_0 \cdot e^{-\mu \cdot d_2}}$$ Absorptionsgesetz

$$= e^{-\mu \cdot (d_1 - d_2)}$$ mit Z_0 kürzen

$$\Rightarrow \quad \ln \frac{Z_1}{Z_2} = -\mu \cdot (d_1 - d_2)$$ auf beiden Seiten logarithmieren und ln $(e^x) = x$ beachten

$$\Rightarrow \quad \mu = \frac{1}{d_2 - d_2} \cdot \ln \frac{Z_1}{Z_2}$$ auf beiden Seiten logarithmieren, durch $(d_2 - d_1)$ dividieren, Seiten tauschen

$$= \frac{1}{4{,}0\,\text{cm} - 1{,}0\,\text{cm}} \cdot \ln \frac{3\,867\,\frac{1}{\text{min}}}{223\,\frac{1}{\text{min}}} = \mathbf{0{,}95\,\frac{1}{cm}}$$ Zahlenwerte einsetzen

Aufgaben

154. Warum kann man für γ-Quanten keine Reichweite im Absorber festlegen?

155. Bei einem Absorptionsversuch mit monoenergetischen γ-Quanten wird hinter einem 1 cm dicken Bleiabsorber ($\mu = 0{,}95\,\frac{1}{\text{cm}}$) pro Minute die Zählrate $Z_1 = 3\,867\,\frac{1}{\text{min}}$ registriert.

a) Bestimmen Sie die Zählrate ohne Absorber.

b) Berechnen Sie die Dicke, bei der nur noch 3 % der eingestrahlten γ-Quanten den Absorber durchdringen können.

156. Unter der Halbwertsdicke versteht man die Schichtdicke D eines durchstrahlten Materials, bei der die Zählrate auf die Hälfte der ursprünglichen Rate abgenommen hat. Stellen Sie einen formelmäßigen Zusammenhang zwischen D und dem Schwächungskoeffizienten μ her.

29 Das quadratische Abstandsgesetz

Vergrößert man die Entfernung eines Zählrohrs von einem γ-Präparat, so nimmt die Zählrate unabhängig von irgendwelchen Absorbern nur aufgrund eines rein geometrischen Effekts ab.

Regel

Quadratisches Abstandsgesetz
Breitet sich die Strahlung eines γ-Präparats ungehindert und gleichmäßig nach allen Seiten in den Raum aus, so verhalten sich die mit dem gleichen Zählrohr in den Entfernungen r_1 bzw. r_2 vom γ-Strahler gemessenen Zählraten $Z(r_1)$ bzw. $Z(r_2)$ umgekehrt wie die Quadrate der Entfernungen:

$$\frac{Z(r_1)}{Z(r_2)} = \frac{r_2^2}{r_1^2}$$

Begründung: Man betrachtet eine Kugel vom Radius r, deren Mittelpunkt im Zentrum der γ-Quantenquelle liegt, und bezeichnet mit Z_0 die Anzahl der γ-Quanten, welche die Quelle pro Zeiteinheit verlassen. Dann treten pro Zeiteinheit Z_0 Teilchen durch die gesamte Oberfläche $4\pi \cdot r^2$ der Kugel. Nach Dreisatz treten dann pro Zeiteinheit

$$Z(r) = \frac{A}{4r^2 \cdot \pi} \cdot Z_0$$

Teilchen durch ein Flächenstück des Inhalts A von dieser Kugeloberfläche. Daher gilt für die Zählraten im Abstand r_1 bzw. r_2 vom Kugelmittelpunkt:

$$\left.\begin{aligned} Z(r_1) &= \frac{A}{4r_1^2 \cdot \pi} \cdot Z_0 \\ Z(r_2) &= \frac{A}{4r_2^2 \cdot \pi} \cdot Z_0 \end{aligned}\right\} \Rightarrow \frac{Z(r_1)}{Z(r_2)} = \frac{\frac{A}{4r_1^2 \cdot \pi} \cdot Z_0}{\frac{A}{4r_2^2 \cdot \pi} \cdot Z_0} = \frac{r_2^2}{r_1^2}$$

Beispiel

In 7,5 cm Entfernung von einer γ-Quantenquelle registriert man in 10 Sekunden 6 600 γ-Quanten. Berechnen Sie die Zahl der Quanten, die man nach derselben Zeit in einem Abstand von 3,9 cm registriert.

Lösung:

$$\frac{Z(r_1)}{Z(r_2)} = \frac{r_2^2}{r_1^2} \qquad \text{Abstandsgesetz}$$

$$\frac{Z(3{,}9\text{ cm})}{Z(7{,}5\text{ cm})} = \frac{(7{,}5\text{ cm})^2}{(3{,}9\text{ cm})^2} \qquad \text{Abstände einsetzen}$$

$$Z(3{,}9\text{ cm}) = \left(\frac{7{,}5}{3{,}9}\right)^2 \cdot 6\,600\,\frac{1}{\text{min}} = \mathbf{24\,400\,\frac{1}{min}} \qquad Z(7{,}5\text{ cm}) = 6\,600\,\frac{1}{\text{min}}$$

Aufgaben

157. In 8,6 cm Entfernung von einer punktförmigen, allseitig gleichmäßig strahlenden γ-Quantenquelle registriert man mit einem Zählrohr, dessen Eintrittsfenster einen Flächeninhalt von 1,4 cm^2 besitzt, pro Sekunde 58 γ-Quanten.

a) Berechnen Sie die Zahl der γ-Quanten, die man in einer Minute in einem Abstand von 12,1 cm registriert.

b) Wie viele γ-Quanten emittiert die Quelle pro Sekunde überhaupt?

158. Zeigen Sie mithilfe des quadratischen Abstandsgesetzes, dass für die Zählrate Z(r) im Abstand r von einem punktförmigen Gammastrahler gilt:
$Z(r) \sim \frac{1}{r^2}$

159. Erläutern Sie anhand der Skizze das quadratische Abstandsgesetz.

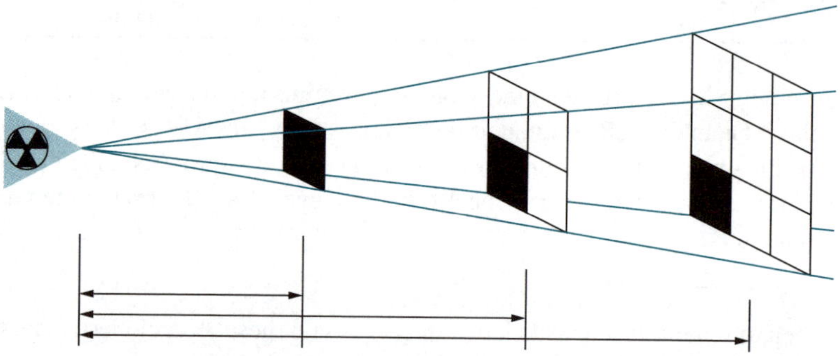

160. Der Abstand r eines Zählrohrs von einem γ-Präparat, das Strahlung mit konstanter Rate aussendet, wird in Beträgen von 2,5 cm vergrößert. Es wird jedes Mal die Zählrate Z(r) gemessen. Dabei erhält man folgende Messwerte:

r in cm	5,0	7,5	10,0	12,5	15,0	17,5	20,0
Z(r) in $\frac{1}{min}$	15 000	6 600	3 750	2 390	1 670	1 230	930

a) Stellen Sie $\frac{1}{\sqrt{Z(r)}}$ in Abhängigkeit von r grafisch dar.

b) Bestätigen Sie mithilfe dieses Diagramms das quadratische Abstandsgesetz.

30 Zerfallsreihen

Kasimir Fajans und Frederick Soddy fanden 1913 empirisch Regeln, die beschreiben, wie sich die Ordnungs- und Massenzahlen beim radioaktiven Zerfall ändern. Sie konnten mit dem später gewonnenen Wissen über den Aufbau der Atomkerne und die Natur der Zerfallsprozesse erklärt werden.

Ergänzt um die Regeln für den β^+-Zerfall und den Elektroneneinfang (EC), die 1913 noch nicht entdeckt waren, lauten diese sogenannten Verschiebungssätze (vgl. Kap. 22–24):

Regel

Verschiebungssätze

- Bei einer α-Umwandlung nimmt die Ordnungszahl Z des radioaktiven Elements um 2, die Massenzahl A um 4 Einheiten ab.
- Bei einer β^--Umwandlung nimmt die Ordnungszahl Z des radioaktiven Elements um eine Einheit zu, die Massenzahl A bleibt unverändert.
- Bei einer β^+-Umwandlung bzw. einem Elektroneneinfang nimmt die Ordnungszahl Z des radioaktiven Elements um eine Einheit ab, die Massenzahl A bleibt unverändert.
- Bei einer γ-Umwandlung ändern sich Ordnungszahl Z und Massenzahl A nicht.

Begründung:
Die Verschiebungssätze folgen aus den Zerfallsgleichungen für den

α-Zerfall:

$${}^{A}_{Z}X \rightarrow {}^{A-4}_{Z-2}Y + {}^{4}_{2}He$$

β^--Zerfall:

$${}^{A}_{Z}X \rightarrow {}^{A}_{Z+1}V + {}^{0}_{-1}e^- + {}^{0}_{0}\overline{\nu}$$

β^+-Zerfall:

$${}^{A}_{Z}X \rightarrow {}^{A}_{Z-1}W + {}^{0}_{+1}e^+ + {}^{0}_{0}\nu$$

Elektroneneinfang (EC):

$${}^{A}_{Z}X + {}^{0}_{-1}e^- \rightarrow {}^{A}_{Z-1}W + {}^{0}_{0}\nu$$

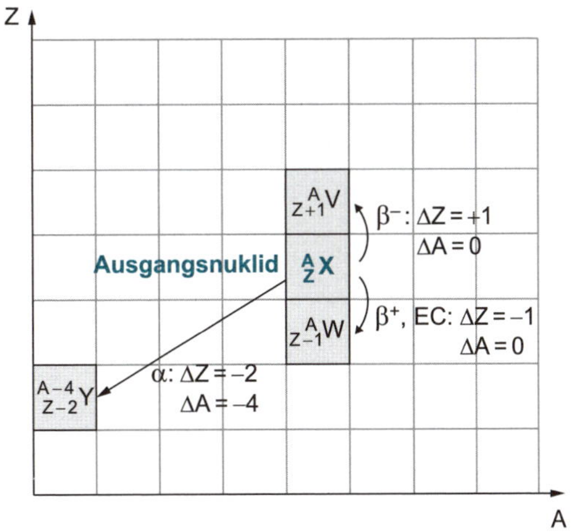

Zerfallsprodukte radioaktiver Elemente sind meist wieder radioaktiv. Radioaktive Elemente, die durch Zerfall auseinander hervorgehen, bilden in ihrer Gesamtheit eine **Zerfallsreihe**.

Regel

Zerfallsreihen

- Jede Zerfallsreihe beginnt mit einer Muttersubstanz und endet bei einem stabilen Endprodukt.
- Es gibt höchstens vier Zerfallsreihen, davon kommen heute in der Natur drei vor, nämlich die
  - Thorium-Reihe,
  - Uran-Radium-Reihe,
  - Uran-Actinium-Reihe.

Begründung: Die Massenzahl A eines Mutterkerns nimmt je nach Zerfallsart entweder um 4 (α-Zerfall) oder gar nicht (β-, γ-Zerfall) ab. Da sich jedes $A \in \mathbb{N}$ vollständig durch die vier Terme $4n$, $4n+1$, $4n+2$, $4n+3$ mit $n=0, 1, 2, \ldots$ darstellen lässt, sind durch diese Terme eindeutig vier Zerfallsreihen festgelegt: Besitzt z. B. die Massenzahl A der Muttersubstanz die Darstellung $A=4n+1$, so sind die Massenzahlen sämtlicher aus diesem Ausgangskern durch radioaktiven Zerfall entstehenden Tochter-, Enkel-, …-Kerne vom Typ $4n+1$.
Die vier Zerfallsreihen konnten experimentell nachgewiesen werden. Während die Thorium-Reihe (Th232; 4n), die Uran-Radium-Reihe (U238; $4n+2$) und die Uran-Actinium-Reihe (U235; $4n+3$) noch heute in der Natur vorkommen, sind die radioaktiven Elemente der Neptunium-Reihe (Np237; $4n+1$) mit Ausnahme des Endkerns Bi209 bereits alle zerfallen; Bi209 selbst ist ebenfalls nicht stabil, zerfällt aber extrem langsam.

Auf den folgenden beiden Seiten finden Sie die **A-Z-Diagramme zu den vier Zerfallsreihen**. Die meisten natürlichen Radionuklide emittieren entweder nur α- oder nur β-Teilchen; einige wenige Nuklide senden beide Teilchen aus. Das einzelne Nuklid kann aber nie beide Teilchen abgeben, sondern immer nur α- oder nur β-Teilchen.

Die Thorium-Zerfallsreihe: A = 4n

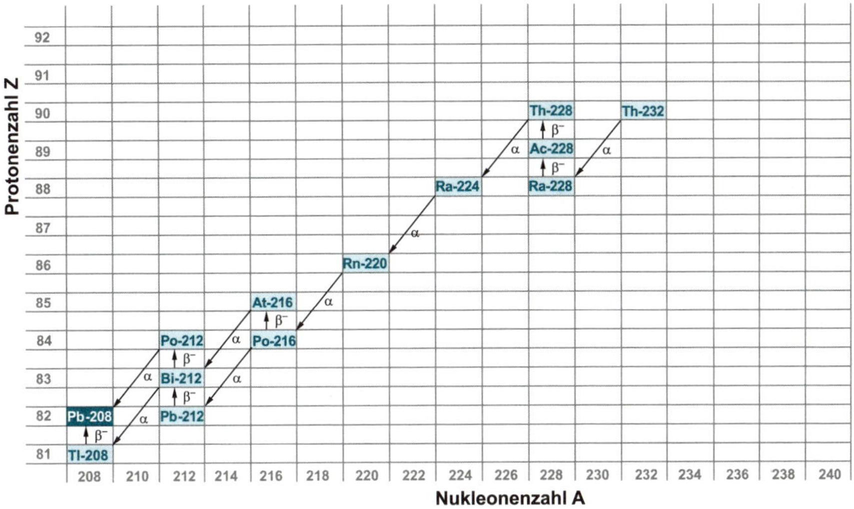

Die Neptunium-Zerfallsreihe: A = 4n + 1

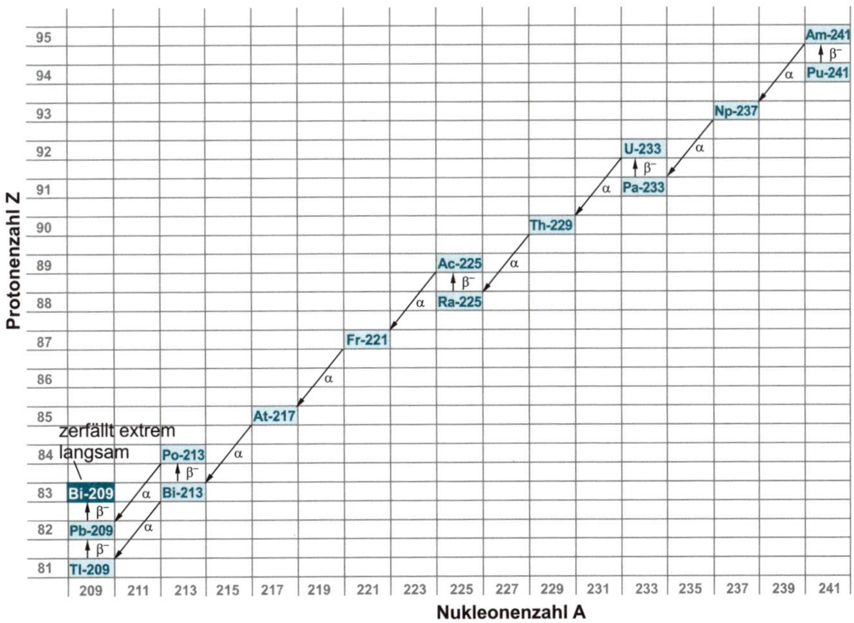

Die Uran-Radium-Zerfallsreihe: $A = 4n + 2$

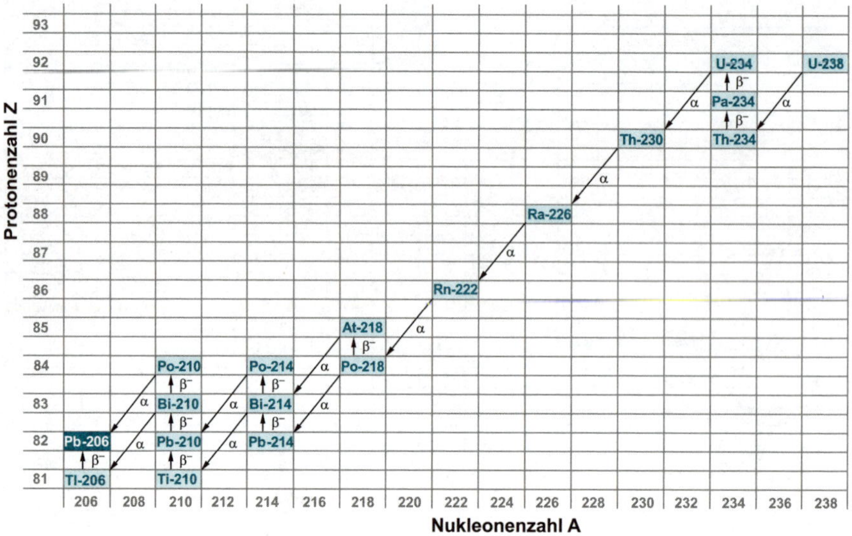

Die Uran-Actinium-Zerfallsreihe: $A = 4n + 3$

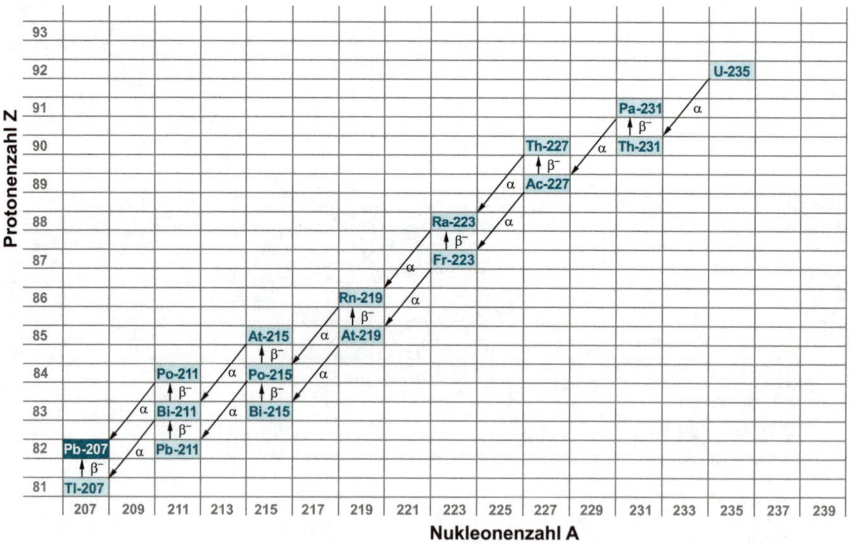

Beispiel

Bestimmen Sie durch Rechnung das Glied der Neptunium-Zerfallsreihe, das durch 8 α- und 4 β^--Zerfälle aus Am241 entstanden ist.

Lösung:

8 α-Zerfälle bedeuten: A nimmt um $8 \cdot 4 = 32$ Einheiten ab, Z nimmt um $8 \cdot 2 = 16$ Einheiten ab.

4 β^--Zerfälle bedeuten: A bleibt unverändert, Z nimmt um 4 Einheiten zu.

Insgesamt nimmt A um 32 Einheiten und Z um $16 - 4 = 12$ Einheiten ab, also:

$$^{241}_{95}\text{Am} \xrightarrow{8\alpha,\,4\beta^-} {}^{241-32}_{95-12}\text{X} = \mathbf{^{209}_{83}Bi}$$

Es entsteht Bi209 (vgl. A-Z-Diagramm zur Neptunium-Zerfallsreihe, S. 121).

Aufgaben

161. Bestimmen Sie die Anzahl der α- bzw. β^--Zerfälle, die beim Zerfall von Tl207 in Ac227 stattfinden.

162. Begründen Sie, dass man in einem ursprünglich reinen Np237-Präparat niemals das Nuklid Po211 finden kann.

163. Ergänzen Sie im unten abgebildeten Ausschnitt einer Zerfallsreihe die mit einem Fragezeichen gekennzeichneten Fehlstellen, ohne aus tabellierten Zerfallsreihen abzuschreiben.
Stellen Sie anschließend den Ausschnitt in einem A-Z-Diagramm dar.

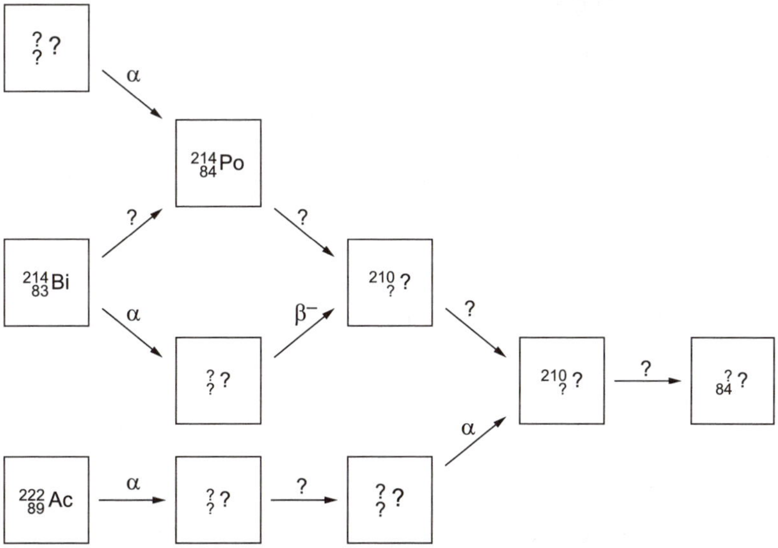

31 Das Gesetz des radioaktiven Zerfalls

Kernumwandlungen erfolgen spontan und statistisch willkürlich. Äußere Bedingungen wie Aggregatzustand, Temperatur, chemische Bindung etc. sind ohne Einfluss auf die Kernumwandlung. Aus dieser statistischen Willkürlichkeit folgt, dass die Zahl ΔN der Kerne, die in einem sehr kleinen Zeitintervall Δt von einer einheitlichen radioaktiven Substanz zerfallen, direkt proportional

- zum Zeitabschnitt Δt sind: $\Delta N \sim \Delta t$;
- zur Zahl $N(t)$ der Kerne sind, die zum Zeitpunkt t noch nicht zerfallen sind: $\Delta N \sim N(t)$.

Mit diesen Annahmen lässt sich zeigen, dass der radioaktive Zerfall einem Exponentialgesetz gehorcht.

Regel

Gesetz des radioaktiven Zerfalls

Bezeichnet $N(t)$ die Anzahl der Kerne, die zum Zeitpunkt t noch nicht zerfallen sind, und N_0 die Anzahl der Kerne, die zu Beginn der Zeitnahme ($t = 0\,s$) vorhanden sind, so gilt:

$$\mathbf{N(t) = N_0 \cdot e^{-\lambda \cdot t}}$$

Die positive Konstante λ heißt **Zerfallskonstante**, hat die Benennung $\frac{1}{s}$ und ist ein Maß für die Zerfallsgeschwindigkeit: Je größer λ, desto kurzlebiger ist die Substanz.

Charakteristisch für die radioaktive Substanz ist die Halbwertszeit, mit der sie zerfällt.

Definition

Halbwertszeit

Unter der Halbwertszeit versteht man diejenige Zeitspanne T, nach der eine ursprünglich vorhandene Anzahl radioaktiver Kerne zur Hälfte zerfallen ist.

Regel

Halbwertszeit und Zerfallskonstante

Zwischen der Halbwertszeit T und der Zerfallskonstante λ besteht der Zusammenhang:

$$\boldsymbol{\lambda = \frac{\ln 2}{T}}$$

Begründung:

$N(T) = \frac{N_0}{2}$	(1)	Definition von T
$N(T) = N_0 \cdot e^{-\lambda \cdot T}$	(2)	Zerfallsgesetz
$\frac{N_0}{2} = N_0 \cdot e^{-\lambda \cdot T}$		rechte Seiten von (1) und (2) gleichsetzen
$\Rightarrow \quad e^{-\lambda \cdot T} = \frac{1}{2}$		auf beiden Seiten durch N_0 dividieren und Seiten tauschen
$\Rightarrow \quad -\lambda \cdot T = \ln \frac{1}{2}$		auf beiden Seiten logarithmieren
$\Rightarrow \quad \lambda = \frac{\ln 2}{T}$		auf beiden Seiten durch –T dividieren und $\ln \frac{1}{2} = -\ln 2$ berücksichtigen

Beispiel

Ta184 ist ein β^--Strahler mit der Halbwertszeit T = 8,7 h. 2 h 18 min nach Beginn der Zeitnahme stellt man fest, dass noch $6{,}0 \cdot 10^{19}$ Ta-Kerne vorhanden sind.
Berechnen Sie die Zahl der Ta184-Kerne, die zu Beginn der Zeitnahme vorhanden waren.

Lösung:

$N(t) = N_0 \cdot e^{-\lambda \cdot t}$	Zerfallsgesetz
$N_0 = N(t) \cdot e^{\lambda \cdot t}$	auf beiden Seiten durch $e^{-\lambda \cdot t}$ dividieren; $\frac{1}{a^{-x}} = a^x$ beachten; Seiten tauschen
$= N(2{,}3\,h) \cdot e^{\frac{\ln 2}{8{,}7\,h} \cdot 2{,}3\,h}$	$2\,h\,18\,min = 2\frac{18}{60}\,h = 2{,}3\,h$; $\lambda = \frac{\ln 2}{T} = \frac{\ln 2}{8{,}7\,h}$
$= 6{,}0 \cdot 10^{19} \cdot e^{\frac{\ln 2}{8{,}7\,h} \cdot 2{,}3\,h} = \mathbf{7{,}2 \cdot 10^{19}}$	laut Angabe: $N(2{,}3\,h) = 6{,}0 \cdot 10^{19}$

Von unterschiedlichen Strahlungsquellen wird radioaktive Strahlung unterschiedlich emittiert. Dies lässt sich mithilfe der Aktivität der Quelle mathematisch beschreiben.

Definition

Aktivität

Zerfallen von einer radioaktiven Substanz in einem Zeitintervall Δt, das wesentlich kleiner als die Halbwertszeit ist, ΔN Kerne, so versteht man unter der Aktivität A der Substanz den Quotienten

$$\mathbf{A = \left| \frac{\Delta N}{\Delta t} \right|}.$$

Die Einheit der Aktivität ist das **Becquerel (Bq)**: $1\,Bq = \frac{1}{s}$

Auch die Aktivität unterliegt einem exponentiellen Abnahmegesetz:

Regel

Aktivitätsgesetz

Besteht eine Substanz aus anfänglich N_0 instabilen Atomkernen, die mit der Zerfallskonstanten λ zerfallen, so gilt für die Aktivität der Substanz:

$$\mathbf{A(t) = A_0 \cdot e^{-\lambda \cdot t}}$$

Für die Anfangsaktivität A_0 gilt dabei:

$$\mathbf{A_0 = \lambda \cdot N_0}$$

Begründung: Je kleiner Δt ist, desto besser stimmt nach den Gesetzen der Differenzialrechnung der Betrag des Differenzenquotienten $\left|\frac{\Delta N}{\Delta t}\right|$ mit dem Betrag der 1. Ableitung der Funktion $N(t) = N_0 \cdot e^{-\lambda \cdot t}$ nach der Zeit t überein:

$$\left|\frac{\Delta N}{\Delta t}\right| \xrightarrow[\text{sehr klein}]{\Delta t} |\dot{N}(t)| = |-\lambda \cdot N_0 \cdot e^{-\lambda \cdot t}| = \lambda \cdot N_0 \cdot e^{-\lambda \cdot t} = A_0 \cdot e^{-\lambda \cdot t}$$

Beispiel

Die Aktivität eines At211-Präparats beträgt zu Beginn der Zeitnahme 400 Bq, 2 Stunden später nur noch 330 Bq.
Berechnen Sie die Halbwertszeit T von At211.

Lösung:

$$A(t) = A_0 \cdot e^{-\lambda \cdot t} \qquad \text{Aktivitätsgesetz}$$

$$= A_0 \cdot e^{-\frac{\ln 2}{T} \cdot t} \qquad \lambda = \frac{\ln 2}{T}$$

$$\Rightarrow \quad \ln\frac{A(t)}{A_0} = -\frac{\ln 2 \cdot t}{T} \qquad \text{auf beiden Seiten durch } A_0 \text{ dividieren; logarithmieren } (\ln e^x = x \text{ beachten})$$

$$\Rightarrow \quad T = -\frac{\ln 2 \cdot t}{\ln\frac{A(t)}{A_0}} \qquad \text{auf beiden Seiten durch } \ln\frac{A(t)}{A_0} \text{ dividieren und mit T multiplizieren}$$

$$= -\frac{\ln 2 \cdot 2\,h}{\ln\frac{330\,\frac{1}{s}}{400\,\frac{1}{s}}} = \mathbf{7{,}2\,h} \qquad \text{Zahlenwerte einsetzen}$$

Eine wichtige Anwendung des Zerfallsgesetzes ist die **Altersbestimmung** sowohl anorganischer Substanzen als auch toter Organismen (vgl. Kap. 37, S. 144).

Aufgaben

164. Po218 ist ein Alphastrahler mit einer Halbwertszeit von 31 min.
Berechnen Sie jeweils die Zeitspanne, nach der von 7,2 μg dieser Substanz

a) nur noch 3,0 μg vorhanden sind; ✓

b) 3,0 μg zerfallen sind;

c) nur noch 12 % vorhanden sind;

d) 12 % zerfallen sind.

165. Pb210 ist ein Alphastrahler mit einer Halbwertszeit von 22 a.
Bestimmen Sie die Zahl der Kerne, die von ursprünglich $6{,}9 \cdot 10^{23}$ vorhandenen Kernen

a) nach 10 a noch unzerfallen vorhanden sind;

b) nach 10 a zerfallen sind.

166. In einer Quecksilbermischung ist das radioaktive Isotop Hg203 (Halbwertszeit $T = 47$ d) zu 0,01 % enthalten. Unmittelbar nach Herstellung der Mischung bestimmt man ihre Aktivität zu 30 Bq.
Berechnen Sie die Masse m der Mischung.

167. Berechnen Sie, wie lange es bei U238 (Halbwertszeit $T = 4{,}47 \cdot 10^9$ a) dauert, bis die Aktivität um 0,001 % abgenommen hat.

168. Natürliches Kalium enthält an radioaktiven Isotopen nur das K40 zu 0,011 %.

a) Berechnen Sie, wie viele K40-Atome in 10 g natürlichem Kalium enthalten sind.

b) Wie groß ist die Halbwertszeit von K40, wenn 10 g natürliches Kalium eine Aktivität von 300 Bq besitzen?

169. a) Zeigen Sie: Wenn von N instabilen Kernen (Zerfallskonstante λ) in einer Zeitspanne Δt, die klein gegen die Halbwertszeit ist, ΔN Kerne zerfallen, gilt:

$$\left| \frac{\Delta N}{N} \right| = \lambda \cdot \Delta t$$

b) Interpretieren Sie diese Gleichung und die in ihr auftretenden Größen.

170. Eine radioaktive Substanz zerfällt mit einer Halbwertszeit von 1 Tag. Schätzen Sie ohne Verwendung des Taschenrechners ab, nach welcher Zeit 99,9 % der Substanz zerfallen sind.

171. Begründen Sie: Warum altern Kerne nicht?

32 Strahlenbelastung und Strahlenschutz

Radioaktive Strahlung ist für biologische Organismen schädlich. Die Vorgänge, die sich bei der Wechselwirkung mit dem Organismus abspielen, lassen sich drei Reaktionstypen zuordnen:

- **Physikalische Primärreaktion:** Trifft radioaktive Strahlung auf einen Organismus, so kommt es dort innerhalb 10^{-5} s bis 10^{-4} s zur Anregung und Ionisation von Atomen und Molekülen.
- **Chemische Sekundärreaktion:** Die ionisierten Atome oder Moleküle können sich innerhalb von Sekundenbruchteilen bis hin zu Minuten durch chemische Umwandlungen reversibel oder irreversibel zu neuen Verbindungen (auch giftigen) zusammenschließen.
- **Biochemische Reaktion:** Auf die ersten chemischen Umwandlungen folgen Veränderungen von Funktionsabläufen (z. B. Veränderungen der Durchlässigkeit der Zellwände) oder Veränderungen im Stoffwechsel. Diese biochemischen Reaktionen führen schließlich zum **biologischen Strahlenschaden**.

Beispiel

Nennen und beschreiben Sie ein Beispiel für einen biologischen Strahlenschaden.

Lösung:
Die Regulation der Zelle im Zellverband, also die Fähigkeit der Zelle, sich im Zellverband ein- und unterzuordnen, kann durch Einwirkung von radioaktiver Strahlung verloren gehen; aus einer normalen Zelle kann so eine **Krebszelle** entstehen.

Zur quantitativen Erfassung der Strahlenmenge, die einem Organismus zugeführt wird, haben sich folgende Größen als hilfreich erwiesen.

Definition

Energiedosis
Trifft radioaktive Strahlung auf einen Körper, so versteht man unter der Energiedosis D, die dabei auf den Körper übertragen wird, den Quotienten aus der vom Körper absorbierten Energie ΔE und der Masse Δm des Körpers:

$$\mathbf{D = \frac{\Delta E}{\Delta m}}$$

Die Einheit der Energiedosis ist das **Gray (Gy)**: $1\,\text{Gy} = \frac{1\,\text{J}}{1\,\text{kg}}$

Da verschiedene Strahlenarten bei gleicher Energiedosis biologisch unterschiedlich wirksam sind, führt man die Äquivalenzdosis H ein.

Definition

Äquivalenzdosis

Die Äquivalenzdosis H ist das Produkt aus der Energiedosis D und dem empirisch ermittelten Faktor Q der relativen biologischen Wirksamkeit (RBW-Faktor):

$$\mathbf{H = Q \cdot D}$$

Die Einheit der Äquivalenzdosis ist das **Sievert (Sv)**: $1\,\text{Sv} = \frac{1\,\text{J}}{1\,\text{kg}}$

Die **RBW-Faktoren** lauten für

Röntgen-, γ-, β-Strahlen:	Q = 1
Protonen:	Q = 5
Neutronen:	Q = 5 bis 20
α-Strahlen:	Q = 20

Hinweis: Alternativ und völlig analog zur Äquivalenzdosis H und zum RBW-Faktor Q werden seit 1991 auch die Organdosis H_T und der Strahlungswichtungsfaktor w_T zur Beschreibung der biologischen Wirksamkeit der Strahlung verwendet. Die beiden Dosen unterscheiden sich in der Berechnungsweise, im Ergebnis allerdings nur geringfügig.

Beispiel

Vergleichen Sie die biologische Wirksamkeit von α- und γ-Strahlen.

Lösung:

Wegen $Q_\alpha = 20$ und $Q_\gamma = 1$ reicht bei α-Strahlen $\frac{1}{20}$ der Energiedosis der γ-Strahlen, um den gleichen biologischen Effekt zu erzielen.

Ist man radioaktiver Strahlung ausgesetzt, spricht man von **Strahlenexposition**. Das Risiko gesundheitlicher Schädigung hängt u. a. davon ab, wie lange man der Strahlung ausgesetzt ist und wie viel Strahlungsenergie in dieser Zeit vom Körper absorbiert wird.

Definition

Dosisleistung

Unter der Dosisleistung versteht man den Quotienten $\frac{D}{\Delta t}$ bzw. $\frac{H}{\Delta t}$ aus der Energiedosis D bzw. der Äquivalenzdosis H und der Einwirkungszeit Δt der Strahlung.

Die Energiedosis ist eine recht trügerische Größe, da sie nicht zum Ausdruck bringt, dass radioaktive Strahlung verglichen mit anderen Energieformen biologisch äußerst wirksam ist: Setzt man z. B. bei einer Ganzkörperbestrahlung eine 70 kg schwere Person γ-Strahlen der Energiedosis 7 Gy aus, so ist das eine absolut tödliche Dosis. Führt man der Person die gleiche Energie $7\,\text{Gy} \cdot 70\,\text{kg} = 490\,\text{J}$ in Form von Wärme zu, so erhöht sich ihre Körpertemperatur um deutlich weniger als zweitausendstel Kelvin.

Sie sollten sich als Richtgrößen noch merken:

- Ca. 4 Sv als Ganzkörperbestrahlung auf einen Schlag gegeben töten ca. 50 von 100 Menschen innerhalb von 30 Tagen.
- Ca. 2,1 mSv pro Jahr beträgt die **natürliche Strahlenbelastung**, der die Menschen ausgesetzt sind. Gut die Hälfte davon wird durch Radongas verursacht, das aus dem Erdreich in die Kellerräume der Wohnhäuser eindringt und so die Raumluft belastet (Gefahr von Lungenkrebs). Den restlichen Teil der natürlichen Strahlenbelastung verursachen die kosmische Strahlung (hochenergetische Teilchenstrahlung aus dem Weltall), terrestrische Strahlung von Mineralien sowie Nahrungsmittel (hauptsächlich durch das Radionuklid K40).
- Ca. 1,7 mSv pro Jahr gehen auf das Konto von Röntgenuntersuchungen, sie stellen den Hauptanteil der **künstlichen Strahlenbelastung** dar. Weitere Quellen sind radioaktive Materialien, die bei friedlicher (Kernkraftwerk) oder militärischer (Kernwaffentests) Nutzung der Kerntechnik anfallen.

Beispiel

Ab dem 12. März 2011 kam es im japanischen Kernkraftwerk Fukushima Daiichi zu einer Serie katastrophaler Unfälle, in deren Folge große Mengen von Radionukliden freigesetzt wurden.
Am 1. September 2013 meldete die AKW-Betreiberfirma Tepco, dass man an einem Tank 1 800 Millisievert pro Stunde gemessen habe. Wie lange kann sich ein AKW-Mitarbeiter in unmittelbarer Nähe des Tanks aufhalten, wenn er pro Jahr – nach japanischem Gesetz – maximal 50 Millisievert pro Jahr abbekommen darf?

Lösung:
Bezeichnet t die Zeit in Stunden, die der Arbeiter am Tank verbringen darf, bis er die Jahreshöchstdosis erhalten hat, so gilt:

$$1\,800\,\frac{\text{mSv}}{\text{h}}\cdot t \le 50\text{ mSv}$$

$$\Rightarrow \quad t \le \frac{50\text{ mSv}}{1800\,\frac{\text{mSv}}{\text{h}}} = 0{,}028\text{ h} = \mathbf{100\text{ s}}$$

Er darf sich also höchstens **eine Minute und 40 Sekunden** am Tank aufhalten.

Prägen Sie sich die wichtigsten **Schutzmaßnahmen** beim Umgang mit radioaktiven Präparaten ein. Diese lauten:

- Vermeide Kontamination (Verunreinigung) mit radioaktiven Substanzen sowie deren Inkorporation (Aufnahme in den Körper über Haut oder Lunge) oder Ingestion (Aufnahme in den Körper über Mund und Darm)!
- Halte Abstand von radioaktiven Strahlungsquellen!
- Schirme radioaktive Strahlung ab!
- Minimiere die Bestrahlungszeiten!

Aufgaben

172. Nennen Sie drei biologische Strahlenschäden.

173. Bei der Endlagerung werden in Fässern verpackte radioaktive Abfälle, deren Aktivität durch Einlagerung in Beton oder Bitumen eingeschränkt ist, mit Spezialfahrzeugen in die Endlagerstätte transportiert. Der Fahrer eines solchen Fahrzeugs sitzt 2,5 m von der Ladefläche entfernt und erhält beim Transport eines Fasses eine Energiedosisleistung von $2{,}5 \cdot 10^{-4}$ Gy/h.

a) Berechnen Sie die entsprechende Äquivalenzdosisleistung, wenn die Strahlung nur aus β^-- und γ-Strahlen besteht.

b) Ermitteln Sie die Zeitspanne pro Tag, die der Fahrer Fässer transportieren darf (1 Fass pro Fahrt), wenn er im Jahr 320 Tage arbeitet und die (Ganzkörper-)Äquivalenzdosis für beruflich strahlenexponierte Personen in einem Jahr 0,05 Sv nicht übersteigen darf.

c) Berechnen Sie die Zeit, die er pro Tag länger arbeiten kann, wenn sein Abstand zur Ladefläche 3,5 m beträgt.

d) Entscheiden Sie begründet: Wäre es für den Fahrer günstiger, wenn er nur die Hälfte der in Teilaufgabe b berechneten Zeit arbeiten würde, dafür aber 2 Fässer auf einmal transportieren würde?

174. Schreiben Sie eine kurze, begründete Stellungnahme zum Thema: „Sind Alphastrahlen gefährlich?“

175. Strontium 90 bzw. Krypton 88 sind β^--Strahler mit den Halbwertszeiten 28 a bzw. 2,8 h. Begründen Sie, dass Sr90 aus biologischer Sicht sehr gefährlich, Kr88 dagegen harmlos ist.

Hinweis: Beachten Sie die Stellung beider Elemente im Periodensystem und die daraus resultierenden chemischen Eigenschaften.

33 Energie- und Impulsbilanzen bei Kernreaktionen

Unter einer **Kernreaktion** versteht man die Umwandlung von Atomkernen, die durch Wechselwirkung mit Elementarteilchen oder Kernen hervorgerufen wird. Bei einfachen Kernreaktionen trifft ein Geschossteilchen a auf einen Kern A. Der beschossene Kern heißt Targetkern. Es entsteht ein Folgekern B und ein Teilchen b fliegt davon. Man schreibt

$A + a \to B + b$

oder kurz A(a, b)B.

Energiebilanzen bei Kernreaktion lassen sich mithilfe des Q-Werts übersichtlich beziffern.

Definition

Q-Wert

Unter dem Q-Wert einer Kernreaktion

$a + A \to B + b$

versteht man die Differenz

$\mathbf{Q = (E_B + E_b) - (E_a + E_A).}$

E_B, E_b, E_A, E_a bezeichnen dabei jeweils die Summe aus der kinetischen Energie des betreffenden Teilchens und der Energie, mit der es eventuell über dem Grundzustand angeregt ist.

Der Q-Wert lässt sich auch aus den Ruhemassen der Reaktionspartner berechnen. Genauer gilt:

Regel

$\mathbf{Q = \Delta m \cdot c^2}$

Der Q-Wert einer Kernreaktion stimmt mit der Differenz der Ruheenergien der Edukte und Produkte überein:

$\mathbf{Q = (m_{0a} + m_{0A} - m_{0B} - m_{0b})}$

Dabei bezeichnen m_{0a}, m_{0A}, m_{0B}, m_{0b} jeweils die Ruhemassen der betreffenden Teilchen.

Achten Sie auf die unterschiedliche Reihenfolge der Terme in den genannten Berechnungsvorschriften („links" → Edukte; „rechts" → Produkte):

Q-Wert = „(Masse links – Masse rechts) · c²" oder

Q-Wert = „kinetische Energien rechts – kinetische Energien links"

Dabei gilt:

- Bei **$Q<0$** findet Energieabsorption statt, die Reaktion heißt **endotherm**.
- Bei **$Q>0$** findet Energieabgabe statt, die Reaktion heißt **exotherm**.
- Die Energien von γ-Quanten rechnet man zu den kinetischen Energien.

Beispiel

Berechnen Sie den Q-Wert der Kernreaktion ${}^{7}_{3}\mathrm{Li} + {}^{1}_{1}\mathrm{H} \rightarrow {}^{4}_{2}\mathrm{He} + {}^{4}_{2}\mathrm{He}$ aus den Ruhemassen der Edukte und Produkte.

Lösung:

$$Q = (m_A(\mathrm{Li7}) + m_A(\mathrm{H1}) - 2m_A(\mathrm{He4})) \cdot c^2$$
Q = „Masse links minus Masse rechts" · c^2

$$= (7{,}016005\ \mathrm{u} + 1{,}007825\ \mathrm{u} - 2 \cdot 4{,}002603\ \mathrm{u}) \cdot c^2$$
Zahlenwerte aus der Formelsammlung

$$= 0{,}018624\ \mathrm{u} \cdot c^2 = \mathbf{17{,}35\ MeV}$$
$1\ \mathrm{u} \cdot c^2 = 931{,}49\ \mathrm{MeV}$

Mithilfe des Q-Werts lassen sich Aussagen über die **energetischen Voraussetzungen für den Zerfall instabiler Radionuklide** machen: Ein

- α-Zerfall ${}^{A}_{Z}X_1 \rightarrow {}^{A-4}_{Z-2}X_2 + {}^{4}_{2}\mathrm{He}$ mit
  $$Q = \left(m_A\left({}^{A}_{Z}X_1\right) - m_A\left({}^{A-4}_{Z-2}X_2\right) - m_A\left({}^{4}_{2}\mathrm{He}\right)\right) \cdot c^2$$
- β^--Zerfall ${}^{A}_{Z}X_1 \rightarrow {}^{\ A}_{Z+1}X_2 + {}^{\ 0}_{-1}e^- + {}^{0}_{0}\overline{\nu}$ mit
  $$Q = \left(m_A\left({}^{A}_{Z}X_1\right) - m_A\left({}^{\ A}_{Z+1}X_2\right)\right) \cdot c^2$$
- β^+-Zerfall ${}^{A}_{Z}X_1 \rightarrow {}^{\ A}_{Z-1}X_2 + {}^{\ 0}_{+1}e^- + {}^{0}_{0}\nu$ mit
  $$Q = \left(m_A\left({}^{A}_{Z}X_1\right) - m_A\left({}^{\ A}_{Z-1}X_2\right) - m_A\left({}^{\ 0}_{-1}e^-\right) - m_A\left({}^{\ 0}_{+1}e^+\right)\right) \cdot c^2$$
- Elektroneneinfang (EC) ${}^{A}_{Z}X_1 + {}^{\ 0}_{-1}e^- \rightarrow {}^{\ A}_{Z-1}X_2 + {}^{0}_{0}\nu$ mit
  $$Q = \left(m_A\left({}^{A}_{Z}X_1\right) - m_A\left({}^{\ A}_{Z-1}X_2\right)\right) \cdot c^2$$

ist **energetisch nur möglich**, wenn jeweils **$Q>0$**.

Beispiel

Zeigen Sie rechnerisch, dass ${}^{13}_{6}\mathrm{C}$ keinen α-Zerfall erfährt.

Lösung:

Für den Q-Wert der Zerfallsgleichung ${}^{13}_{6}\mathrm{C} \rightarrow {}^{9}_{4}\mathrm{Be} + {}^{4}_{2}\mathrm{He}$ gilt:

$$Q = (m_A(\mathrm{C13}) - m_A(\mathrm{Be9}) - m_A(\mathrm{He4})) \cdot c^2$$
Q = „Masse links minus Masse rechts" · c^2

$$= (13{,}003355\ \mathrm{u} - 9{,}012182\ \mathrm{u} - 4{,}002603\ \mathrm{u}) \cdot c^2$$
Zahlenwerte aus der Formelsammlung

$$= -0{,}01143\ \mathrm{u} \cdot c^2 = \mathbf{-10{,}65\ MeV}$$
$1\ \mathrm{u} \cdot c^2 = 931{,}49\ \mathrm{MeV}$

Der Zerfall ist endotherm und daher unmöglich.

Kernreaktionen können nur ablaufen, wenn eine Reihe von Erhaltungssätzen erfüllt sind. Während der Energieerhaltungssatz die Art der Reaktionspartner einschränkt, „regelt" der Impulserhaltungssatz ihre Geschwindigkeiten. Für das Aufstellen von **Impulsbilanzen** bei Kernreaktionen erweist es sich als hilfreich, die kinetische Energie eines Kernteilchens durch dessen Impuls auszudrücken:

$$\mathbf{E_{kin}} = \frac{1}{2} m \cdot v^2 = \frac{1}{2} \cdot \frac{m^2 \cdot v^2}{m} = \frac{1}{2} \cdot \frac{(m \cdot v)^2}{m} = \mathbf{\frac{p^2}{2m}}$$

Beispiel

Impulsbilanz bei einem α-Zerfall

Ein ruhender $^{223}_{88}$Ra-Kern kann sich unter Emission eines α-Teilchens in einen $^{219}_{86}$Rn-Kern umwandeln.

a) Begründen Sie, dass der Radonkern dabei einen Rückstoß erfährt.

Lösung:

Der $^{223}_{88}$Ra-Kern war vor dem Zerfall in Ruhe und hatte daher den Impuls null. Da beim Zerfall keine äußeren Kräfte wirken, ist der Gesamtimpuls des α-Teilchens und des $^{219}_{86}$Rn-Kerns nach dem Zerfall gemäß dem Impulserhaltungssatz ebenfalls null. Dies ist bei zwei Zerfallsprodukten nur möglich, wenn diese mit gleichen Impulsbeträgen in entgegengesetzter Richtung auseinanderfliegen.

b) Berechnen Sie die kinetischen Energien des α-Teilchens und des $^{219}_{86}$Rn-Kerns unmittelbar nach dem Zerfall, wenn $Q = 6{,}22$ MeV beträgt.

Lösung:

Bezeichnet p den gemeinsamen Impulsbetrag, so gilt:

$$E_{kin,\alpha} + E_{kin,Rn} = Q \qquad \text{Energieerhaltung}$$

$$\frac{p^2}{2m_\alpha} + \frac{p^2}{2m_{Rn}} = Q \qquad \text{Energie-Impuls-Beziehung; } p_\alpha = p_{Rn} = p$$

$$\Rightarrow \frac{p^2}{2} \cdot \left(\frac{1}{m_\alpha} + \frac{1}{m_{Rn}}\right) = Q \qquad \frac{p^2}{2} \text{ ausklammern}$$

$$\Rightarrow \frac{p^2}{2} \cdot \left(\frac{1}{4u} + \frac{1}{219u}\right) = Q \quad (*) \qquad m_\alpha \approx 4u;\ m_{Rn} \approx 219u$$

$$\Rightarrow \frac{p^2}{2u} \cdot \frac{223}{876} = Q \qquad \text{Klammer berechnen}$$

$$\Rightarrow \frac{p^2}{2u} = Q \cdot \frac{876}{223} \qquad \text{auf beiden Seiten mit } \frac{876}{223} \text{ multiplizieren}$$

$$= 6{,}22\ \text{MeV} \cdot \frac{876}{223}$$

$$= 24{,}4\ \text{MeV}$$

$$\Rightarrow E_{kin,\alpha} = \frac{1}{4} \cdot \frac{p^2}{2u} = \frac{24{,}4\ \text{MeV}}{4} = \mathbf{6{,}11\ MeV}$$

$$E_{kin,Rn} = \frac{1}{219} \cdot \frac{p^2}{2u} = \frac{24{,}4\ \text{MeV}}{219} = \mathbf{0{,}11\ MeV}$$

Energieanteile entsprechend der Teilchenmassen, vgl. (*)
(Probe: $E_{kin,\alpha} + E_{kin,Rn} = Q$)

Aufgaben

176. Aus Lithium sollen durch Beschuss mit Deuteriumkernen α-Teilchen erzeugt werden.

a) Ergänzen Sie die Reaktionsgleichung $^{6}_{3}\text{Li}(\text{d} \ldots) \ldots$

b) Berechnen Sie den Q-Wert.

c) Entscheiden Sie, ob sich Lithium tatsächlich als α-Quelle eignet.

177. Ein γ-Quant der Energie 2,45 MeV zerlegt ein ruhendes Deuteron in ein Proton und ein Neutron.

a) Geben Sie die zugehörige Reaktionsgleichung an.

b) Berechnen Sie die kinetische Gesamtenergie der Reaktionsprodukte.

178. Zeigen Sie mithilfe der angegebenen Atommassen, dass bei Ra223 ein α-Zerfall prinzipiell möglich und bei Tl203 unwahrscheinlich ist.

Ra223: 223,018526 u　　Rn219: 219,009248 u
Tl203: 202,972348 u　　Au199: 198,968761 u

179. Ar39 ist β-instabil. Untersuchen Sie mithilfe der angegebenen Atommassen durch Rechnung, welche Zerfallsart für Ar39 infrage kommt.

$^{35}_{16}\text{S}$: 34,969033 u; $^{39}_{18}\text{Ar}$: 38,964316 u; $^{39}_{19}\text{K}$: 38,963709 u; $^{39}_{17}\text{Cl}$: 38,968006 u

180. Bei der Reaktion $^{3}_{1}\text{H} + ^{3}_{1}\text{H} \rightarrow ^{4}_{2}\text{He} + 2 \cdot ^{1}_{0}\text{n}$ stoßen zwei Tritiumkerne mit je 0,5 MeV kinetischer Energie zentral und „frontal" zusammen. Berechnen Sie die kinetischen Energien der Neutronen und des α-Teilchens, wenn die beiden Neutronen mit dem gleichen Geschwindigkeitsbetrag in gleicher Richtung davonfliegen und die kinetische Gesamtenergie aller Teilchen nach der Reaktion 12,3 MeV beträgt.

181. Die beiden Diagramme zeigen, wie sich die Zerfallsenergie eines α-Zerfalls (Diagramm A) bzw. eines β^--Zerfalls (Diagramm B) auf die α-Teilchen bzw. Elektronen verteilt. Beschreiben und erklären Sie die Unterschiede.

Diagramm A

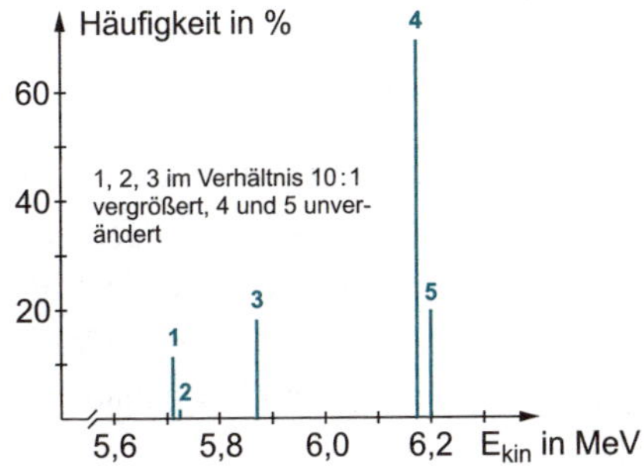

Diagramm B

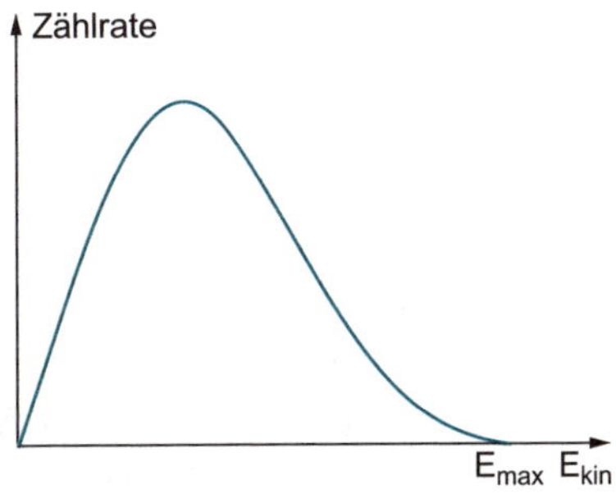

34 Entdeckung des Neutrons

Der große Unterschied zwischen der Massenzahl A und der Kernladungszahl Z von Atomkernen (z. B. bei Kohlenstoff A = 12 und Z = 6) löste schon vor 1920 Vermutungen aus, dass Atomkerne zusätzlich zu den Protonen auch Teilchen enthalten, die elektrisch neutral sind und deren Masse in etwa so groß wie die Protonenmasse ist. Es dauerte aber noch bis 1932, bis Chadwick den Existenzbeweis für Neutronen erbringen konnte.

Regel

Zerfall freier Neutronen

Freie Neutronen sind instabil. Sie zerfallen mit einer Halbwertszeit von 880 s gemäß der Gleichung

$${}^{1}_{0}\mathrm{n} \rightarrow {}^{1}_{1}\mathrm{p} + {}^{0}_{-1}\mathrm{e}^{-} + {}^{0}_{0}\overline{\nu}$$

in ein Proton, ein Elektron und ein Antineutrino, also durch β^{-}-Zerfall.

Es hat sich als zweckmäßig erwiesen, Neutronen nach ihren kinetischen Energien zu klassifizieren.

Definition

Neutronenklassifikation

Man spricht von

- schnellen Neutronen, wenn $E_{kin} \geq 1$ MeV;
- mittleren Neutronen, wenn 100 eV $\leq E_{kin} < 1$ MeV;
- langsamen Neutronen, wenn $E_{kin} < 100$ eV;
- thermischen Neutronen, wenn $E_{kin} < 0{,}1$ eV.

Als ungeladene Teilchen wechselwirken Neutronen beim Durchtritt durch Materie nicht mit der Elektronenhülle, sondern nur mit den Atomkernen, an denen sie meist elastisch oder unelastisch gestreut werden. Wegen der geringen Reichweite der Kernkräfte und der kleinen räumlichen Ausdehnung der Kerne sind solche Wechselwirkungen aber selten. Daher durchdringen auch energiearme Neutronen dicke Materieschichten auf regellosen Zickzack-Bahnen.

Beispiel

Begründen Sie, dass

a) Neutronen von normalen Zählrohren nicht angezeigt werden.

b) man mit einem Zählrohr, dessen Innenwand mit Paraffin (allgemeine chemische Summenformel C_nH_{2n+2}) ausgekleidet ist, schnelle Neutronen nachweisen kann.

c) man thermische Neutronen mit einem Zählrohr nachweisen kann, das mit einem borhaltigen Gas gefüllt ist.

Lösung:

a) Neutronen sind elektrisch neutral, können das Zählrohrgas daher nicht ionisieren und somit keine Gasentladungen erzeugen.

b) Ein Neutron kann bei einem Zusammenstoß auf einen Kern besonders viel Energie übertragen, wenn er die gleiche Masse besitzt, wenn es sich also um einen Wasserstoffkern handelt. Die ins Zählrohr eindringenden schnellen Neutronen ($E_{kin} \geq 1$ MeV) schlagen daher aus dem stark wasserstoffhaltigen Paraffin schnelle Protonen heraus, die als geladene Teilchen das Zählrohrgas ionisieren können und so vom Zählrohr angezeigt werden.

c) Die thermischem Neutronen reagieren mit den Borkernen des Gases (z. B. BF_3) gemäß

$${}^{10}_{5}B + {}^{1}_{0}n \rightarrow {}^{7}_{3}Li + {}^{4}_{2}He.$$

Die dabei entstehenden α-Teilchen können detektiert und damit die Neutronen indirekt nachgewiesen werden.

Neutronenstrahlung erlaubt aufgrund ihrer Eigenschaften (z. B. der hohen Durchdringungsfähigkeit) viele Anwendungsmöglichkeiten in Wissenschaft und Medizintechnik. Da freie Neutronen wegen ihrer Instabilität in der Natur kaum vorkommen, müssen sie in **künstlichen Neutronenquellen** erzeugt werden.

- Die ergiebigsten Neutronenquellen sind Kernreaktoren.
  Beispiel: Forschungsreaktor München II in Garching mit einer Produktionsrate von $1{,}5 \cdot 10^{18}$ Neutronen pro Sekunde.
- Für Schulneutronenquellen nutzt man die Reaktion
  $${}^{9}_{4}Be + {}^{4}_{2}He \rightarrow {}^{12}_{6}C + {}^{1}_{0}n.$$
  Man schließt hierfür ein Gemisch aus Radiumsulfat (α-Teilchen-Quelle) und Berylliumpulver in ein Metallröhrchen, durch dessen Wand nur die Neutronen nach außen treten können.
- Zur Erzeugung langsamer Neutronen benötigt man Moderatoren (z. B. zur Erzeugung thermischer Neutronen zur Auslösung von Kernspaltungen in Kernreaktoren, vgl. Kap. 35, S. 139).

Aufgaben

182. Begründen Sie, dass thermische Neutronen nicht mit paraffinausgekleideten Zählrohren nachgewiesen werden können.

183. Mit Borgas gefüllte Zählrohre eignen sich nicht zum Nachweis von schnellen Neutronen. Recherchieren Sie im Internet nach dem Grund hierfür.

35 Kernspaltung

1938 gelang es Lise Meitner, Otto Hahn und Fritz Straßmann, Urankerne durch Beschuss mit Neutronen zu spalten. Innerhalb weniger Jahre wurde diese Entdeckung militärisch zum Bau von Atombomben, später auch für friedliche Zwecke zum Bau von Kernreaktoren genutzt.

Modellhaft stellt man sich den **Ablauf einer Kernspaltung** folgendermaßen vor: Ein Neutron dringt in den Kern K ein. Kurzzeitig bildet sich ein hochangeregter Zwischenkern K*. Die beim Neutroneneinbau frei werdende Bindungsenergie und die vom Neutron mitgebrachte kinetische Energie versetzen den Zwischenkern in Schwingungen. Bei ausreichend starker Verformung schnürt er sich ein. Da an dieser „Einschnürstelle“ der Zusammenhalt nur durch die Kernkräfte einiger weniger Nukleonen bewirkt wird, können die längerreichweitigen, elektrostatischen Abstoßungskräfte zwischen den Protonen die Überhand gewinnen – es kommt zur Spaltung in zwei kleinere Kerne T_1, T_2. Die Spaltprodukte sind vielfältig. Selten sind ihre Massen gleich oder fast gleich, wesentlich häufiger verhalten sie sich wie 2 : 3.

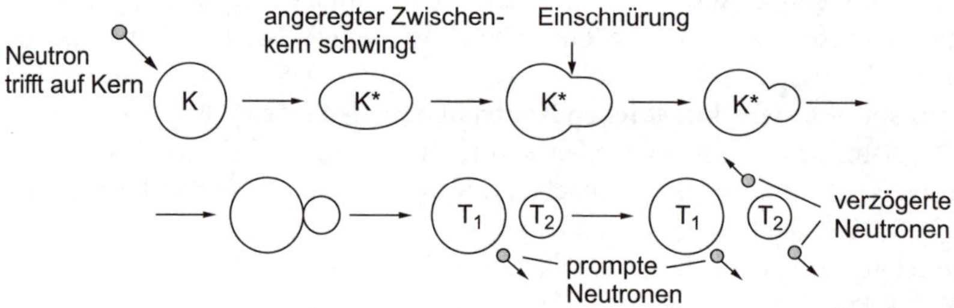

Bei der Spaltung eines schweren in zwei mittelschwere Kerne wird pro Nukleon ein Energiebetrag von ca. 1 MeV frei, da Nukleonen in mittelschweren Kernen um diesen Betrag stärker gebunden sind als in schweren Kernen (vgl. Kap. 19, S. 92 f.). Etwa 85 % dieser Energie tauchen in Form kinetischer Energien der beiden Tochterkerne auf, die restlichen 15 % findet man als Anregungsenergien der Tochterkerne und als kinetische Energien der Neutronen.
Bei jeder Spaltung eines schweren Kerns werden im Mittel 2,5 schnelle Neutronen frei (vgl. Aufgabe 185), von denen ca. 99 % unmittelbar mit der Spaltung freigesetzt werden. Sie heißen **prompte** Neutronen. Nur relativ selten erfolgt die Neutronenemission durch die Spaltprodukte mit messbaren Halbwertszeiten von 1 s bis 100 s. Solche Neutronen heißen **verzögert**.
Jedes dieser Neutronen ist nun prinzipiell in der Lage, seinerseits einen weiteren schweren Kern zu spalten und dabei im Mittel wieder 2,5 schnelle Neutronen freizusetzen usw. Dadurch steigt die Zahl der Neutronen und die Zahl der gespaltenen Kerne lawinenartig, man spricht von einer **Kettenreaktion**.

Wegen ihrer geringen Wechselwirkung mit Materie können Neutronen das Spaltmaterial verlassen, ohne eine Spaltung ausgelöst zu haben. Ist zu wenig Spaltmaterial vorhanden, sind diese Neutronenverluste so groß, dass eine Kettenreaktion nicht zustande kommt. Da die Oberfläche einer Kugel (und damit die Neutronenverluste durch die Oberfläche) mit dem Quadrat r^2 des Kugelradius wächst, während das Volumen (und damit die Zahl der Kerne, d. h. der potenziellen Neutronenquellen) mit r^3 zunimmt, gehen diese Verluste bei einem kugelförmigen Spaltmaterial mit wachsendem Kugelradius, relativ gesehen, zurück. Ab einer bestimmten Menge hält sich eine einmal gestartete Kettenreaktion selbst aufrecht. Die kleinste Masse, für die dies zutrifft, nennt man **kritische Masse**. Die kritische Masse lässt sich durch die Wahl eines geeigneten Spaltstoffs (vgl. Aufgabe 186 a) und durch Abbremsung (vgl. Aufgabe 186 b) der prompten Neutronen verringern.

Eine Neutronen abbremsende Substanz heißt **Moderator**. Ein guter Moderator sollte

- eine möglichst geringe Einfangswahrscheinlichkeit für Neutronen besitzen
- und die Abbremsung rasch bewerkstelligen.

Da ein Neutron beim Stoß auf einen Moderatorkern umso mehr Energie überträgt, je kleiner dessen Masse ist, wäre ^2_1H Deuterium der ideale Moderatorstoff. Aus Kostengründen verwendet man aber normalen Wasserstoff ^1_1H, der eine größere Tendenz zur Neutronenabsorption als ^2_1H aufweist, oder Kohlenstoff $^{12}_6C$.

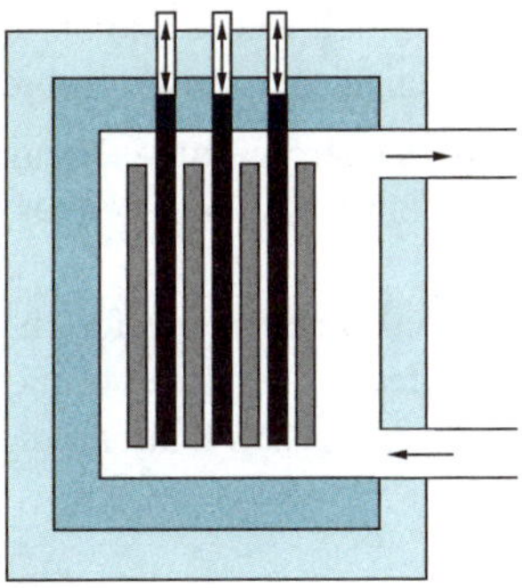

① Brennstoffstab
② Wasser (Kühlmittel und Moderator)
③ Neutronenreflektor
④ Regelstab
⑤ Abschirmung

Ein **Kernreaktor** ist eine Vorrichtung, in der die Kettenreaktion von außen her steuerbar abläuft. In Leistungsreaktoren erzeugt die bei der Kernspaltung frei werdende Energie Dampf zum Antrieb von Turbinen. Nach 60 Jahren technischer Entwicklung haben sich in Europa und Amerika bei den Leistungsreaktoren heterogene, wassermoderierte Reaktoren durchgesetzt, die nach folgendem Prinzip aufgebaut sind:

① Der **Brennstoff** ist in Form von Brennstäben in normales Wasser eingebettet.

② Dieses **Wasser** bremst als Moderator die aus den Brennstäben austretenden Spaltneutronen, nimmt als Kühlmittel die bei der Spaltung frei werdende Energie in Form von Wärme auf und führt sie, von Umwälzpumpen angetrieben, aus dem Reaktor ab.

③ Den aus Moderator und Brennstoffstäben bestehenden Reaktorkern umgibt ein **Neutronenreflektor**, der möglichst viele aus dem Reaktorkern entweichende Neutronen zurückstreuen soll.

④ Die aus neutronenabsorbierendem Material bestehenden **Regelstäbe** steuern je nach Einführtiefe den Neutronenfluss und damit die Kettenreaktion.

⑤ Reaktorkern und Reflektor werden zum Schutz der Außenwelt mit einem Neutronen- und γ-Strahlung **abschirmenden Material** umgeben.

Aufgaben

184. a) Die Spaltung des Uranisotops U235 erfolgt gemäß der Gleichung
$^{235}_{92}\text{U} + ^{1}_{0}\text{n} \rightarrow ^{90}_{36}\text{Kr} + ^{143}_{56}\text{Ba} + 3 \cdot ^{1}_{0}\text{n}$.
Schätzen Sie mithilfe des Q-Werts die hierbei freigesetzte Energie ab.
Atommassen: $m_A(\text{U235}) = 235{,}04394\ \text{u}$; $m_A(\text{Kr90}) = 89{,}919603\ \text{u}$; $m_A(\text{Ba143}) = 142{,}92055\ \text{u}$.

b) Vergleichen Sie: Wie viel Steinkohle (Heizwert $H = 8{,}25\ \frac{\text{kWh}}{\text{kg}}$) muss verbrannt werden, um ebenso viel Energie wie bei der Spaltung von 1 g U235 zu erzeugen?

185. Erklären Sie ohne Rechnung, warum bei der Spaltung eines schweren Kerns in zwei mittelschwere Kerne Neutronen frei werden.

186. Begründen Sie,

a) dass sich Kerne, die nur durch schnelle Neutronen gespalten werden können, nicht als Kernbrennstoffe eignen.

b) dass energieärmere Neutronen mit größerer Wahrscheinlichkeit mit einem Kern reagieren als energiereichere Neutronen.

187. In einem wassermoderierten Reaktor übernimmt das Wasser sowohl die Rolle des Moderators als auch die des Kühlmittels. Erläutern Sie, inwiefern dies in gewissem Umfang die Eigensteuerung des Reaktors ermöglicht.

36 Kernfusion

Sie haben in Kap. 19 erfahren, dass bei der Fusion leichter Kerne zu schwereren Kernen Energie freigesetzt wird. Ab 1920 vermutete man, dass Fusionsreaktionen für die Energieerzeugung in Sternen verantwortlich sind. 1939 veröffentlichte Hans Bethe verschiedene Mechanismen, wie diese Reaktionen in Sternen ablaufen könnten. Trotz größter Anstrengungen ist es aber bis jetzt nicht gelungen, einen künstlichen Fusionsreaktor zu bauen, in dem Fusionsreaktionen dauerhaft und von außen her steuerbar ablaufen.

Zur Einleitung eines Fusionsprozesses müssen sich die Reaktionspartner gegen die elektrische Abstoßung der positiv geladenen Kerne so weit nähern, dass die stärkeren anziehenden Kernkräfte mit ihrer kurzen Reichweite die Coulombkräfte übertreffen. Die hierfür erforderliche Energie liegt in der Größenordnung von Megaelektronenvolt (MeV) und kann mit technischen Beschleunigern realisiert werden; die dabei erzielte Anzahl an Kernfusionen ist aber für eine technische Nutzung zu gering.

Für die **kontrollierte Kernfusion** in einem Reaktor ist die **Deuterium-Tritium-Reaktion**

$${}^{2}_{1}\mathrm{H} + {}^{3}_{1}\mathrm{H} \rightarrow {}^{4}_{2}\mathrm{He} + {}^{1}_{0}\mathrm{n}$$

am günstigsten, weil

- sie die geringste Ausgangsenergie der Reaktionspartner erfordert,
- die dabei entstehenden schnellen Neutronen den Reaktor verlassen und Energie nach außen transportieren können,
- der Ausgangsstoff Deuterium in unbegrenzter Menge im Wasser vorhanden ist und das seltenere Tritium relativ einfach erbrütet werden kann,
- außer Tritium keine radioaktiven Stoffe entstehen.

Die zur Fusion vorgesehenen Teilchen müssen im Reaktor bei Temperaturen zwischen 10^8 und 10^9 K längere Zeit eingeschlossen werden. Dann würde die in ihrer Wärmebewegung steckende Energie zur Überwindung der Coulombabstoßung ausreichen. Die hieraus resultierenden **Hauptprobleme** bestehen darin,

- Vorrichtungen zu finden, welche die Teilchen bei so hohen Temperaturen für längere Zeit zusammenhalten,
- so hohe Temperaturen so lange zu erzeugen, dass der Fusionsprozess in Gang kommt.

In **Sternen** werden die abstoßenden Coulombkräfte durch die große Gravitation überwunden. Welche Kernfusionen ablaufen, hängt von der Temperatur und von der Art der vorhandenen Teilchen ab. Die drei wichtigsten **Fusionsprozesse** sind

- der Proton-Proton-Zyklus,
- die Helium-Reaktion,
- der C-N-O- oder Bethe-Weizsäcker-Zyklus.

Bei Temperaturen, die über $5 \cdot 10^6$ K liegen, wird der gesamte Sternkern zu einem Fusionsreaktor, in dem der **Proton-Proton-Zyklus (pp-Reaktion)** abläuft:

(1) $^{1}_{1}H + ^{1}_{1}H \rightarrow ^{2}_{1}H + e^{+} + \nu + 1{,}19\ MeV$

(2) $^{2}_{1}H + ^{1}_{1}H \rightarrow ^{3}_{2}He + \gamma + 5{,}49\ MeV$

Jeweils 2 der auf diese Weise gebildeten He3-Kerne vereinigen sich zu einem He4-Kern:

(3) $^{3}_{2}He + ^{3}_{2}He \rightarrow ^{4}_{2}He + 2 \cdot ^{1}_{1}H + 12{,}85\ MeV$

Die pp-Reaktion spielt bei der Energieerzeugung unserer Sonne eine entscheidende Rolle.

Bei Temperaturen zwischen $1{,}2 \cdot 10^7$ K und $1{,}7 \cdot 10^7$ K tritt neben die pp-Reaktion der **Bethe-Weizsäcker-** oder **C-N-O-Zyklus**:

(1) $^{12}_{6}C + ^{1}_{1}p \rightarrow ^{13}_{7}N + \gamma + 1{,}95\ MeV$

(2) $^{13}_{7}N \rightarrow ^{13}_{6}C + ^{0}_{1}e^{+} + \nu + 1{,}19\ MeV$

(3) $^{13}_{6}C + ^{1}_{1}p \rightarrow ^{14}_{7}N + \gamma + 7{,}55\ MeV$

(4) $^{14}_{7}N + ^{1}_{1}p \rightarrow ^{15}_{8}O + \gamma + 7{,}35\ MeV$

(5) $^{15}_{8}O \rightarrow ^{15}_{7}N + ^{0}_{1}e^{+} + \nu + 1{,}68\ MeV$

(6) $^{15}_{7}N + ^{1}_{1}p \rightarrow ^{12}_{6}C + ^{4}_{2}He + 4{,}96\ MeV$

Der Kohlenstoff ist am Ende des Zyklus wieder in der ursprünglichen Form vorhanden.
Steigt die Zentraltemperatur eines Sterns über 10^8 K, beginnt die **Umwandlung von Helium in Kohlenstoff (Heliumbrennen)**:

(1) $^{4}_{2}He + ^{4}_{2}He \rightarrow ^{8}_{4}Be - 0{,}094\ MeV$

(2) $^{8}_{4}Be + ^{4}_{2}He \rightarrow ^{12}_{6}C + 7{,}40\ MeV$

Ein kleiner Teil der C12-Kerne reagiert mit He4-Kernen. Dabei wird Sauerstoff gebildet:

$^{12}_{6}Ce + ^{4}_{2}He \rightarrow ^{16}_{8}O + 4{,}92\ MeV$

Aufgaben **188.** Betrachten Sie die Fusionsreaktion ${}_{1}^{2}H + {}_{1}^{3}H \rightarrow {}_{2}^{4}He + {}_{0}^{1}n$.

a) Berechnen Sie die bei der Fusionsreaktion frei werdende Energie.

b) Mit Beschleunigern erreicht man pro Sekunde höchstens 10^9 Fusionsreaktionen. Berechnen Sie die dabei freigesetzte Leistung und bewerten Sie Ihr Ergebnis.

c) Bestimmen Sie die Energie (in MWh), die freigesetzt würde, wenn alle in 1 g Deuterium enthaltenen Kerne mit der entsprechenden Anzahl von Tritiumkernen nach der Fusionsreaktion fusionieren würden.

d) Vergleichen Sie die Energieausbeute der Deuterium-Tritium-Fusion mit derjenigen der U235-Spaltung (vgl. Aufgabe 184).

e) Da Tritium in der Natur nur sehr beschränkt vorkommt, muss es künstlich erzeugt werden. Da beim Beschuss von Li6 mit Neutronen Tritium entsteht, ist es möglich, das benötigte Tritium durch die Neutronen, die bei der Fusionsreaktion frei werden, zu erbrüten.
Geben Sie die entsprechende Reaktionsgleichung an.

189. In Sternen läuft bei Temperaturen zwischen $1{,}2 \cdot 10^7$ K und $1{,}7 \cdot 10^7$ K der Bethe-Weizsäcker-Zyklus ab:

(1) ${}_{6}^{12}C + {}_{1}^{1}p \rightarrow {}_{7}^{13}N + \gamma$ (2) ${}_{7}^{13}N \rightarrow {}_{6}^{13}C + {}_{1}^{0}e^{+} + \nu$

(3) ${}_{6}^{13}C + {}_{1}^{1}p \rightarrow {}_{7}^{14}N + \gamma$ (4) ${}_{7}^{14}N + {}_{1}^{1}p \rightarrow {}_{8}^{15}O + \gamma$

(5) ${}_{8}^{15}O \rightarrow {}_{7}^{15}N + {}_{1}^{0}e^{+} + \nu$ (6) ${}_{7}^{15}N + {}_{1}^{1}p \rightarrow {}_{6}^{12}C + {}_{2}^{4}He$

a) Berechnen Sie, wie viel Energie insgesamt frei wird, wenn die 6 Reaktionen nacheinander in der angegebenen Reihenfolge ablaufen.

Hinweis: Sie können sich durch Nachdenken viel Rechenarbeit sparen.

b) Erläutern Sie, inwiefern C12 die Rolle eines Katalysators übernimmt.

c) Pro m^2 und Sekunde trifft von unserer Sonne auf der Erde die Energie 1,4 kJ ein. Berechnen Sie die Masse, die demnach die Sonne pro Sekunde durch die Fusionsprozesse verliert.

d) 5 % der Sonnenmasse bestehen heute aus Helium. Bei ihrer „Geburt" enthielt die Sonne kein Helium.
Berechnen Sie hieraus das Alter der Sonne, wenn ihre Strahlungsleistung während ihres gesamten bisherigen „Lebens" als konstant vorausgesetzt wird.

37 Anwendungen in Natur und Technik

Die Anwendungen der Radioaktivität in Wissenschaft, Forschung, Medizin und Technik sind zahlreich. In diesem Abschnitt werden mehrere Möglichkeiten aufgezeigt, wie man mithilfe von Radionukliden das **Alter** von organischen und anorganischen Substanzen bestimmen kann. Das bekannteste Verfahren ist die von Willard F. Libby entwickelte Radiokarbonmethode, für die Libby 1960 den Nobelpreis für Chemie erhielt.

Altersbestimmung bei anorganischen Substanzen

Zerfällt ein Nuklid A radioaktiv mit bekannter Halbwertszeit T in ein stabiles Nuklid B und waren bei der Entstehung eines Gesteins nur Nuklide der Sorte A, aber keine der Sorte B vorhanden, so lässt sich das Alter t des Gesteins aus dem momentan in einer Gesteinsprobe vorliegenden Zahlenverhältnis $N_B : N_A$ von Nukliden der Sorte B und der Sorte A bestimmen. Es gilt:

$$\mathbf{t = \frac{T}{\ln 2} \cdot \ln\left(1 + \frac{N_B}{N_A}\right)}$$

Begründung der Formel:

$\frac{N_B(t)}{N_A(t)} = \frac{N_A(0) - N_A(t)}{N_A(t)}$	In der Zeit t wandeln sich $N_A(0) - N_A(t)$ Nuklide der Sorte A in Nuklide der Sorte B um.
$= \frac{N_A(0) - N_A(0) \cdot e^{-\lambda \cdot t}}{N_A(0) \cdot e^{-\lambda \cdot t}}$	Zerfallsgesetz für Nuklide der Sorte A: $N_A(t) = N_A(0) \cdot e^{-\lambda \cdot t}$
$= \frac{1 - e^{-\lambda \cdot t}}{e^{-\lambda \cdot t}}$	durch $N_A(0)$ kürzen
$= e^{\lambda \cdot t} - 1$	Zähler und Nenner mit $e^{\lambda \cdot t}$ multiplizieren und $e^{-\lambda \cdot t} \cdot e^{\lambda \cdot t} = 1$ beachten
$= e^{\frac{\ln 2}{T} \cdot t} - 1$	$\lambda = \frac{\ln 2}{T}$
$\Rightarrow \quad \frac{N_B(t)}{N_A(t)} + 1 = e^{\frac{\ln 2}{T} \cdot t}$	auf beiden Seiten 1 addieren
$\Rightarrow \quad \ln\left(\frac{N_B(t)}{N_A(t)} + 1\right) = \frac{\ln 2}{T} \cdot t$	auf beiden Seiten logarithmieren
$\Rightarrow \quad \frac{T}{\ln 2} \cdot \ln\left(\frac{N_B(t)}{N_A(t)} + 1\right) = t$	auf beiden Seiten mit T multiplizieren und durch ln 2 dividieren

Altersbestimmung bei organischen Substanzen

Die Radiokarbonmethode nutzt aus, dass die kosmische Strahlung in der Atmosphäre Neutronen freisetzt, die mit den Stickstoffkernen der Luft über die Reaktion

$${}^{14}_{7}N + {}^{1}_{0}n \rightarrow {}^{14}_{6}C + {}^{1}_{1}p$$

den β^--Strahler C14 erzeugen. Wenn sich die kosmische Strahlung nicht geändert hat, so ist aufgrund des Zerfalls und der Neuentstehung des C14 vor langer Zeit ein Gleichgewicht entstanden. Das Zahlenverhältnis $N_{C12} : N_{C13} : N_{C14}$ der in der Natur noch vorkommenden stabilen Kohlenstoffisotope C12 und C13 zum instabilen Isotop C14 ist mit

98,9 : 1,1 : 0,00000000001

heute genauso groß wie vor langer Zeit. In allen lebenden Organismen betrug und beträgt dann – wegen der stoffwechselbedingten Aufnahme von Kohlenstoff – das Verhältnis von C14- zu C13-Kernen stets $k_0 = 0{,}00000000001 : 1{,}1$. Nach ihrem Tod wird es aber wegen der fehlenden Aufnahme von Kohlenstoff und des Zerfalls des C14 kleiner. Aus dem in einem toten Organismus gefundenen Verhältnis $k = N_{C14} : N_{C13}$ und der bekannten Halbwertszeit T = 5 730 a von C14 lässt sich berechnen, dass der Organismus vor

$$\mathbf{t = \frac{5\,730}{\ln 2} \cdot \ln \frac{k_0}{k}\ \text{Jahren}}$$

gestorben ist. Die Messung von k erfolgt entweder über eine direkte Bestimmung der Anzahlen der vorhandenen Kohlenstoffisotope (z. B. über Massenspektrometer) oder über eine Aktivitätsmessung (z. B. über spezielle Zählrohre).

Begründung der Formel:

$$N_{C14}(t) = N_{C14}(0) \cdot e^{-\lambda \cdot t}$$ Zerfallsgesetz

$$\Rightarrow \quad \frac{N_{C14}(t)}{N_{C14}(0)} = e^{-\lambda \cdot t}$$ auf beiden Seiten durch $N_{C14}(0)$ dividieren

$$\Rightarrow \quad \ln\left(\frac{N_{C14}(t)}{N_{C14}(0)}\right) = -\lambda \cdot t$$ auf beiden Seiten logarithmieren; $\ln(e^{-x}) = -x$ beachten

$$\Rightarrow \quad t = \frac{1}{-\lambda} \cdot \ln\left(\frac{N_{C14}(t)}{N_{C14}(0)}\right)$$ auf beiden Seiten durch $-\lambda$ dividieren; Seiten tauschen

$$= \frac{T}{-\ln 2} \cdot \ln\left(\frac{N_{C14}(t)}{N_{C14}(0)}\right)$$ $\lambda = \frac{\ln 2}{T}$

$$= \frac{T}{\ln 2} \cdot \ln\left(\frac{N_{C14}(0)}{N_{C14}(t)}\right)$$ $\ln(\frac{a}{b}) = -\ln(\frac{b}{a})$

$$= \frac{T}{\ln 2} \cdot \ln\left(\frac{\frac{N_{C14}(0)}{N_{C13}(0)}}{\frac{N_{C14}(t)}{N_{C13}(0)}}\right)$$ Zähler und Nenner durch $N_{C13}(0)$ dividieren

$$= \frac{T}{\ln 2} \cdot \ln\left(\frac{k_0}{k}\right)$$ $k_0 = \frac{N_{C14}(0)}{N_{C13}(0)}$; $k = \frac{N_{C14}(t)}{N_{C13}(0)}$

$$= \frac{5\,730\ a}{\ln 2} \cdot \ln\left(\frac{k_0}{k}\right)$$ T = 5 730 a

Aufgaben

190. Das Kalium-Argon-Alter

Das Diagramm zeigt den Zerfall des in der Natur vorkommenden Kalium-Isotops K40.

Eine chemische Analyse ergibt in einem Gestein ein Zahlenverhältnis von K40-Nukliden zu Ar40-Nukliden von 9 524 : 1.

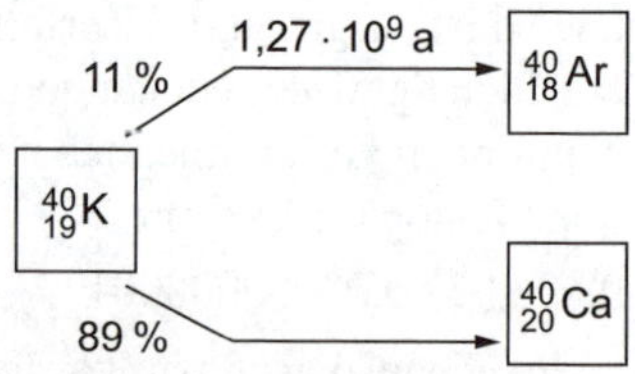

a) Ermitteln Sie, vor wie vielen Jahren sich das Gestein gebildet hat.

b) Begründen Sie, dass der Zerfall $^{40}_{19}\text{K} \rightarrow {}^{40}_{20}\text{Ca}$ für die Altersbestimmung unbrauchbar ist.

Hinweis: Recherchieren Sie hierzu die Häufigkeit, mit der Kalzium in der Erdkruste vorkommt.

191. Das Uran-Blei-Alter

U238 zerfällt radioaktiv über mehrere Zwischenstufen in das stabile Bleiisotop Pb206.

a) Berechnen Sie unter der Annahme, dass U238 mit der Halbwertszeit $T = 4{,}5 \cdot 10^9$ a direkt in Pb206 zerfällt, das Alter eines Gesteins, in dem das Verhältnis der Uran- zur Bleimasse m(U238) : m(Pb206) = 6,825 beträgt.

b) Inwiefern ist die Annahme des direkten Zerfalls gerechtfertigt? Zeigen Sie, dass das „wirkliche Alter" größer als das errechnete ist.

192. Variante der Radiokarbonmethode

a) Die Halbwertszeit von C14 beträgt T = 5 730 a. 1 g natürlichen Kohlenstoffs weist eine Aktivität von $15{,}3\,\frac{1}{\text{min}}$ auf. Der Kohlenstoffanteil einer Holzprobe beträgt 25 g und hat eine Aktivität von $1{,}35\,\frac{1}{\text{s}}$.
Berechnen Sie, vor wie vielen Jahren das Holz abgestorben ist.

b) Begründen Sie, dass die Radiokarbonmethode bei Holz versagt, das neben einer stark befahrenen Straße gewachsen ist.

193. Alter der Erde

In natürlichem Uran treffen heute auf ein U235-Nuklid (Halbwertszeit $7{,}0 \cdot 10^8$ a) 140 U238-Nuklide (Halbwertszeit $4{,}5 \cdot 10^9$ a).

a) Nehmen Sie an, dass bei der Entstehung der Erde beide Isotope gleich häufig vorhanden gewesen sind, und berechnen Sie unter dieser Annahme das Erdalter.

b) Recherchieren Sie das tatsächliche Erdalter, vergleichen Sie mit Ihrem Ergebnis und bewerten Sie die in Teilaufgabe a getroffene Annahme.

Lösungen

Alle Aufgaben gelöst?

Falls ja: Gratulation! Sie finden auf den folgenden Seiten alle korrekten Antworten und Lösungen zu den Aufgaben des Buches und können so Ihre Ergebnisse kontrollieren.

Falls nein: Kein Beinbruch. Zum einen finden Sie im Lösungsteil ausführliche Rechen- und Lösungswege, die Ihnen Schritt für Schritt zeigen, wie Sie zur korrekten Lösung gelangen. Zum anderen befinden Sie sich mit der Erkenntnis, dass speziell die Quantenphysik und ihre Aussagen oft doch sehr seltsam erscheinen (Bild), in guter Gesellschaft: Von Richard Feynman, der für seine Arbeiten zur Quantenelektrodynamik mit dem Physiknobelpreis ausgezeichnet wurde, stammt der Satz: „[…] Auf der anderen Seite denke ich, es ist sicher zu sagen, niemand versteht Quantenmechanik.“ Und der junge Max Born, der die Quantenmechanik später statistisch interpretierte und dafür ebenfalls den Nobelpreis erhielt, kam in einem Brief an Albert Einstein zu dem Schluss: „Die Quanten sind eine hoffnungslose Schweinerei.“

1. *Befund 2:* Im Wellenmodell ist die von einer Lichtwelle transportierte Energie proportional zum Quadrat der Wellenamplitude. Die kinetische Energie eines Fotoelektrons, welche gleich der um die Auslösearbeit verminderten, vom Licht auf das Elektron übertragenen Energie ist, müsste daher von der Lichtintensität abhängen und nicht – wie beobachtet – von der Frequenz.

Befund 3: Nach dem Wellenmodell transportiert auch Licht, dessen Frequenz kleiner als die Grenzfrequenz ist, Energie auf die Metalloberfläche. Nach Verstreichen einer angemessenen „Sammelzeit" müsste ein potenzielles Fotoelektron daher auch aus einer solchen Lichtwelle genügend Energie gesammelt haben, um aus der Metalloberfläche austreten zu können – im Widerspruch zur experimentellen Beobachtung.

2. *Befund 2:* Nach dem Photonenmodell gilt für die kinetische Energie eines Fotoelektrons die Einsteingleichung $E_{kin} = h \cdot f - W_A$. E_{kin} hängt demnach nicht von der Intensität des auftreffenden Lichts ab und ist umso größer (kleiner), je größer (kleiner) die Frequenz des Lichts ist.

Befund 3: Je nachdem, ob die Energie $h \cdot f$ des einfallenden Photons größer oder kleiner als die Austrittsarbeit W_A ist, kann es ein Fotoelektron auslösen ($E_{kin} > 0$) oder nicht. Für die Grenzfrequenz f_G folgt demnach:

$$E_{kin} > 0 \quad \Leftrightarrow \quad h \cdot f - W_A > 0 \quad \Leftrightarrow \quad f > \frac{W_A}{h} = f_G$$

3. a) Berechnung der Querschnittsfläche A eines Cs-Atoms:
$A = r^2 \cdot \pi = (2{,}50 \cdot 10^{-10}\ \text{m})^2 \cdot \pi = 1{,}96 \cdot 10^{-19}\ \text{m}^2$

Die auf diese $1{,}96 \cdot 10^{-19}\ \text{m}^2$ eintreffende Leistung P_A (Energie E_A pro s) erhält man aus einer Verhältnisrechnung:

$$\frac{P_A}{A} = \frac{1{,}00 \cdot 10^{-7}\ \frac{\text{J}}{\text{s}}}{10^{-6}\ \text{m}^2}$$

$$\Rightarrow \quad P_A = 0{,}10\ \frac{\text{J}}{\text{s} \cdot \text{m}^2} \cdot A = 0{,}10\ \frac{\text{J}}{\text{s} \cdot \text{m}^2} \cdot 1{,}96 \cdot 10^{-19}\ \text{m}^2 = \mathbf{1{,}96 \cdot 10^{-20}\ \frac{J}{s} = 0{,}12\ \frac{eV}{s}}$$

Pro Sekunde trifft Licht der Energie 0,12 eV auf das Cäsiumatom.

b) Für die Auslösezeit t_A gilt:

$$t_A = \frac{W_A}{P_A} = \frac{1{,}94\ \text{eV}}{0{,}12\ \frac{\text{eV}}{\text{s}}} = \mathbf{16{,}2\ s}$$

c) Die in b berechnete endliche Auslösezeit von $t_A = 16{,}2\ \text{s}$ widerspricht der experimentellen Beobachtung eines spontan einsetzenden Fotostroms. Für die Berechnung von t_A wurde dabei die klassische Vorstellung des Wellenmodells zugrunde gelegt, dass sich die Energie der auf die Fotoschicht treffenden Lichtwelle gleichmäßig über die Auftrefffläche verteilt.

4. In 60 s strahlt die Lichtquelle die Energie $0{,}5 \cdot 10^{-3}\,\frac{\mathrm{J}}{\mathrm{s}} \cdot 60\,\mathrm{s} = 0{,}03\,\mathrm{J}$ ab. Bezeichnet N die gesuchte Anzahl aller abgestrahlten Photonen, so werden 0,35 N Photonen der Frequenz f_1 und 0,65 N Photonen der Frequenz f_2 abgestrahlt.

$$0{,}35\,N \cdot h \cdot f_1 + 0{,}65\,N \cdot h \cdot f_2 = 0{,}03\,\mathrm{J}$$

$$N \cdot h \cdot (0{,}35 \cdot f_1 + 0{,}65 \cdot f_2) = 0{,}03\,\mathrm{J} \qquad N \cdot h \text{ ausklammern}$$

$$N = \frac{0{,}03\,\mathrm{J}}{(0{,}35 \cdot 4{,}6 + 0{,}65 \cdot 7{,}3) \cdot 10^{14}\,\mathrm{Hz} \cdot 6{,}63 \cdot 10^{-34}\,\mathrm{Js}} = \mathbf{7{,}1 \cdot 10^{16}} \qquad \text{nach N umstellen und Zahlenwerte einsetzen}$$

5. *Versuchsaufbau:*

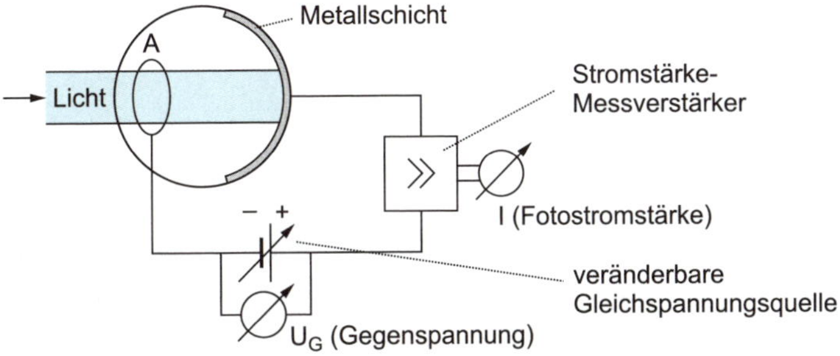

Durchführung: Das Licht einer Quecksilberdampflampe trifft auf die Metallschicht einer Fotozelle, ohne die ringförmige Anode zu treffen. Nacheinander werden Filter, die jeweils nur Licht einer Frequenz des Quecksilberdampflampenlichts passieren lassen, in den Strahlengang gebracht. Jedes Mal stellt man die Gegenspannung U_G so ein, dass der Fotostrom gerade zum Erliegen kommt.

Messungen: Mittels der Filterbeschriftung bestimmt man die Frequenzen f_1, f_2, f_3, f_4 des durchgelassenen Lichts, mittels des Voltmeters die eingestellten Gegenspannungen U_1, U_2, U_3, U_4.

Auswertung: $e \cdot U_G$ ist die kinetische Energie E_{kin} der schnellsten Fotoelektronen unmittelbar nach Verlassen der Fotokathode. In einem f-($e \cdot U_G$)-Diagramm werden die Messwertepaare ($f \mid e \cdot U_G$) eingetragen. Die Punkte liegen auf einer Geraden. Demnach gilt: $E_{kin} = m \cdot f + t$, wobei m die Steigung der Geraden und t ihr y-Achsenabschnitt ist. Zur Bestätigung der Einsteingleichung weist man mithilfe des Diagramms nach, dass $m = h$ und $t = -W_A$ ist.

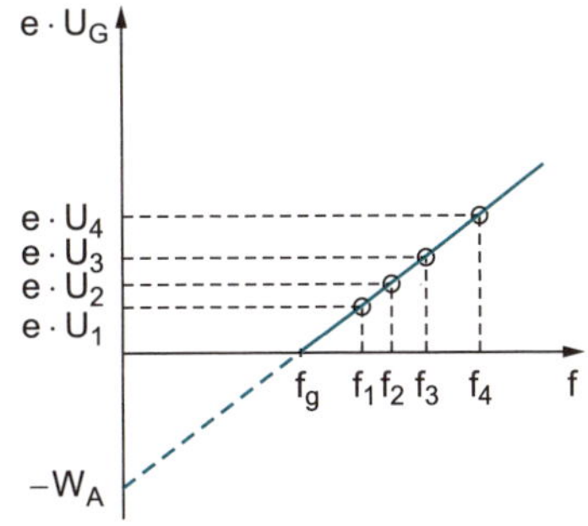

6.

$E_{kin} = h \cdot f - W_A$	Einsteingleichung
$\frac{1}{2} m \cdot v^2 = h \cdot f - W_A$	Formel für kinetische Energie: $E_{kin} = \frac{1}{2} m \cdot v^2$
$\frac{1}{2} m \cdot v^2 = h \cdot \frac{c}{\lambda} - W_A$	Grundgleichung der Wellenlehre: $c = \lambda \cdot f$
$v^2 = \frac{2 \cdot \left(h \cdot \frac{c}{\lambda} - W_A\right)}{m}$	auf beiden Seiten mit 2 multiplizieren, durch m dividieren
$v = \sqrt{\frac{2 \cdot \left(h \cdot \frac{c}{\lambda} - W_A\right)}{m}}$	auf beiden Seiten radizieren
$= \sqrt{\frac{2 \cdot \left(4{,}14 \cdot 10^{-15}\,\text{eVs} \cdot \frac{3{,}0 \cdot 10^{8}\,\frac{\text{m}}{\text{s}}}{404{,}7 \cdot 10^{-9}\,\text{m}} - 1{,}94\,\text{eV}\right)}{9{,}1 \cdot 10^{-31}\,\text{kg}}}$	Zahlenwerte einsetzen
$= \sqrt{\frac{2{,}25\,\text{eV} \cdot 1{,}6 \cdot 10^{-19}\,\frac{\text{J}}{\text{eV}}}{9{,}1 \cdot 10^{-31}\,\text{kg}}} = \mathbf{6{,}3 \cdot 10^{5}\,\frac{m}{s}}$	$1\,\text{eV} = 1{,}6 \cdot 10^{-19}\,\text{J}$

7. Da die kinetische Energie von Fotoelektronen null ist, wenn sie von Licht der Grenzfrequenz f_G ausgelöst werden, folgt aus der Einsteingleichung:

$$0 = h \cdot f_G - W_A$$

$h \cdot f_G = W_A$	auf beiden Seiten W_A addieren und Seiten umstellen
$f_G = \frac{W_A}{h}$	auf beiden Seiten durch h dividieren
$= \frac{4{,}57\,\text{eV}}{4{,}14 \cdot 10^{-15}\,\text{eVs}} = \mathbf{1{,}1 \cdot 10^{15}\,Hz}$	Zahlenwerte einsetzen

8. Die kinetische Energie, mit der ein Fotoelektron aus der Metalloberfläche austritt, wird im elektrischen Gegenfeld in elektrische Transportarbeit umgewandelt. Daher gilt:

$e \cdot U_G = E_{kin}$	Energiebilanz
$= h \cdot f - W_A$	Einsteingleichung
$\Rightarrow U_G = \frac{h \cdot f - W_A}{e}$	auf beiden Seiten durch e dividieren
$= \frac{4{,}14 \cdot 10^{-15}\,\text{eVs} \cdot 7{,}4 \cdot 10^{14}\,\text{Hz} - 1{,}94\,\text{eV}}{e} = \mathbf{1{,}1\,V}$	Zahlenwerte einsetzen

9.

$W_A = h \cdot f_G$	vgl. Aufgabe 7
$= 4{,}14 \cdot 10^{-15}\,\text{eVs} \cdot 1{,}2 \cdot 10^{15}\,\text{Hz} = \mathbf{5{,}0\,eV}$	Zahlenwerte einsetzen

10. Wenn Sie beide Frequenzen und Gegenspannungen in die Einsteingleichung einsetzen, erhalten Sie ein Gleichungssystem mit den Unbekannten h und W_A:

$h \cdot f_1 = e \cdot U_1 + W_A \quad (1)$

$h \cdot f_2 = e \cdot U_2 + W_A \quad (2)$

Die Unbekannte W_A eliminiert man, indem man z. B. die 2. Gleichung von der 1. subtrahiert. Aus der resultierenden Gleichung lässt sich h ermitteln:

$$h \cdot f_1 - h \cdot f_2 = e \cdot U_1 - e \cdot U_2 \qquad (1)-(2)$$

$$h \cdot (f_1 - f_2) = e \cdot U_1 - e \cdot U_2 \qquad \text{Ausklammern von h}$$

$$h = \frac{e \cdot U_1 - e \cdot U_2}{f_1 - f_2} \qquad \text{auf beiden Seiten durch } f_1 - f_2 \text{ dividieren}$$

$$= \frac{e \cdot 1{,}33\ \text{V} - e \cdot 1{,}00\ \text{V}}{(8{,}2 - 7{,}4) \cdot 10^{14}\ \text{Hz}} = \mathbf{4{,}13 \cdot 10^{-15}\ eVs} \qquad \text{Einsetzen der Zahlenwerte}$$

11. a) Die Verbindungsgerade der Punkte A und B schneidet nach der Einsteingleichung

- die f-Achse in f_G und
- die E_{kin}-Achse in W_A.

Dem Diagramm entnimmt man:

$W_A = \mathbf{1{,}9\ eV}$; $\quad f_G = \mathbf{0{,}5 \cdot 10^{15}\ Hz}$

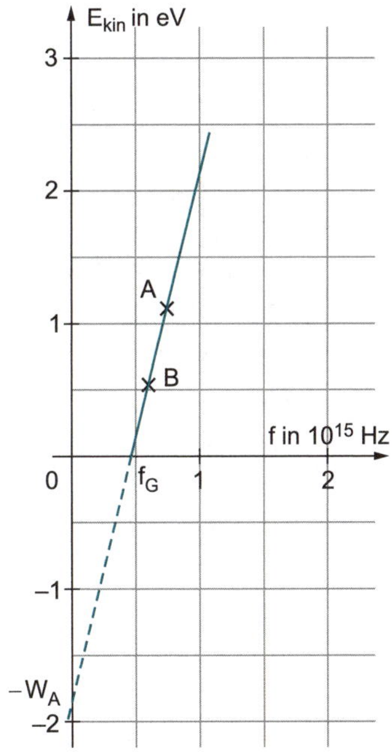

b) Für die Planck-Konstante gilt (vgl. Aufgaben 7 und 9):

$$W_A = h \cdot f_G$$

$$\Rightarrow \quad h = \frac{W_A}{f_G}$$

$$= \frac{1{,}9\ \text{eV}}{0{,}5 \cdot 10^{15}\ \frac{1}{\text{s}}} = \mathbf{3{,}8 \cdot 10^{-15}\ eVs}$$

Anmerkung: Der recht große Messfehler (8 % Abweichung vom Literaturwert) ist auf die kleine Datenbasis von nur zwei Messwertepaaren zurückzuführen.

12. Die allmähliche Abnahme des Fotostroms hat **zwei Ursachen**:

- Nicht alle Elektronen treten parallel zur Feldrichtung aus der Fotokathode aus. Je schräger ein Elektron die Fotokathode gegen die Richtung des Gegenfelds verlässt, desto kleiner ist seine Geschwindigkeitskomponente parallel zur Feldrichtung. Solche Elektronen können daher die Anode bereits bei kleineren Gegenspannungen nicht mehr erreichen.

- Das Licht löst die Fotoelektronen aus unterschiedlichen Tiefen der Metallschicht aus. Je näher zur Oberfläche die Auslösestelle eines Fotoelektrons liegt, desto größer ist sein Geschwindigkeitsbetrag, desto höher ist die zum vollständigen Abbremsen erforderliche Gegenspannung.

13. a) Blaues Licht hat eine größere Frequenz als gelbes. Wegen $E_{Ph} = h \cdot f$ ist daher die Energie eines „blauen" Photons größer als die eines „gelben" Photons. Da die pro Zeiteinheit abgestrahlte Energie an blauem und gelbem Licht gleich ist, werden pro Zeiteinheit weniger „blaue" als „gelbe" Photonen abgestrahlt. Daher löst blaues Licht pro Zeiteinheit weniger Fotoelektronen aus als gelbes. Die **Fotostromstärke** ist **beim gelben Licht größer**.

b) Wenn die Fotostromstärken gleich sind, treffen von beiden Lichtern pro Zeiteinheit gleich viele Photonen auf die Fotokathode. Da die „blauen" Photonen aber mehr Energie transportieren als „gelbe", fällt pro Zeiteinheit mehr Energie in Form von blauem als von gelbem Licht auf die Fotokathode. Die **Lichtleistung** ist **beim blauen Licht größer**.

14. a) Die **Fotostromstärke wird vier Mal so groß**, da die Lichtintensität umgekehrt proportional zum Quadrat des Abstands von der Lichtquelle ist. Die **kinetische Energie bleibt gleich**, weil sie nur von der Frequenz f des Lichts abhängt und eine Änderung des Abstands der Lichtquelle von der Fotozelle die Frequenz f nicht beeinflusst.

b) Die **Fotostromstärke** sinkt auf die Hälfte, weil aufgrund der angegebenen Geometrie des rotierenden Zahnrads die Intensität des auf die Fotoschicht treffenden Lichts halbiert wird.
Die **kinetische Energie bleibt gleich**, weil sich die Frequenz des durchgelassenen Lichts nicht ändert.

c) Gleiche Wirkung wie bei b: Die **Fotostromstärke sinkt auf die Hälfte**, weil die Intensität des auf die Fotoschicht treffenden Lichts halbiert wird. Die **kinetische Energie bleibt gleich**, weil sich die Frequenz des durchgelassenen Lichts nicht ändert.

15. a) Berechnung von N:

$$N \cdot h \cdot f = 1{,}00\ W$$

N mal E_{Ph} ergibt die pro Sekunde auftreffende Energie von 1,00 J.

$$\Rightarrow \quad N = \frac{1{,}00\ W}{h \cdot f}$$

auf beiden Seiten durch h · f dividieren

$$= \frac{1\ W}{6{,}63 \cdot 10^{-34}\ Js \cdot 5{,}65^{14}\ Hz} = \mathbf{2{,}7 \cdot 10^{18}\ \frac{1}{s}}$$

Zahlenwerte einsetzen

b) Berechnung der Anzahl Z der pro Sekunde ausgelösten Fotoelektronen:

$$Z = \frac{2{,}7 \cdot 10^{18}\ \frac{1}{s}}{10^7} = 2{,}7 \cdot 10^{11}\ \frac{1}{s}$$

Nur jedes zehnmillionste Photon löst ein Elektron aus.

Berechnung der Fotostromstärke:

$$I = \frac{\Delta Q}{\Delta t}$$

Definition der Stromstärke

$$= Z \cdot e$$

Z · e: pro Sekunde ausgelöste Ladungsmenge

$$= 2{,}7 \cdot 10^{11}\ \frac{1}{s} \cdot 1{,}6 \cdot 10^{-19}\ As = \mathbf{4{,}3 \cdot 10^{-8}\ A}$$

Einsetzen der Zahlenwerte

16. a) Das blaue Licht löst aus der Messingplatte Fotoelektronen aus, die Platte lädt sich positiv auf, die gleichnamig geladenen Blattgoldstreifen stoßen einander ab. Je größer aber die positive Ladung auf der Platte ist, desto mehr Energie muss ein Photon besitzen, um ein Elektron ablösen zu können. Nach einer bestimmten Zeit ist die **positive Aufladung** so groß, dass selbst die energiereichsten Photonen keine Elektronen mehr auslösen können. Der Ausschlag der Blattgoldstreifen nimmt auch bei fortdauernder Bestrahlung nicht mehr zu.

b) Bei einer Verdoppelung der Intensität ändert sich die Energie der energiereichsten Photonen nicht. Daher ändert sich der Maximalausschlag der beiden Blattgoldstreifen nicht, lediglich die **Zeitdauer** bis zum Erreichen des Maximalausschlags wird **kürzer**.

17. Der Ausschlag geht zurück, wenn das auf M treffende Licht Elektronen auslöst.

a) Eine ungeschmirgelte Metallplatte ist oxidiert. Die **Oxidschicht** vergrößert die Auslösearbeit W_A so stark, dass selbst die Energie der energiereichsten Photonen nicht mehr zur Auslösung von Elektronen reicht.

b) Nur die Photonen des im Quecksilberdampflampenlicht enthaltenen unsichtbaren UV-Lichts besitzen hinreichend viel Energie, um Elektronen aus der Metallplatte herauszuschlagen. **UV-Licht wird** aber von einer Glasplatte vollständig **absorbiert**.

18. $$\frac{m_{violett} - m_{gelb}}{m_{gelb}} = \frac{\frac{h}{c \cdot \lambda_{violett}} - \frac{h}{c \cdot \lambda_{gelb}}}{\frac{h}{c \cdot \lambda_{gelb}}}$$ Massendifferenz bzgl. m_{gelb}, 3. Formel für die hotonenmasse

$$= \frac{\lambda_{gelb}}{\lambda_{violett}} - 1$$ mit $\frac{c \cdot \lambda_{gelb}}{h}$ erweitern

$$= \frac{589{,}0\ \text{nm}}{410{,}3\ \text{nm}} - 1 = \mathbf{0{,}4355}$$ Zahlenwerte einsetzen

Die Masse des „violetten“ Photons ist also um **43,55 %** größer als die des „gelben“.

19. $$F = G \cdot \frac{m_{Ph} \cdot M}{r^2}$$ Gravitationsgesetz

$$= G \cdot \frac{\frac{h \cdot f}{c^2} \cdot M}{r^2} = G \cdot \frac{h \cdot f \cdot M}{r^2 \cdot c^2}$$ 2. Formel für die Photonenmasse, mit c^2 erweitern

$$= 6{,}67 \cdot 10^{-11}\ \frac{m^3}{kg \cdot s^2} \cdot \frac{6{,}63 \cdot 10^{-34}\ Js \cdot 3{,}5 \cdot 10^{18}\ \frac{1}{s} \cdot 2{,}0 \cdot 10^{30}\ kg}{(7{,}0 \cdot 10^8\ m)^2 \cdot \left(3{,}0 \cdot 10^8\ \frac{m}{s}\right)^2}$$

$$= \mathbf{7{,}0 \cdot 10^{-30}\ N}$$

20. a) Das Photon besitzt aufgrund seiner Masse m_{Ph} Höhenenergie. Fällt es von B nach A, so wandelt sich die Differenz $m_{Ph} \cdot g \cdot \Delta s$ der Höhenenergien in den Punkten B und A in Photonenenergie um.
Bezeichnen f_B bzw. f_A die Frequenzen des Photons in den Punkten B bzw. A, so gilt nach dem Energieerhaltungssatz:
$h \cdot f_A = h \cdot f_B + m_{Ph} \cdot g \cdot \Delta s$
Die Frequenz in A ist also höher als in B.

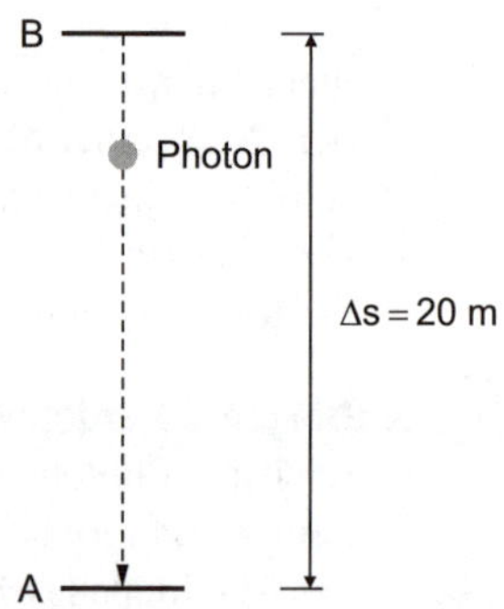

b) $$h \cdot f_A = h \cdot f_B + m_{Ph,B} \cdot g \cdot \Delta s$$ Energieerhaltungssatz

$$f_A - f_B = \frac{m_{Ph,B} \cdot g \cdot \Delta s}{h}$$ auf beiden Seiten $h \cdot f_B$ subtrahieren und durch h dividieren

$$f_A - f_B = \frac{\frac{h \cdot f_B}{c^2} \cdot g \cdot \Delta s}{h} = \frac{f_B \cdot g \cdot \Delta s}{c^2}$$ 2. Formel für Photonenmasse, h kürzen

$$= \frac{3{,}5 \cdot 10^{18}\ \frac{1}{s} \cdot 9{,}81\ \frac{m}{s^2} \cdot 20\ m}{\left(3{,}0 \cdot 10^8\ \frac{m}{s}\right)^2} = \mathbf{7{,}6 \cdot 10^3\ \frac{1}{s}}$$ Zahlenwerte einsetzen

c) $\frac{f_A - f_B}{f_B} = \frac{7{,}6 \cdot 10^3 \frac{1}{s}}{3{,}5 \cdot 10^{18} \frac{1}{s}} = \mathbf{2{,}2 \cdot 10^{-15}}$ Ergebnis aus Teilaufgabe b einsetzen

Das sind rund 0,2 Billionstel Prozent der Ausgangsfrequenz, die Frequenzen sind praktisch gleich groß.

Hinweis für Interessierte: Streng genommen hängt die Differenz der Höhenenergien in den Punkten A und B nicht allein von der Höhendifferenz $\Delta s = s_B - s_A$ ab, sondern von der Lage und den *beiden* Frequenzen dort:

$$\begin{aligned}
\Delta E &= m_{Ph,B} \cdot g \cdot s_B - m_{Ph,A} \cdot g \cdot s_A \\
&= g \cdot \left(m_{Ph,B} \cdot s_B - m_{Ph,A} \cdot s_A\right) \\
&= g \cdot \left(\frac{h \cdot f_B}{c^2} \cdot s_B - \frac{h \cdot f_A}{c^2} \cdot s_A\right) \\
&= \frac{g \cdot h}{c^2} \cdot (f_B \cdot s_B - f_A \cdot s_A)
\end{aligned}$$

Die exakte Energiebilanz führt damit auf folgendes Frequenzverhältnis:

$$\begin{aligned}
h \cdot f_A &= h \cdot f_B + \frac{g \cdot h}{c^2} \cdot (f_B \cdot s_B - f_A \cdot s_A) \\
f_A &= f_B + \frac{g}{c^2} \cdot f_B \cdot s_B - \frac{g}{c^2} \cdot f_A \cdot s_A \\
f_A \cdot \left(1 + \frac{g}{c^2} \cdot s_A\right) &= f_B \cdot \left(1 + \frac{g}{c^2} \cdot s_B\right) \\
\frac{f_A}{f_B} &= \frac{1 + \frac{g}{c^2} \cdot s_B}{1 + \frac{g}{c^2} \cdot s_A} = \frac{1 + \frac{g}{c^2} \cdot (s_A + \Delta s)}{1 + \frac{g}{c^2} \cdot s_A} = 1 + \frac{g}{c^2} \cdot \frac{\Delta s}{1 + \frac{g}{c^2} \cdot s_A} \\
&= 1 + \frac{\Delta s}{\frac{c^2}{g} + s_A} \qquad (*)
\end{aligned}$$

Da die Punkte A und B sich nahe der Erdoberfläche befinden (wegen der Annahme einer konstanten Erdbeschleunigung g), gilt $\frac{c^2}{g} \gg s_A$. Damit ist das Frequenzverhältnis

$$\frac{f_A}{f_B} \approx 1 + \frac{g}{c^2} \cdot \Delta s$$

in sehr guter Näherung unabhängig von der absoluten Lage des Photons und vielmehr nur abhängig von der Höhendifferenz, in Übereinstimmung mit dem Ergebnis aus Teilaufgabe b:

$$\frac{g}{c^2} \cdot \Delta s \approx \frac{f_A}{f_B} - 1 = \frac{f_A - f_B}{f_B} \quad \Rightarrow \quad f_A - f_B \approx \frac{f_B \cdot g \cdot \Delta s}{c^2}$$

21. Allgemein gilt für die relativistische Masse m eines sich mit der Geschwindigkeit v bewegenden Körpers:

$$m = \frac{m_0}{\sqrt{1 - \frac{v^2}{c^2}}} \quad \Rightarrow \quad m^2 \cdot \left(1 - \frac{v^2}{c^2}\right) = m_0^2 \quad \Rightarrow \quad m^2 - \frac{m^2 \cdot v^2}{c^2} = m_0^2$$

Photonen bewegen sich mit Lichtgeschwindigkeit v = c, sodass folgt:

$$m^2 - \frac{m^2 \cdot c^2}{c^2} = m_0^2 \;\Rightarrow\; m^2 - m^2 = m_0^2 \;\Rightarrow\; m_0 = 0$$

Nur wenn man dem Photon die **Ruhemasse null** zuordnet, ist seine Bewegung als „Teilchen" mit den Aussagen der Speziellen Relativitätstheorie vereinbar.

22. $\frac{p_1 - p_2}{p_1} = 1 - \frac{p_2}{p_1}$ — Impulsdifferenz bezogen auf p_1

$= 1 - \frac{\frac{h}{\lambda_2}}{\frac{h}{\lambda_1}} = 1 - \frac{\lambda_1}{\lambda_2}$ — 3. Formel für den Photonenimpuls

$= 1 - \frac{589{,}6\ \text{nm}}{589{,}0\ \text{nm}} = \mathbf{-1{,}02 \cdot 10^{-3}}$ — Zahlenwerte einsetzen

Der Impuls des längerwelligen Photons ist um ca. **0,1 %** kleiner.

23. $p_{einzel} \overset{!}{=} p_{10\,000}$ — Ansatz: Auslöseimpuls muss gleich sein.

$\frac{h \cdot f_{einzel}}{c} = 10\,000 \cdot \frac{h}{\lambda_{10000}}$ — 1. und 3. Formel für den Photonenimpuls

$f_{einzel} = 10\,000 \cdot \frac{c}{\lambda_{10000}}$ — auf beiden Seiten mit $\frac{c}{h}$ multiplizieren

$= \frac{10^4 \cdot 3{,}0 \cdot 10^8\ \frac{m}{s}}{200 \cdot 10^{-9}\ m} = \mathbf{1{,}5 \cdot 10^{19}\ Hz}$ — Zahlenwerte einsetzen

24. a) Da der Gesamtimpuls des Systems Pistole/Blitz vor und nach dem Schuss nach dem Impulserhaltungssatz null ist, besitzt die Pistole nach dem Schuss einen von null verschiedenen Impuls, der betragsgleich, aber entgegengesetzt zum Impuls des Laserblitzes ist.

b) $m \cdot v = p_{Pistole}$ — Impuls der Laserpistole nach Blitzabgabe

$= -p_{Blitz}$ — Impulserhaltungssatz

$= -\frac{N \cdot h}{\lambda}$ — 3. Regel für den Photonenimpuls

$v = -\frac{N \cdot h}{m \cdot \lambda}$ — auf beiden Seiten durch m dividieren

$v = -\frac{3{,}49 \cdot 10^{20} \cdot 6{,}63 \cdot 10^{-34}\ Js}{1{,}00\ kg \cdot 694{,}3 \cdot 10^{-9}\ m}$ — Zahlenwerte einsetzen

$= \mathbf{-3{,}33 \cdot 10^{-7}\ \frac{m}{s}}$

25. Bei der Emission des Photons erfährt der Kern aufgrund der Impulserhaltung (vgl. Laserpistole aus Aufgabe 24) einen Rückstoß und erhält dadurch kinetische Energie E_{kin}. Daher gilt:

$$E_{Ph} = (E_1 - E_0) - E_{kin} < E_1 - E_0$$

26. Gesamtimpuls vor dem Stoß:

$$p_{ges,\,v} = p_{A,\,n} + p_{Ph,\,n} = 0 + \frac{h}{\lambda} = \frac{h}{\lambda}$$

3. Formel für den Photonenimpuls

Gesamtimpuls nach dem Stoß:

$$p_{ges,\,n} = p_{A,\,n} + p_{Ph,\,n} = m_A \cdot v + 0 = m_A \cdot v$$

Das Photon existiert nicht mehr; es trägt nicht zum Gesamtimpuls bei.

Impulserhaltungssatz:

$$p_{ges,\,vor} = p_{ges,\,nach}$$

$$\frac{h}{\lambda} = m_A \cdot v$$

$$\Rightarrow \quad v = \frac{h}{\lambda \cdot m_A}$$

auf beiden Seiten durch m_A dividieren und Seiten umstellen

$$= \frac{6{,}63 \cdot 10^{-34}\ \text{Js}}{589{,}0 \cdot 10^{-9}\ \text{m} \cdot 23 \cdot 1{,}66 \cdot 10^{-27}\ \text{kg}} = \mathbf{0{,}029\ \frac{m}{s}}$$

Einsetzen der Zahlenwerte; Atommasse Natrium $^{23}_{11}\text{Na}$: $m_A = 23\text{u}$

27. Da der Geschwindigkeitsbetrag deutlich unter $\frac{1}{10}$ der Vakuumlichtgeschwindigkeit liegt, ist ein relativistischer Ansatz nicht erforderlich.

a) $$\overline{\lambda} = \frac{h}{m_{He} \cdot \overline{v}} = \frac{h}{4\text{u} \cdot \overline{v}}$$

De-Broglie-Hypothese; Masse eines He-Atoms: $m_{He} = 4\text{u}$

$$= \frac{6{,}63 \cdot 10^{-34}\ \text{Js}}{4 \cdot 1{,}66 \cdot 10^{-27}\ \text{kg} \cdot 1{,}7 \cdot 10^{3}\ \frac{m}{s}} = \mathbf{5{,}9 \cdot 10^{-11}\ m}$$

Zahlenwerte einsetzen; $u = 1{,}66 \cdot 10^{-27}\ \text{kg}$

b) $$\overline{f} = \frac{m_{He} \cdot c^2}{h}$$

De-Broglie-Hypothese

$$= \frac{4 \cdot 1{,}66 \cdot 10^{-27}\ \text{kg} \cdot \left(3{,}0 \cdot 10^{8}\ \frac{m}{s}\right)^2}{6{,}63 \cdot 10^{-34}\ \text{Js}} = \mathbf{9{,}0 \cdot 10^{23}\ Hz}$$

Zahlenwerte einsetzen

c) Mit zunehmender Temperatur nimmt $\overline{v}$ zu. Folgerungen:

- $\overline{\lambda}$ nimmt ab, da $\overline{\lambda} \sim \frac{1}{\overline{v}}$.
- $\overline{f}$ ändert sich nicht, da $\overline{f}$ nicht von $\overline{v}$ abhängt.

Hinweis: Nach der kinetischen Gastheorie gilt für die mittlere kinetische Energie eines Gasatoms einerseits $\overline{E_{kin}} = \frac{3}{2} k \cdot T$ und andererseits ganz allgemein $\overline{E_{kin}} = \frac{1}{2} m \cdot \overline{v^2} \approx \frac{1}{2} m \cdot \overline{v}^2$. $\overline{v}$ wächst also mit steigendem T.

28. Da der Geschwindigkeitsbetrag $\frac{2}{3}$ der Vakuumlichtgeschwindigkeit beträgt, sind relativistische Ansätze erforderlich.

Berechnung der Materiewellenlänge:

$$\lambda = \frac{h}{m \cdot v}$$ De-Broglie-Hypothese

$$= \frac{h}{\frac{m_0}{\sqrt{1-\frac{v^2}{c^2}}} \cdot v}$$ Formel für relativistische Masse $m = \frac{m_0}{\sqrt{1-\frac{v^2}{c^2}}}$

$$= \frac{6{,}63 \cdot 10^{-34}\,\text{Js}}{\frac{9{,}1 \cdot 10^{-31}\,\text{kg}}{\sqrt{1-\left(\frac{2}{3}\right)^2}} \cdot 2{,}0 \cdot 10^8\,\frac{\text{m}}{\text{s}}} = \mathbf{2{,}7 \cdot 10^{-12}\,m}$$ Zahlenwerte einsetzen, $v = \frac{2}{3}c$

Berechnung der Materiewellenfrequenz:

$$f = \frac{m \cdot c^2}{h}$$ De-Broglie-Hypothese

$$= \frac{\frac{m_0}{\sqrt{1-\frac{v^2}{c^2}}} \cdot c^2}{h}$$ Formel für relativistische Masse $m = \frac{m_0}{\sqrt{1-\frac{v^2}{c^2}}}$

$$= \frac{\frac{9{,}1 \cdot 10^{-31}\,\text{kg}}{\sqrt{1-\left(\frac{2}{3}\right)^2}} \cdot \left(3{,}0 \cdot 10^8\,\frac{\text{m}}{\text{s}}\right)^2}{6{,}63 \cdot 10^{-34}\,\text{Js}} = \mathbf{1{,}66 \cdot 10^{20}\,Hz}$$ Zahlenwerte einsetzen, $v = \frac{2}{3}c$

29. a) Durchläuft ein Teilchen der Ruhemasse m_0 der Ladung q aus der Ruhe heraus die Potenzialdifferenz U, so besitzt es wegen $\frac{1}{2} m_0 \cdot v^2 = |q \cdot U|$ und $U > 0\,V$ die Geschwindigkeit $v = \sqrt{2\frac{|q|}{m_0} \cdot U}$.

$$\lambda = \frac{h}{m \cdot v}$$ De-Broglie-Hypothese

$$= \frac{h}{m_0 \cdot \sqrt{2\frac{|q|}{m_0} \cdot U}}$$ $m = m_0$ und $v = \sqrt{2\frac{|q|}{m_0} \cdot U}$ einsetzen

$$= \frac{h}{\sqrt{2\frac{|q|}{m_0} \cdot U \cdot m_0^2}}$$ m_0 unter die Wurzel ziehen

$$= \mathbf{\frac{h}{\sqrt{2|q| \cdot m_0 \cdot U}}}$$ durch m_0 kürzen

b) Die v(U)-Formel $v = \sqrt{2\frac{|q|}{m_0} \cdot U}$ gilt nur für den nichtrelativistischen Fall und somit auch die damit hergeleitete Beziehung für die Materiewellenlänge.

30. a) Der **Punkt** folgt einem einzelnen Wellenberg und bewegt sich daher mit der Phasengeschwindigkeit.
Der **Pfeil** deutet auf einen „Einschnürungspunkt“ des gesamten Wellenpakets. Seine Lageänderung kennzeichnet die Bewegung des „Teilchens“ und erfolgt daher mit der Gruppengeschwindigkeit.

b) Der Punkt bewegt sich mit einer größeren Geschwindigkeit als der Pfeil, den er beim letzten Bild fast eingeholt hat.

31. $\frac{c_{Ph}}{c} = \frac{\frac{c^2}{v}}{c}$ — Verhältnis bilden; Regel über Phasen- und Gruppengeschwindigkeit

$= \frac{c}{v}$ — durch c kürzen

$= \frac{c}{\frac{2}{3} \cdot c} = \mathbf{1{,}5}$ — Werte einsetzen; $v = 2{,}0 \cdot 10^8\ \frac{m}{s} = \frac{2}{3}c$

Die Phasengeschwindigkeit ist also um ca. **50 % größer** als die Lichtgeschwindigkeit.

32. a) Nach dem Reflexionsgesetz gilt $\beta_1 = \beta$,
nach dem Scheitelwinkelsatz gilt $\beta_2 = \beta$.
Daher folgt:

$\alpha = \beta_1 + \beta_2 = \beta + \beta = 2\beta$

Daher ist $\beta = \frac{\alpha}{2} = \mathbf{19{,}4°}$.

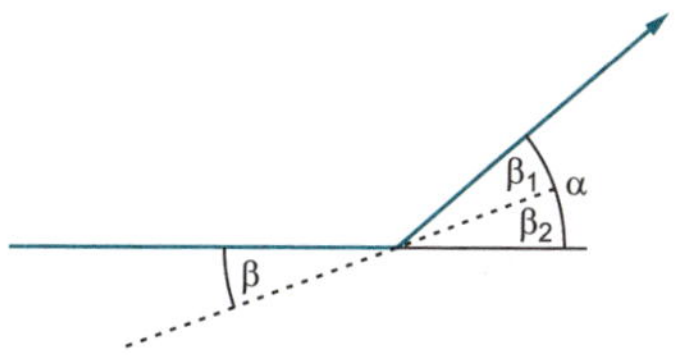

b) $\lambda = 2d \cdot \sin\beta \quad (1)$ — Bragg-Bedingung für Interferenz 1. Ordnung (k = 1)

$\lambda = \frac{h}{m \cdot v} \quad (2)$ — De-Broglie-Hypothese

$\frac{h}{m \cdot v} = 2d \cdot \sin\beta$ — Gleichsetzen von (1) und (2)

$v = \frac{h}{m \cdot 2d \cdot \sin\beta}$ — auf beiden Seiten mit $\frac{v}{2d \cdot \sin\beta}$ multiplizieren und Seiten tauschen

$= \frac{6{,}63 \cdot 10^{-34}\ \text{Js}}{9{,}1 \cdot 10^{-31}\ \text{kg} \cdot 2 \cdot 1{,}85^{-10}\ \text{m} \cdot \sin 19{,}4°}$ — Zahlenwerte einsetzen

$= \mathbf{5{,}9 \cdot 10^6\ \frac{m}{s}}$

33. a) $\lambda = \frac{h}{\sqrt{2|q| \cdot m_0 \cdot U}}$ — vgl. Aufgabe 29 a

$= \frac{6{,}63 \cdot 10^{-34}\ \text{Js}}{\sqrt{2 \cdot 1{,}6 \cdot 10^{-19}\ \text{As} \cdot 9{,}1 \cdot 10^{-31}\ \text{kg} \cdot 54\ \text{V}}}$ — Zahlenwerte einsetzen

$= \mathbf{1{,}7 \cdot 10^{-10}\ m}$

b) *Argumentation im Wellenbild:* Die De-Broglie-Wellenlänge λ der Elektronen liegt in derselben Größenordnung wie der Netzebenenabstand b ($\approx 10^{-10}$ m). Daher kann Streuung stattfinden, der Streuwinkel ist deutlich von null verschieden (vgl. Teilaufgabe c).

Argumentation im Teilchenbild: Die Elektronen sind nach Durchlaufen der vergleichsweise geringen Beschleunigungsspannung von 54 V genügend langsam, dass sie sich relativ lange in der Umgebung der Kristallpartikel auf der Kristalloberfläche aufhalten können. Sie werden daher stark gestreut und können nicht mehr in den Kristall eindringen.

c) Konstruktive Interferenz 1. Ordnung im Unendlichen tritt auf, wenn der Gangunterschied Δs zweier unmittelbar benachbarter Strahlen λ beträgt. Für den Winkel φ folgt daher:

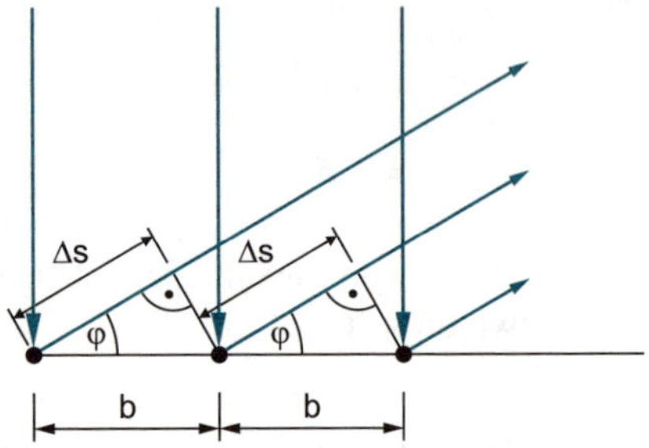

$$\cos\varphi = \frac{\Delta s}{b} = \frac{1{,}7\cdot 10^{-10}\,\text{m}}{2{,}15\cdot 10^{-10}\,\text{m}} = 0{,}79$$

$$\Rightarrow \quad \varphi = \mathbf{38°}$$

Hinweis: Der Winkel φ ist *nicht* der Beugungswinkel aus dem Bragg-Gesetz; dieser ist bezogen auf den Netzebenenabstand d, der Winkel φ dagegen auf den Kristallpartikelabstand b.

34. a) Die Beugungsbedingung für konstruktive Interferenz am Doppelspalt lautet $b\cdot\sin\alpha_k = k\cdot\lambda$ $(k = 0, 1, 2, \ldots)$. Daraus folgt für den Beugungswinkel:

$$\sin\alpha_k = \frac{k\cdot\lambda}{b}$$

Nur wenn λ groß und b klein ist, sind der Quotient $\frac{k\cdot\lambda}{b}$ und damit der Winkel α_k groß. Nur dann liegen die Maxima unterschiedlicher Interferenzordnung deutlich getrennt auf dem Beobachtungsschirm.

b) Wegen $\lambda = \frac{h}{\sqrt{2e\cdot m\cdot U}}$ (vgl. Aufgabe 29 a) ist λ groß, wenn U klein ist.

c) Die Spalte müssen materiefrei hergestellt werden, da Elektronen in Materie stark gestreut werden.

35. a) $\lambda = \frac{h}{m\cdot v}$ — De-Broglie-Hypothese

$$= \frac{6{,}63\cdot 10^{-34}\,\text{Js}}{57{,}5\cdot 10^{-3}\,\text{kg}\cdot\frac{108}{3{,}6}\,\frac{\text{m}}{\text{s}}} = \mathbf{3{,}8\cdot 10^{-34}\,m}$$ — Zahlenwerte einsetzen

b) Berechnung des Beugungswinkels α_1, der zum intensivsten Interferenzmaximum 1. Ordnung gehört:

$b \cdot \sin \alpha_1 = \lambda$ — Gitterformel für Beugungsgitter (vgl. Aufgabe 34 a)

$\Rightarrow \quad \sin \alpha_1 = \frac{\lambda}{b}$ — auf beiden Seiten durch b dividieren

$\Rightarrow \quad \sin \alpha_1 = \frac{3{,}8 \cdot 10^{-34}\ \text{m}}{0{,}5\ \text{m}} = 7{,}6 \cdot 10^{-34}$ — Zahlenwerte einsetzen

$\Rightarrow \quad \alpha_1 = (4{,}4 \cdot 10^{-32})^\circ$

Der Tennisball wird aufgrund seiner Wellennatur um $(4{,}4 \cdot 10^{-32})^\circ$ abgelenkt. Eine solch kleine **Ablenkung** ist **nicht messbar**.

36. a) Nach der Skizze rechts gilt:

$$\tan(2\alpha_1) = \frac{r_1}{L} = \frac{4{,}7 \cdot 10^{-2}\ \text{m}}{25{,}0 \cdot 10^{-2}\ \text{m}} = 0{,}188$$

$$\Rightarrow \quad 2\alpha_1 = 10{,}6^\circ$$

$$\alpha_1 = \mathbf{5{,}3^\circ}$$

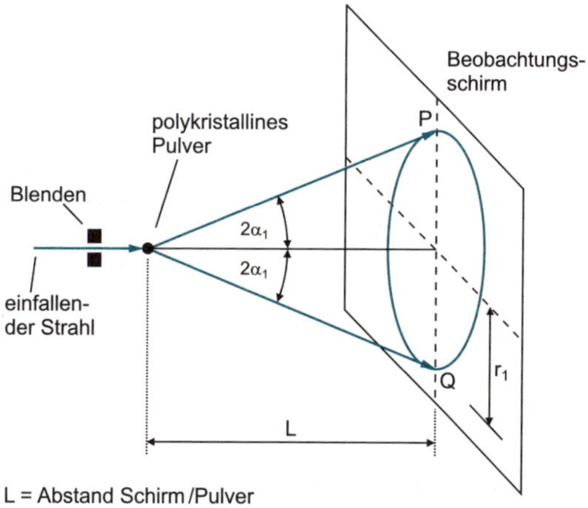

L = Abstand Schirm/Pulver
r_1 = Radius des Interferenzrings 1. Ordnung

b) $\lambda = 2d \cdot \sin \alpha_1$ — Bragg-Bedingung

$= 2 \cdot 2{,}1 \cdot 10^{-10}\ \text{m} \cdot \sin 5{,}3^\circ$ — Zahlenwerte einsetzen

$= \mathbf{3{,}9 \cdot 10^{-11}\ m}$

c) $\lambda = \frac{h}{\sqrt{2e \cdot m \cdot U}}$ — Aufgabe 29 a

$= \frac{6{,}63 \cdot 10^{-34}\ \text{Js}}{\sqrt{2 \cdot 1{,}6 \cdot 10^{-19}\ \text{As} \cdot 9{,}1 \cdot 10^{-31}\ \text{kg} \cdot 1{,}0 \cdot 10^{3}\ \text{V}}}$ — Zahlenwerte einsetzen

$= \mathbf{3{,}9 \cdot 10^{-11}\ m}$

Die mit de Broglies Formel berechnete Materiewellenlänge der Elektronen stimmt also mit dem im Interferenzversuch gewonnenen Wert überein. In diesem Sinn bestätigt der Versuch de Broglies Hypothese.

d) Nähert man dem Elektronenstrahl einen Magneten, so beobachtet man in Folge der Lorentzkraft eine Verzerrung oder eine Verschiebung der Interferenzringe, die bei Röntgenstrahlung nicht aufträte.

37. *Sehr kurze Belichtung:* An vereinzelten Stellen des Schirms findet man Schwärzungspunkte (Bild a).

Etwas längere Belichtung: Die Schwärzungspunkte sind statistisch, aber nicht gleichmäßig, sondern nach einer Wahrscheinlichkeitsverteilung über den Schirm verteilt (Bild b).

Sehr lange Belichtung: Das Schwärzungsbild entspricht der Intensitätsverteilung nach der klassischen Wellentheorie (Bild c).

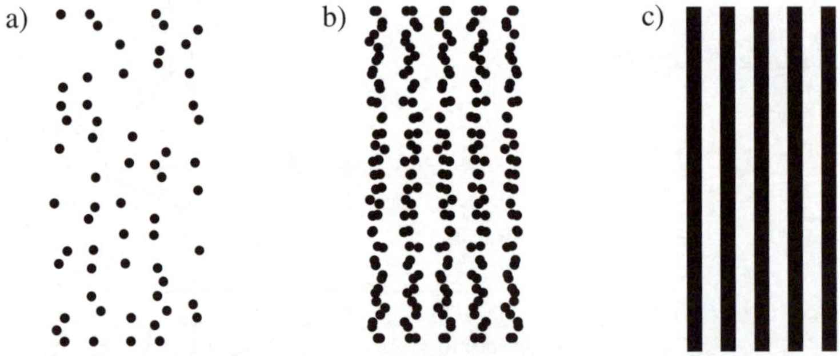

sehr kurze Belichtungszeit — etwas längere Belichtungszeit — sehr lange Belichtungszeit

Nach dem Wellenmodell verteilt sich die Strahlungsenergie hinter dem Doppelspalt stetig über den Schirm. Es lässt dort zwar Stellen mit größerer und kleinerer Energiedichte zu, man dürfte aber niemals – auch nicht bei noch so kurzer Belichtung – an vereinzelten Stellen des Schirms einzelne Schwärzungspunkte finden.
Dies wird nur verständlich, wenn die Strahlung **als Teilchen auf den Schirm trifft**.

38. Die beobachtete Intensitätsverteilung für die vier Versuche zeigt die Abbildung auf der folgenden Seite. Insgesamt lässt sich feststellen:
Nach dem Teilchenmodell tritt jedes Quantenobjekt durch genau einen Spalt. Für das Verhalten der Strahlung hinter dem Doppelspalt wäre es daher gleichgültig, ob beide Spalte gleichzeitig, oder nacheinander T Sekunden geöffnet sind. Das Experiment zeigt aber zwei völlig verschiedene Interferenzmuster, je nachdem, ob beide Spalte gleichzeitig oder nacheinander geöffnet sind.
Dies wird nur verständlich, wenn jedes Quantenobjekt **wie bei einer Welle** durch beide Spalte **gleichzeitig** hindurchläuft und dahinter **mit sich selbst interferiert**.

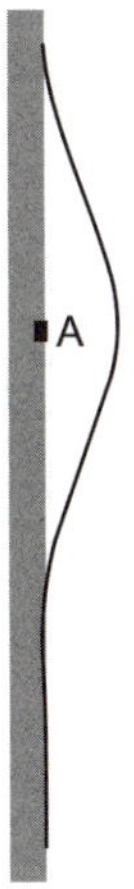

Versuch 1: Auf dem Schirm entsteht an der Stelle A ein beugungsbedingt unscharfes Bild des Spalts 1.

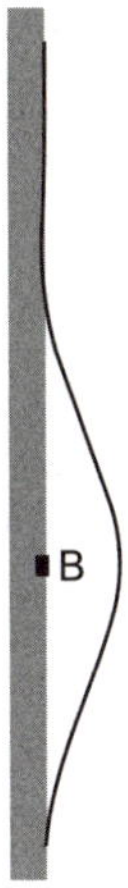

Versuch 2: Auf dem Schirm entsteht an der Stelle B ein beugungsbedingt unscharfes Bild des Spalts 2.

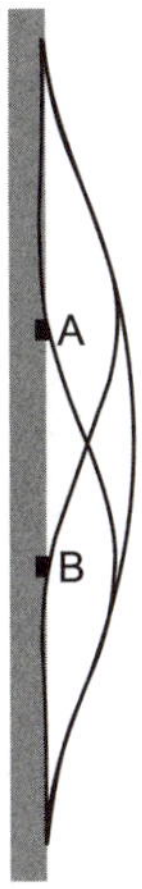

Versuch 3: Die auf dem Schirm beobachtete Intensitätsverteilung entspricht der Summe der beiden Intensitätsverteilungen hinter den Einzelspalten in den Versuchen 1 und 2.

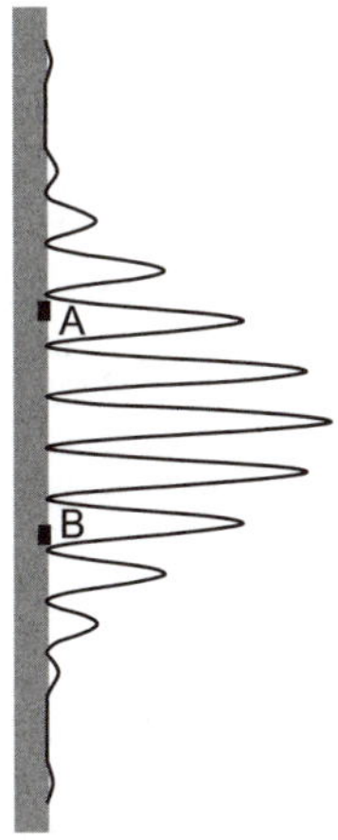

Versuch 4: Auf dem Schirm beobachtet man die für den Doppelspalt charakteristischen Interferenzstreifen, deren Intensität symmetrisch von innen nach außen abnimmt.

39. a) Das Interferenzbild wird lichtschwächer, weil das Laserlicht beim Durchtritt durch ein Filter teilweise absorbiert wird. Die Lage der Interferenzringe ändert sich aber nicht, weil man nach wie vor nicht sagen kann, welchen Weg ein Laserphoton im Interferometer genommen hat.

b) Die Interferenzfigur verschwindet vollständig, weil jetzt je nach Weg unterschiedlich polarisierte Photonen ins Fernrohr gelangen und man durch Messung ihrer Polarisationsrichtung sagen kann, welchen Weg sie im Interferometer genommen haben. Würde das Interferenzbild nicht verschwinden, würde ein ins Fernrohr gelangendes Photon gleichzeitig seinen Teilchencharakter (bekannter Weg) und seinen Wellencharakter (Beitrag zum Interferenzbild) zeigen, was nach der Komplementaritätsregel nicht der Fall sein kann.

40. Das Ereignis E: „Das Quantenobjekt befindet sich zum Zeitpunkt t_0 im Intervall $[x_0; x_0+\Delta x]$" besitzt nach der Kopenhagener Deutung die Wahrscheinlichkeit (mit $\Psi(0{,}075)=0{,}5$)

$$P(E)=|\Psi(x_0)|^2\cdot\Delta x=|0{,}5|^2\cdot(0{,}080-0{,}075)=0{,}25\cdot0{,}005=\mathbf{0{,}00125}.$$

41. a) $\Delta x \approx 10^{-15}\ \text{m}$ — Die Ortsunschärfe Δx des Protons stimmt der Größenordnung nach mit der Intervalllänge 10^{-15} m überein.

$$\Delta x \cdot \Delta p_x \geq \frac{h}{4\pi}$$ Heisenberg'sche Unschärferelation

$$\Delta x \cdot m \cdot \Delta v_x \geq \frac{h}{4\pi}$$ $\Delta p_x = \Delta(m \cdot v_x) = m \cdot \Delta v_x$

$$\Delta v_x \geq \frac{h}{4\pi \cdot m \cdot \Delta x}$$ auf beiden Seiten durch $m \cdot \Delta x$ dividieren

$$\Delta v_x \geq \frac{6{,}63 \cdot 10^{-34}\ \text{Js}}{4\pi \cdot 1{,}6 \cdot 10^{-27}\ \text{kg} \cdot 10^{-15}\ \text{m}}$$ Zahlenwerte einsetzen

$$\Delta v_x \geq \mathbf{3{,}3 \cdot 10^7\ \frac{m}{s}}$$

Bei Messungen der Geschwindigkeit des Elektrons erhielte man im Schnitt relativ große Abweichungen, deren Betrag bei etwa 11 % der Vakuumlichtgeschwindigkeit (also bereits im relativistischen Bereich) liegt.

b) Die Geschwindigkeitsunschärfe, die Protonen im Atomkern besitzen, ist um den Faktor

$$\frac{3{,}2 \cdot 10^7\ \frac{m}{s}}{5{,}8 \cdot 10^5\ \frac{m}{s}} = 55$$

größer als diejenige, welche die Hüllelektronen eines Atoms besitzen.

42. Würde sich ein Elektron eines Atoms auf einer Bahn bewegen, könnte man zu jedem Zeitpunkt seinen Ort beliebig genau angeben. Daraus ließen sich dann seine Geschwindigkeit und hieraus sein Impuls ebenfalls mit beliebiger Genauigkeit berechnen. Dies widerspricht aber der Heisenberg'schen Unschärferelation.

43. a) Berechnung der Geschwindigkeitsunschärfe:

$$\Delta x \cdot \Delta p_x \geq \frac{h}{4\pi}$$ Heisenberg'sche Unschärferelation

$$\Delta x \cdot m \cdot \Delta v_x \geq \frac{h}{4\pi}$$ $\Delta p_x = \Delta(m \cdot v_x) = m \cdot \Delta v_x$

$$\Delta v_x \geq \frac{h}{4\pi \cdot m \cdot \Delta x}$$ auf beiden Seiten durch $m \cdot \Delta x$ dividieren

$$\Delta v_x \geq \frac{h}{4\pi \cdot m \cdot \frac{c}{f}} = \frac{h \cdot f}{4\pi \cdot m \cdot c}$$ $\Delta x = \lambda = \frac{c}{f}$

$$\Delta v_x \geq \frac{6{,}63 \cdot 10^{-34}\ \text{Js} \cdot 4{,}7 \cdot 10^{14}\ \frac{1}{s}}{4\pi \cdot 1{,}0 \cdot 10^{-6}\ \text{kg} \cdot 3{,}0 \cdot 10^8\ \frac{m}{s}}$$ Zahlenwerte einsetzen

$$\Delta v_x \geq \mathbf{8{,}3 \cdot 10^{-23}\ \frac{m}{s}}$$

b) Zwar bedingt die auf eine Wellenlänge genaue Lokalisation entsprechend der Heisenberg'schen Unschärferelation eine Geschwindigkeitsunschärfe, diese macht sich aber frühestens an der 22. Stelle hinter dem Komma im Geschwindigkeitswert bemerkbar. Da dies auch mit der ausgeklügeltsten Messtechnik nicht mehr nachweisbar ist, ist die Heisenberg'sche Unschärferelation in diesem Sinn selbst für sehr kleine Makrokörper messtechnisch völlig bedeutungslos. Letztendlich ist der winzige Wert der Planck-Konstanten dafür verantwortlich, dass sich Folgen der Heisenberg'schen Unschärferelation bei Makrokörpern nicht zeigen.

44. a) Die Strahlaufweitung ist umso größer, je kleiner die Spaltbreite d ist.

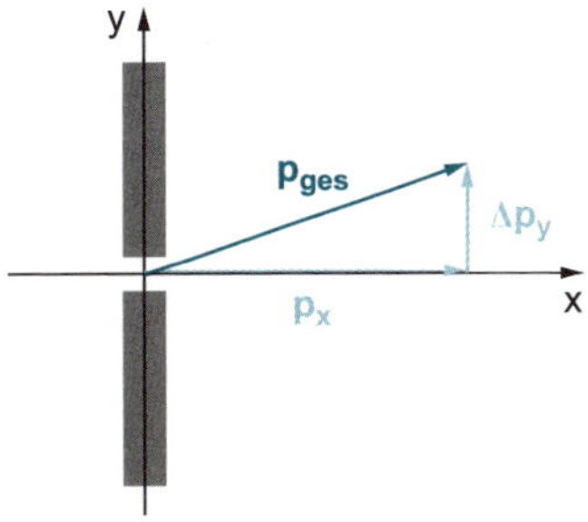

b) Vor dem Spalt besitzt ein Elektron keine Ortseinschränkung in y-Richtung. Δy kann beliebig groß und Δp_y beliebig klein werden: $\Delta p_y \approx 0$

Beim Durchtritt durch den Spalt wird Δy der Größenordnung nach auf die Spaltbreite d eingeschränkt: $\Delta y \approx d$

Daher erhalten die Elektronen nach der Unschärferelation exakt beim Spaltdurchtritt eine Impulsunschärfe $\Delta p_y > 0$ und somit in y-Richtung eine zusätzliche Geschwindigkeitskomponente $\pm v_y$. Für deren Betrag gilt analog zu Aufgabe 43 a:

$$|v_y| \geq \frac{h}{4\pi \cdot m \cdot \Delta y} \approx \frac{h}{4\pi \cdot m \cdot d} \quad \Rightarrow \quad |v_y| \sim \frac{1}{d}$$

Je kleiner d ist, desto größer ist also die beim Spaltdurchtritt in y-Richtung generierte Geschwindigkeitskomponente $\pm v_y$, desto größer ist die Strahlaufweitung.

45. Das Lichttonverfahren

a) Skizze 1

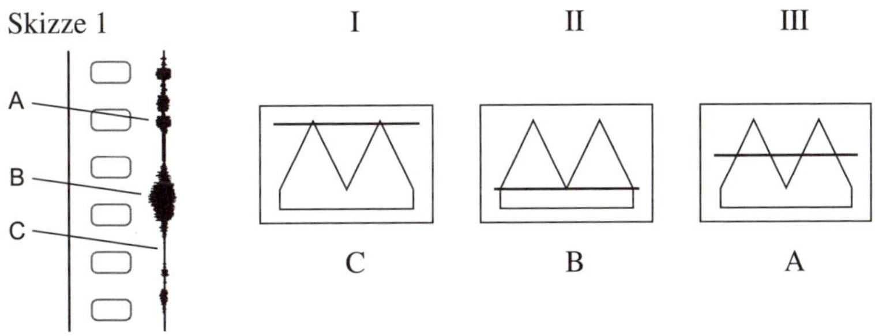

b) Man wandelt den Ton (Sprache, Musik, Geräusche) z. B. mithilfe eines Mikrofons in eine zeitlich veränderliche Spannung um und legt diese an die Enden einer kleinen, leichten Spule eines Drehspulinstruments. Diese dreht sich dann im Rhythmus des Tons. Bringt man den Spiegel (5) in geeigneter Weise an der Spule an, so schwingt auch dieser im Rhythmus des Tons auf und ab und belichtet die Tonspur in Form der Doppelzackenschrift synchron zum Bild.

c) Zur Tonwiedergabe lässt man Licht durch einen schmalen Spalt auf die Tonspur fallen und richtet es so ein, dass das durch den Film tretende Licht auf die lichtelektrisch empfindliche Schicht einer Fotozelle trifft und dort einen Fotostrom auslöst. Dessen Stärke hängt vom Schwärzungsgrad der Lichttonspur ab. Nach entsprechender Verstärkung des Fotostroms kann man mit einem Lautsprecher wieder einen Ton erzeugen.

46. Elektronenmikroskop

a) Die wesentlichen Bestandteile eines Transmissionslichtmikroskops sind 2 Sammellinsen, nämlich das Objektiv (4) und das Projektiv (6).
Der Kondensor (2) bündelt das von einer Lichtquelle (1) ausgehende Licht und durchstrahlt von hinten das zu vergrößernde Objekt (3). Das Objektiv (4) entwirft ein reelles umgekehrtes Zwischenbild (5), das vom Projektiv (6) auf eine Fotoschicht abgebildet wird.

b) Das kurzwellige blaue Licht der H_γ-Linie des Wasserstoffspektrums hat die Wellenlänge $\lambda_{blau} = 4{,}3 \cdot 10^{-7}$ m (vgl. Formelsammlung). Die Wellenlänge von 1-keV-Elektronen beträgt nach Aufgabe 36 c $\lambda_e = 3{,}9 \cdot 10^{-11}$ m. Da die Wellenlänge der Elektronen rund der zehntausendste Teil der Wellenlänge des sichtbaren Lichts ist, müsste

$$d_{min,\ Elektron} = \frac{1}{10\,000} \cdot d_{min,\ Licht}$$

sein. Von einem Elektronenmikroskop ist also eine etwa 10 000-fach höhere Auflösung zu erwarten als von einem Lichtmikroskop.

c) Die Elektronen können mithilfe von elektrischen oder magnetischen Linsen beeinflusst werden. Das sind spezielle elektrische oder magnetische Felder, die dafür sorgen, dass die von einem Objektpunkt ausgehenden Elektronen wieder in einem Bildpunkt gesammelt werden.

d) Röntgenstrahlung wird von Glaslinsen nicht gebrochen und lässt sich daher nicht „bündeln“.

47. Kometenschweif

1. Beobachtung: Der Staubschweif wird umso länger, je näher der Komet der Sonne kommt.

Erklärung: Je kleiner sein Abstand zur Sonne ist, desto mehr Eis geht in den gasförmigen Zustand über, desto mehr Staubpartikel werden freigesetzt.

2. Beobachtung: Der Schweif ist immer von der Sonne weggerichtet.

Erklärung: Die von der Sonne wegfliegenden Photonen des Sonnenlichts übertragen beim Zusammenstoß ihren Impuls auf die Staubteilchen.

48. An verschiedenen Seiten des Schwebeteilchens stoßen zu gleicher Zeit unterschiedlich viele Moleküle oder Atome. Der dadurch bedingte Unterschied in den Druckkräften ergibt eine Gesamtkraft, die den eingeschlossenen Fremdkörper in Bewegung setzt, und zwar umso rascher, je kleiner dieser Körper ist.

49. a) Mit den relativen Atommassen aus Formelsammlung/PSE erhält man:

$$m_r(H_2CO_3) = 2 \cdot m_r(H) + 1 \cdot m_r(C) + 3 \cdot m_r(O)$$
$$= 2 \cdot 1{,}0079\ u + 12{,}011\ u + 3 \cdot 15{,}999\ u$$
$$= \mathbf{62{,}024\ u}$$

b) Mit $m_{abs} = m_r \cdot u$ und dem Ergebnis aus Teilaufgabe a erhält man für die absolute Molekülmasse:

$$m_{abs}(H_2CO_3) = 62{,}024 \cdot 1{,}66054 \cdot 10^{-27}\ kg = \mathbf{1{,}0299 \cdot 10^{-25}\ kg}$$

50. $$n = \frac{\text{tatsächliche Masse}}{\text{Masse eines Kilomols}} = \frac{0{,}27 \cdot 10^{-3}\ kg}{62{,}024 \frac{kg}{kmol}} = \mathbf{4{,}4 \cdot 10^{-6}\ kmol}$$

51. Man berechnet zunächst die Gesamtzahl der Moleküle sowie die Gesamtzahl der Na-, der S- und der O-Atome in der Stoffmenge, indem man die jeweilige Gesamtmasse durch die jeweilige Absolutmasse dividiert:

$$N_{ges,\,Molekül} = \frac{110{,}352 \cdot 10^{-3}\ kg + 76{,}944 \cdot 10^{-3}\ kg + 153{,}590 \cdot 10^{-3}\ kg}{142{,}036 \cdot 1{,}661 \cdot 10^{-27}\ kg} = 1{,}445 \cdot 10^{24}$$

$$N_{ges,\,Na} = \frac{110{,}352 \cdot 10^{-3}\ kg}{22{,}99 \cdot 1{,}661 \cdot 10^{-27}\ kg} = 2{,}890 \cdot 10^{24}$$

$$N_{ges,\,S} = \frac{76{,}944 \cdot 10^{-3}\ kg}{32{,}06 \cdot 1{,}661 \cdot 10^{-27}\ kg} = 1{,}445 \cdot 10^{24}$$

$$N_{ges,\,O} = \frac{153{,}590 \cdot 10^{-3}\ kg}{15{,}999 \cdot 1{,}661 \cdot 10^{-27}\ kg} = 5{,}780 \cdot 10^{24}$$

Daraus ergibt sich für die im Molekül befindliche Anzahl der

- Na-Atome: $N_{Na} = \frac{2{,}890 \cdot 10^{24}}{1{,}445 \cdot 10^{24}} = \mathbf{2}$
- S-Atome: $N_S = \frac{1{,}445 \cdot 10^{24}}{1{,}445 \cdot 10^{24}} = \mathbf{1}$
- O-Atome: $N_O = \frac{5{,}780 \cdot 10^{24}}{1{,}445 \cdot 10^{24}} = \mathbf{4}$

52. a) Aus einer feinen Tropfpipette wird ein Tropfen von einer unmittelbar vor dem Versuch hergestellten Mischung von Ölsäure und Leichtbenzin auf eine hinreichend große, fettfreie und mit Bärlappsamen bestreute Wasseroberfläche fallen gelassen. Das sich ausbreitende Öl schiebt den Bärlappsamen vor sich her. So entsteht, wenn das Leichtbenzin vollständig verdunstet ist, eine deutlich sichtbare kreisförmige Fläche. Den dünnen Ölfilm selbst sieht man wegen seiner geringen Dicke d nicht. Bildet sich bei 2, 3, 4, … Tropfen ein Ölfleck mit der 2-, 3-, 4-, … fachen Fläche, so ist die Ölschicht monomolekular und ihre Dicke d stimmt mit dem Durchmesser eines Ölsäuremoleküls überein. Aus dem Radius des Flecks und dem Volumen des Öltropfens lässt sich d berechnen.

b) Ölvolumen $V_{Öl}$ in einem Tropfen:

$$V_{Öl} = \frac{10 \cdot 10^{-6}\,\text{m}^3}{621} : 2\,000 = 8{,}1 \cdot 10^{-12}\,\text{m}^3$$

Da der Ölfleck ein Zylinder mit Radius r und Höhe d ist, beträgt sein Volumen $V_{Fleck} = r^2 \cdot \pi \cdot d$.

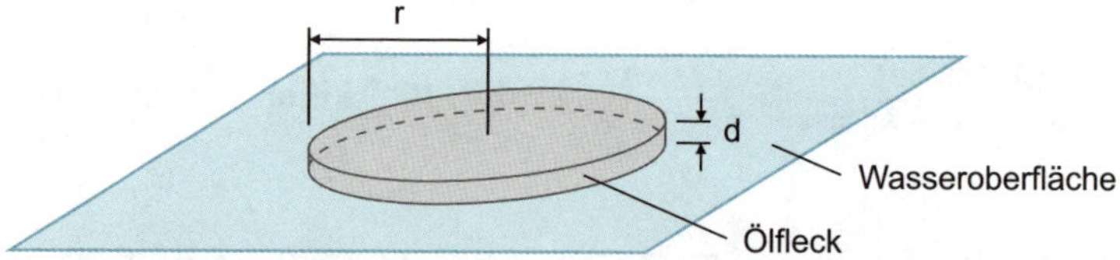

Aus der Identität von Tropfen- und Fleckvolumen kann d berechnet werden:

$$V_{Fleck} = V_{Öl}$$

$$\Rightarrow \quad r^2 \cdot \pi \cdot d = V_{Öl}$$ Volumen eines Zylinders

$$\Rightarrow \quad d = \frac{V_{Öl}}{r^2 \cdot \pi}$$ auf beiden Seiten durch $r^2 \cdot \pi$ dividieren

$$= \frac{8{,}1 \cdot 10^{-12}\,\text{m}^3}{(5{,}7 \cdot 10^{-2}\,\text{m})^2 \cdot \pi}$$ Zahlenwerte einsetzen

$$= \mathbf{7{,}9 \cdot 10^{-10}\,m}$$

Der Ölsäuremoleküldurchmesser beträgt d = 0,79 nm.

53. Gold besitzt

- die relative Atommasse $m_r(Au) = 196,97\ u$. 1 kmol Gold hat folglich die Masse 196,97 kg.
- die Dichte $\rho_{Au} = 19,3\ \frac{g}{cm^3} = 1,93 \cdot 10^4\ \frac{kg}{m^3}$. Gemäß $\rho = \frac{m}{V} \Leftrightarrow V = \frac{m}{\rho}$ beanspruchen 196,97 kg davon das Volumen

$$V_{kmol} = \frac{196,97\ kg}{1,93 \cdot 10^4\ \frac{kg}{m^3}} = 1,02 \cdot 10^{-2}\ m^3.$$

Da 1 kmol Gold sich aus $N_A = 6,0221 \cdot 10^{26}$ Atomen zusammensetzt, nimmt ein Goldatom das Volumen

$$V_{Atom} = \frac{V_{kmol}}{N_A} = \frac{1,02 \cdot 10^{-2}\ m^3}{6,0221 \cdot 10^{26}} = 1,69 \cdot 10^{-29}\ m^3$$

ein. Betrachtet man das Goldatom als Würfel mit der Kantenlänge d, so gilt:

$$V_{Atom} = d^3$$

Für den Golddurchmesser d ergibt sich hieraus:

$$d = \sqrt[3]{V_{Atom}} = \sqrt[3]{1,69 \cdot 10^{-29}\ m^3} = \mathbf{2,57 \cdot 10^{-10}\ m}$$

54. Bei einer Schichtdicke von $1\ \mu m = 10^{-6}$ m und einem Atomdurchmesser der Größenordnung nach von ca. 10^{-10} m liegen in der Metallfolie

$$\frac{10^{-6}}{10^{-10}} = 10\,000$$

Schichten dicht mit Atomen besetzt hintereinander. Handelte es sich bei den Atomen um massive Kugeln, käme es zu einer starken Absorption der Elektronen.

55. a) *Beobachtung:* Die Natriumdampflampe entwirft von der Bunsenflamme auf dem Schirm einen intensiven Schatten.

Begründung: In der Bunsenflamme befindet sich eine große Anzahl von Na-Atomen im Grundzustand. Die von der Natriumdampflampe emittierten Photonen haben alle genau die Energie, die zur Anregung der Na-Atome notwendig ist, können also von den im Grundzustand befindlichen Natriumatomen in der Flamme absorbiert werden und gelangen somit nicht mehr zum Schirm. Die angeregten Natriumatome geben zwar die aufgenommene Energie nach 10^{-8} s durch Photonenemission wieder ab, diese Photonen werden jedoch allseitig abgestrahlt, sodass nur noch eine geringe Zahl zum Schirm gelangt.

b) *Beobachtung:* Die Glühlampe entwirft keinen Schatten von der Bunsenflamme, lediglich Schlierenbildung ist zu beobachten.

Begründung: Von den Photonen im kontinuierlichen Spektrum der Glühlampe besitzt nur ein verschwindend kleiner Teil die zur Anregung der Natriumatome geeignete Energie. Alle anderen Photonen haben entweder zu große oder zu kleine Energien und können somit von den Natriumatomen nicht absorbiert werden. Der Ausfall der geringen Zahl der zur Anregung fähigen Photonen reicht zur Schattenbildung nicht aus, da der überwiegende Teil der Photonen durch die Flamme zum Schirm gelangen kann. Die Schlierenbildung ist auf Schwankungen der Brechzahl in der Flamme zurückzuführen.

56. Die Natriumatome innerhalb des Glaskolbens absorbieren viele der eingestrahlten Photonen des Natriumdampflampenlichts und emittieren sie anschließend allseitig wieder. Dadurch gelangt ein merklicher Anteil von Photonen zu dem unter 90° gegen die Einfallsrichtung stehenden Beobachter. Die meisten Photonen im kontinuierlichen Spektrum der Glühlampe aber können die Natriumatome im Glaskolben nicht anregen und „fliegen" daher „ungestört" durch den Glaskolben, ohne ins Auge des Beobachters zu gelangen.

57. Im weißen Bogenlampenlicht befinden sich auch Photonen der Wellenlänge $\lambda = 589$ nm, die alleine zur Anregung der Natriumatome in der Bunsenflamme fähig sind. Zwar geben die angeregten Natriumatome die aufgenommene Energie sofort wieder durch Photonenemission ab, jedoch allseitig, sodass nur mehr wenige Photonen der Wellenlänge 589 nm zum Schirm gelangen. Alle anderen Photonen des Bogenlampenlichts sind nicht zur Anregung der Natriumatome in der Lage und gelangen ungestört zum Schirm. Dadurch entsteht im Spektrum an der Stelle, an der die 589-nm-Photonen hätten eintreffen müssen, ein dunkles Spaltbild.

58. Lässt man Sonnenlicht auf den Spalt eines Spektroskops fallen, so erhält man ein kontinuierliches Spektralband mit der auf der Marke abgebildeten Farbenfolge. Parallel zum Spalt des Spektroskops ist das Band von einer großen Zahl dunkler Linien, den Fraunhofer'schen Linien, durchsetzt. Es handelt sich hierbei um Absorptionslinien (vgl. Aufgabe 57), die durch Absorption der kontinuierlichen Sonnenstrahlung in der Sonnenatmosphäre entstehen.

59. Die Geschwindigkeiten der Wasserstoffatome sind nicht einheitlich, sie streuen um einen Mittelwert. Daher besitzt auch bei Temperaturen, die erheblich unter 78 000 K liegen, ein nennenswerter Prozentsatz von H-Atomen so große Geschwindigkeiten, dass sie andere H-Atome durch Stoß anregen können.

60. Bei Temperaturen von einigen Hundert Kelvin besitzt praktisch kein Atom des Gases so große kinetische Energie, dass es zur Stoßanregung anderer Atome in der Lage wäre. Aus diesem Grund sind nur elastische Stöße möglich.

61. Die Balmer-Serie ist durch das feste Termniveau $n_1 = 2$ festgelegt:

$$\frac{1}{\lambda} = R \cdot \left(\frac{1}{4} - \frac{1}{n_2^2}\right), \quad n_2 = 3, 4, 5, \ldots$$

Die Wellenzahl $\frac{1}{\lambda}$ ist am größten, wenn der Klammerausdruck am größten ist, also für $n_2 \to \infty$. Damit ergibt sich die Seriengrenze zu

$$\frac{1}{\lambda_G} = \frac{R}{4} \quad \Rightarrow \quad \lambda_G = \frac{4}{R} = \frac{4}{1{,}1 \cdot 10^7 \frac{1}{m}} = \mathbf{3{,}6 \cdot 10^{-7}\ m}.$$

Sie liegt im UV-Bereich des elektromagnetischen Spektrums.

62. Eine Überlappung von Lyman- und Balmer-Serie läge dann vor, wenn die Wellenlänge λ_G der kurzwelligsten Linie der Balmer-Serie – also deren Seriengrenze – kleiner als die Wellenlänge λ_{max} der langwelligsten Linie der Lyman-Serie wäre, wenn also $\lambda_G < \lambda_{max}$.

Aus Aufgabe 61 ist bekannt, dass $\lambda_G = 3{,}6 \cdot 10^{-7}$ m; im Beispiel 1 auf S. 38 wurde $\lambda_{max} = 1{,}2 \cdot 10^{-7}$ m berechnet. Somit gilt $\boldsymbol{\lambda_G > \lambda_{max}}$, die Serien überlappen nicht.

63.

$\frac{1}{\lambda} = R \cdot \left(\frac{1}{n_1^2} - \frac{1}{n_2^2}\right)$	allgemeine Serienformel
$= R \cdot \left(\frac{1}{n_1^2} - \frac{1}{49}\right)$	gegebenen Laufterm einsetzen
$\Rightarrow \frac{1}{n_1^2} = \frac{1}{\lambda \cdot R} + \frac{1}{49}$	Gleichung nach $\frac{1}{n_1^2}$ umstellen
$= \frac{1}{1{,}00 \cdot 10^{-6}\ m \cdot 1{,}1 \cdot 10^7 \frac{1}{m}} + \frac{1}{49} = 0{,}111$	Zahlenwerte einsetzen
$\Rightarrow n_1^2 = \frac{1}{0{,}111} = 9 \quad \Rightarrow \quad n_1 = \mathbf{3}$	nach n_1 auflösen

Die Linie gehört zur **Paschen-Serie**.

64. Mit den Bezeichnungen des Spektraltermschemas im Textteil gilt z. B.:

- $\overline{f}_{12} + \overline{f}_{23} = \overline{f}_{13}, \quad \overline{f}_{15} - \overline{f}_{13} = \overline{f}_{35}$ sind Wellenzahlen.
- $\overline{f}_{12} + \overline{f}_{13}, \quad \overline{f}_{12} - \overline{f}_{23}$ sind keine Wellenzahlen.

Hinweis: Anhand der in diesem Buch gewählten Indizierung lassen sich die „Summenwellenzahlen“ $\overline{f}_{ik}$ einfach identifizieren, denn für sie muss gelten: $\overline{f}_{ik} = \overline{f}_{ij} + \overline{f}_{jk}$ mit $i < j$ und $j < k$

65. Durch die drei Absorptionsprozesse sind über dem Grundzustand mit der Energie E_0 drei Energieniveaus mit den Energien E_1, E_2, E_3 festgelegt. Daher treten im Emissionsspektrum außer den Linien mit den Wellenlängen λ_1, λ_2, λ_3 noch drei weitere mit den Wellenlängen λ_4, λ_5, λ_6 auf.

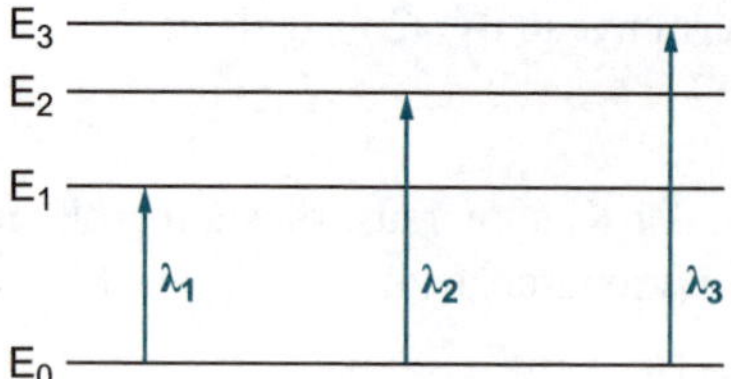

Absorption

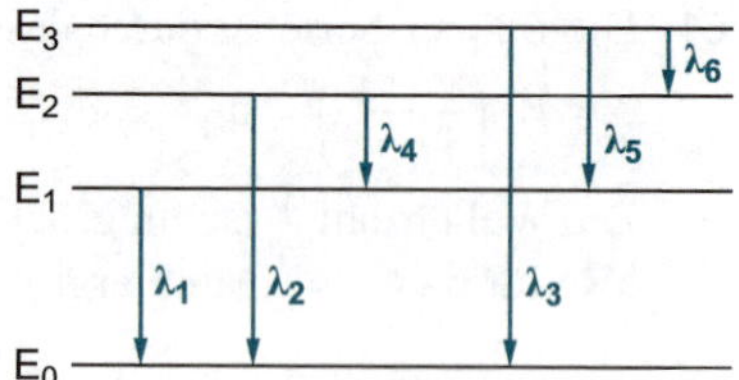

Emission

Berechnung von λ_4, λ_5, λ_6:

$$\frac{h \cdot c}{\lambda_4} = E_2 - E_1 = \frac{h \cdot c}{\lambda_2} - \frac{h \cdot c}{\lambda_1}$$

$$\Rightarrow \quad \frac{1}{\lambda_4} = \frac{1}{\lambda_2} - \frac{1}{\lambda_1} = \frac{1}{25{,}6\ \text{nm}} - \frac{1}{30{,}4\ \text{nm}} = 6{,}17 \cdot 10^{-3}\,\frac{1}{\text{nm}} \quad \Rightarrow \quad \lambda_4 = \mathbf{162\ nm}$$

$$\frac{h \cdot c}{\lambda_5} = E_3 - E_1 = \frac{h \cdot c}{\lambda_3} - \frac{h \cdot c}{\lambda_1}$$

$$\Rightarrow \quad \frac{1}{\lambda_5} = \frac{1}{\lambda_3} - \frac{1}{\lambda_1} = \frac{1}{24{,}3\ \text{nm}} - \frac{1}{30{,}4\ \text{nm}} = 8{,}26 \cdot 10^{-3}\,\frac{1}{\text{nm}} \quad \Rightarrow \quad \lambda_5 = \mathbf{121\ nm}$$

$$\frac{h \cdot c}{\lambda_6} = E_3 - E_2 = \frac{h \cdot c}{\lambda_3} - \frac{h \cdot c}{\lambda_2}$$

$$\Rightarrow \quad \frac{1}{\lambda_6} = \frac{1}{\lambda_3} - \frac{1}{\lambda_2} = \frac{1}{24{,}3\ \text{nm}} - \frac{1}{25{,}6\ \text{nm}} = 2{,}09 \cdot 10^{-3}\,\frac{1}{\text{nm}} \quad \Rightarrow \quad \lambda_6 = \mathbf{479\ nm}$$

Im Emissionsspektrum sind also 6 Linien mit den Wellenlängen 24,3 nm, 25,6 nm, 30,4 nm, 121 nm, 162 nm und 479 nm zu erwarten.

66. a) Ein Photon der H_α-Linie entsteht beim Übergang $n=3 \rightarrow n=2$, ein Photon der H_β-Linie beim Übergang $n=4 \rightarrow n=2$. Die auftreffende Strahlung regt daher bis zum Energieniveau mit $n=4$ an, sodass für λ_0 folgt:

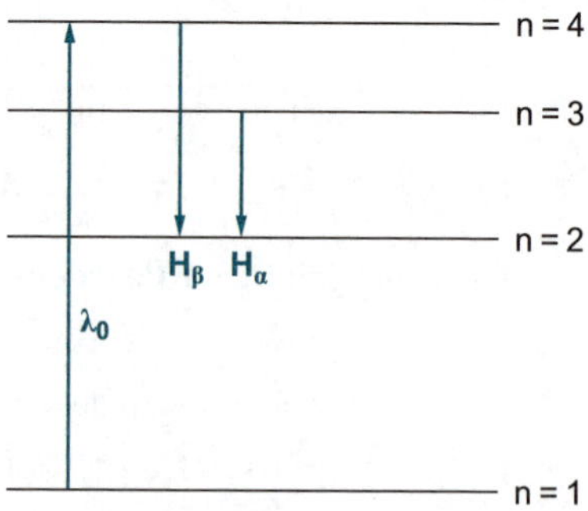

$$\frac{h \cdot c}{\lambda_0} = E_4 - E_1$$

$$= -\frac{R \cdot h \cdot c}{4^2} - \left(-\frac{R \cdot h \cdot c}{1^2}\right)$$

$$\Rightarrow \quad \frac{1}{\lambda_0} = R - \frac{R}{16} = \frac{15R}{16} \quad \Rightarrow \quad \lambda_0 = \frac{16}{15R} = \frac{16}{15 \cdot 1{,}1 \cdot 10^7\,\frac{1}{\text{m}}} = \mathbf{9{,}7 \cdot 10^{-8}\ m}$$

λ_0 entspricht im Emissionsspektrum der **3. Linie der Lyman-Serie**.

b) Da einige H-Atome bis zum Energieniveau mit n = 4 angeregt werden, sind die Emissionslinien folgender Übergänge zu beobachten:

$4 \to 1$

$4 \to 2 \quad 2 \to 1$

$4 \to 3 \quad 3 \to 2 \quad 3 \to 1$

Insgesamt kann man also **6 Emissionslinien** beobachten.

Zum energieärmsten Übergang $4 \to 3$ gehört die langwelligste Linie mit der Wellenlänge λ_{max}:

$$\frac{h \cdot c}{\lambda_{max}} = E_4 - E_3 = -\frac{R \cdot h \cdot c}{4^2} - \left(-\frac{R \cdot h \cdot c}{3^2}\right)$$

$$\Rightarrow \quad \frac{1}{\lambda_{max}} = \frac{R}{3^2} - \frac{R}{4^2} = \frac{7R}{144} \quad \Rightarrow \quad \lambda_{max} = \frac{144}{7R} = \frac{144}{7 \cdot 1{,}1 \cdot 10^7 \, \frac{1}{m}} = \mathbf{1{,}9 \cdot 10^{-6}\,m}$$

c) Da ein Photon nur dann absorbiert wird, wenn seine Energie exakt der Differenz zwischen zwei Energieniveaus entspricht, dürfen zur auftreffenden Strahlung gerade Photonen mit der Energie $E_5 - E_1$ nicht mehr gehören.

$$\frac{h \cdot c}{\lambda_G} = E_5 - E_1 = -\frac{R \cdot h \cdot c}{5^2} - \left(-\frac{R \cdot h \cdot c}{1^2}\right)$$

$$\Rightarrow \quad \frac{1}{\lambda_G} = R - \frac{R}{25} = \frac{24R}{25} \quad \Rightarrow \quad \lambda_G = \frac{25}{24R} = \frac{25}{24 \cdot 1{,}1 \cdot 10^7 \, \frac{1}{m}} = \mathbf{9{,}5 \cdot 10^{-8}\,m}$$

Alle Photonen mit Wellenlängen $\lambda \in \,]\lambda_G; \lambda_{max}] = \,]95\text{ nm}; 97\text{ nm}]$ ändern die Zahl der Linien im Emissionsspektrum nicht.

67. Wie die Skizze zeigt, gilt:

$$E_{ion,5} = E_{ion} - E_5$$
$$= E_{ion} - \frac{h \cdot c}{\lambda^*}$$
$$= 13{,}6\text{ eV} - \frac{4{,}14 \cdot 10^{-15}\text{ eVs} \cdot 3{,}00 \cdot 10^8 \, \frac{m}{s}}{94{,}96 \cdot 10^{-9}\text{ m}}$$
$$= 13{,}6\text{ eV} - 13{,}1\text{ eV}$$
$$= \mathbf{0{,}5\text{ eV}}$$

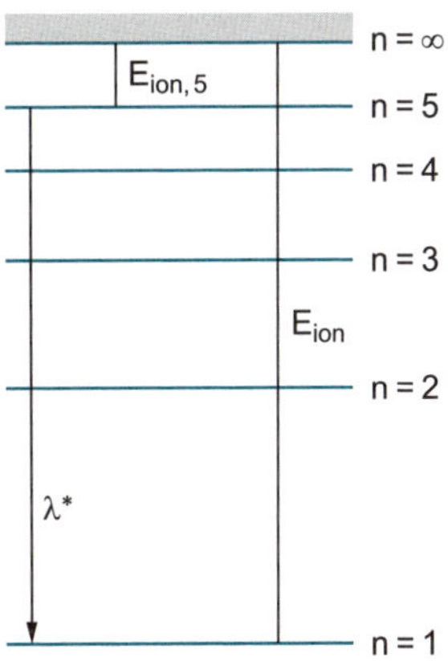

68. Durch den Elektroneneinfang entsteht aus dem Proton ein Wasserstoffatom, das beim Übergang von $n = \infty$ auf $n = 1$ die größtmögliche Energie E_{ion} und damit Licht der kleinstmöglichen Wellenlänge λ_{min} emittiert. Es gilt daher:

$$\frac{h \cdot c}{\lambda_{min}} = E_{max} = E_{ion} + 0{,}5\ \text{eV}$$ Energiebilanz

$$\Rightarrow \quad \lambda_{min} = \frac{h \cdot c}{E_{ion} + 0{,}5\ \text{eV}}$$ auf beiden Seiten durch $E_{ion} + 0{,}5$ eV dividieren, dann beide Seiten mit λ_{min} multiplizieren; Seiten tauschen

$$= \frac{4{,}14 \cdot 10^{-15}\ \text{eVs} \cdot 3{,}00 \cdot 10^{8}\ \frac{\text{m}}{\text{s}}}{(13{,}6 + 0{,}5)\ \text{eV}}$$ Zahlenwerte einsetzen

$$= \mathbf{8{,}8 \cdot 10^{-8}\ m}$$

69. $$T = \frac{2\pi \cdot r}{v}$$ Kreisbewegung: $u = v \cdot T \Leftrightarrow T = \frac{u}{v}$

$$= \frac{2\pi \cdot 5{,}29 \cdot 10^{-11}\ \text{m}}{2{,}2 \cdot 10^{6}\ \frac{\text{m}}{\text{s}}} = \mathbf{1{,}5 \cdot 10^{-16}\ s}$$ Zahlenwerte einsetzen; $v = 2{,}2 \cdot 10^{6}\ \frac{\text{m}}{\text{s}}$ aus Beispiel auf S. 45

70. Wenn das Alphateilchen zur Ruhe gekommen ist, hat sich seine kinetische Anfangsenergie vollständig in elektrische potenzielle Energie umgewandelt.

$$E_{pot,\,elektr.} = E_{kin}$$ Energiebilanz

$$\frac{79e \cdot 2e}{4\pi \cdot \varepsilon_0 \cdot r} = E_{kin}$$ elektrische potenzielle Energie einer Ladung q im Abstand r von einer Ladung Q: $E_{pot,\,elektr.} = \frac{Q \cdot q}{4\pi \cdot \varepsilon_0 \cdot r}$; $Q_{Gold} = 79$ e; $Q_\alpha = 2e$

$$r = \frac{158e^2}{4\pi \cdot \varepsilon_0 \cdot E_{kin}}$$ auf beiden Seiten mit r multiplizieren und durch E_{kin} dividieren; Seiten tauschen

$$= \frac{158 \cdot (1{,}6^{-19}\ \text{As})^2}{4\pi \cdot 8{,}85 \cdot 10^{-12}\ \frac{\text{As}}{\text{Vm}} \cdot 20 \cdot 10^{6} \cdot 1{,}6 \cdot 10^{-19}\ \text{J}}$$ Zahlenwerte einsetzen

$$= \mathbf{1{,}1 \cdot 10^{-14}\ m}$$

71. Die **Vorzüge** des Bohr'schen Atommodells sind:

- Es erklärt alle Emissions- und Absorptionsvorgänge richtig als Energieänderungen des Valenzelektrons.
- Die allgemeine Serienformel des Wasserstoffemissionsspektrums lässt sich damit theoretisch sehr genau herleiten.
- Rydbergkonstante und Ionisierungsenergie des Wasserstoffs lassen sich damit durch Naturkonstanten ausdrücken.
- Der Durchmesser des Wasserstoffatoms wird größenordnungsmäßig richtig bestimmt.
- Die Spektren wasserstoffähnlicher Atome und Ionen lassen sich damit relativ genau berechnen.
- Das Moseley-Gesetz (vgl. Kap. 13, S. 70) lässt sich damit theoretisch herleiten.

Die wesentlichen **Mängel** des Bohr'schen Atommodells sind:
- Die Bohr'schen Postulate sind im Rahmen der klassischen Physik unverständlich und erscheinen willkürlich.
- Die Behandlung von Mehrelektronenatomen mittels der Bohr'schen Theorie führt zu Widersprüchen.
- Das Wasserstoffatom besitzt im Bohr'schen Modell die Gestalt einer Scheibe, nicht die einer Kugel.
- Das Bohr'sche Modell kann keine Aussagen über die Intensität oder die Polarisation der vom Wasserstoffatom emittierten Strahlung machen.
- Das Bohr'sche Modell liefert die magnetischen Eigenschaften der Atome nicht richtig.
- Nach wie vor (vgl. Rutherford-Modell) besteht ein Widerspruch zur Heisenberg'schen Unschärferelation: Der klassische Begriff „Bahn" setzt eine genaue Kenntnis des Ortes (also $\Delta x = 0$) und eine genaue Kenntnis der Geschwindigkeit und damit des Impulses (also $\Delta p_x = 0$) zur selben Zeit voraus.

72. Wahre oder falsche Aussage? Entscheiden Sie durch Ankreuzen.

	wahr	falsch
Auf einer erlaubten Quantenbahn ist der Betrag der kinetischen Energie eines Elektrons stets halb so groß wie der Betrag seiner potenziellen Energie.	☒	☐
Die Geschwindigkeit des Elektrons ist auf einer erlaubten Quantenbahn umso größer, je kleiner ihr Radius ist.	☒	☐
Der Betrag der kinetischen Energie eines Elektrons ist stets genauso groß wie der Betrag seiner Gesamtenergie.	☒	☐
Mit zunehmender Quantenzahl nimmt die Geschwindigkeit des Elektrons ebenfalls zu.	☐	☒

Begründung:
- erste und dritte Aussage: Energieformeln auf S. 46
- zweite Aussage: Quantenbedingung (1. Bohr'sches Postulat)
- vierte Aussage: Geschwindigkeitsformel auf S. 46

73. a) Klassische Physik
- *elektrisch neutrales Teilchen (z. B. Neutron):* Das Teilchen kann jede beliebige Bewegungsenergie besitzen. Es pendelt mit unverändertem Geschwindigkeitsbetrag zwischen den Wänden hin und her. Zwischen den Wänden bewegt es sich geradlinig gleichförmig. Die Wahrscheinlichkeit, das Teilchen an einem Ort x innerhalb eines Ortsintervalls der Länge Δx anzutreffen, ist für alle $x \in]0; L[$ gleich groß.

- *elektrisch geladenes Teilchen (z. B. Elektron):* Das Teilchen kann zunächst jede beliebige Bewegungsenergie besitzen. Da ein Stoß des Teilchens gegen die Wand aber mit positiven und negativen Beschleunigungen verbunden ist, führen die Stöße zur Emission einer elektromagnetischen Strahlung. (Beschleunigte Ladungen strahlen in der klassischen Physik elektromagnetische Energie ab.) Das geladene Teilchen verliert daher seine Bewegungsenergie durch Strahlung und kommt zur Ruhe.

b) Quantenmechanik
Die dem geladenen oder ungeladenen Teilchen zugeordnete De-Broglie-Welle kann zwischen den Wänden nur als stehende Welle existieren (andernfalls würde sie sich durch Interferenz selbst auslöschen). Die damit verbundenen Folgen sind:
- Die Bewegungsenergie des Teilchens kann nie null sein.
- Die Bewegungsenergie des Teilchens ist quantisiert. Es kann also Energie nur in bestimmten Portionen aufnehmen oder abgeben.
- Es gibt nur eine diskrete Menge sogenannter stationärer Zustände, in denen auch ein elektrisch geladenes Teilchen nicht strahlt.

74. Nach der klassischen Physik bewegt sich ein elektrisch neutrales Teilchen zwischen den starren Wänden geradlinig gleichförmig, stets mit dem gleichen Geschwindigkeitsbetrag. Die Aufenthaltswahrscheinlichkeit des Teilchens ist somit nach der klassischen Physik für jedes Intervall $[x, x+\Delta x]$ innerhalb des Potenzialtopfs gleich groß.
Quantenphysikalisch ist die Aufenthaltswahrscheinlichkeit am Ort x durch das Betragsquadrat $|\psi_n(x)|^2 dx$ der Wellenfunktionen des Teilchens bestimmt. Je größer die Quantenzahl n ist, desto mehr Knoten und Bäuche besitzt die Wellenfunktion und desto gleichmäßiger sind die Maxima der Aufenthaltswahrscheinlichkeitsdichte $|\psi_n(x)|^2$ über das Intervall [0; L] verteilt. Für sehr hohe Quantenzahlen ist das Teilchen demnach in jedem Intervall $[x, x+\Delta x]$ innerhalb des Potenzialtopfs gleich häufig anzutreffen.

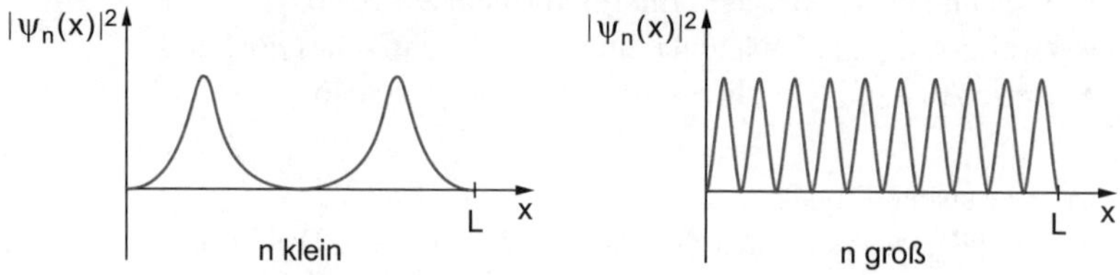

75. Die Normierungsbedingung lautet mit $k_n = \frac{n \cdot \pi}{L}$; $n = 1, 2, 3, \ldots$:

$$\int_0^L \psi_n^2(x)\,dx = 1 \quad \Leftrightarrow \quad \int_0^L \left(A \cdot \sin\left(k_n \cdot x\right)\right)^2 dx = 1 \quad \Leftrightarrow \quad A^2 \cdot I(x) = 1 \qquad (*)$$

Das bestimmte Integral $I(x)=\int_0^L (\sin(k_n \cdot x))^2\,dx$ wertet man über die angegebene Stammfunktion aus:

$$I(x)=\int_0^L (\sin(k_n \cdot x))^2\,dx=\left[\frac{x}{2}-\frac{1}{4k_n}\cdot\sin(2k_n\cdot x)\right]_0^L$$

$$=\frac{L}{2}-\frac{1}{4k_n}\cdot\sin\left(2\cdot\frac{n\cdot\pi}{L}\cdot L\right)=\frac{L}{2}-\frac{1}{4k_n}\cdot\underbrace{\sin(2\pi\cdot n)}_{=0}=\frac{L}{2}$$

Eingesetzt in (*) folgt:

$$A^2\cdot\frac{L}{2}=1 \;\Rightarrow\; A=\sqrt{\frac{2}{L}}$$

76. In einem Atom ist der Aufenthaltsbereich eines Neutrons durch die Kernkräfte auf den Atomkern (Durchmesser $\approx 10^{-14}$ m) begrenzt. Es ist daher sinnvoll, im Modell des linearen Potenzialtopfs $L=10^{-14}$ m zu setzen. Für die Nullpunktsenergie folgt mit $m_n=1{,}7\cdot 10^{-27}$ kg:

$$E_1=\frac{h^2}{8m\cdot L^2}=\frac{(6{,}63\cdot 10^{-34}\,\text{Js})^2}{8\cdot 1{,}7\cdot 10^{-27}\,\text{kg}\cdot(10^{-14}\,\text{m})^2}=3{,}2\cdot 10^{-13}\,\text{J}=\mathbf{2{,}0\cdot 10^6\,eV}$$

Die Nullpunktsenergie eines Neutrons im Kern ist um den Faktor

$$\frac{2{,}0\cdot 10^6\,\text{eV}}{38\,\text{eV}}=\mathbf{5{,}3\cdot 10^4}$$

größer als die Nullpunktsenergie des Elektrons in der Hülle.

Hinweis: Das Verhältnis der beiden Energien hängt allein von der Teilchenmasse und der Topfbreite ab und lässt sich daher rasch abschätzen:

$$\frac{E_{1,n}}{E_{1,e}}=\frac{\frac{h^2}{8m_n\cdot L_n^2}}{\frac{h^2}{8m_e\cdot L_e^2}}=\frac{m_e\cdot L_e^2}{m_n\cdot L_n^2}=\frac{m_e}{m_n}\cdot\left(\frac{L_e}{L_n}\right)^2\approx\frac{1}{2000}\cdot 10^8=5\cdot 10^4$$

77. Bei der Absorption wird ein Elektron aus dem höchsten besetzten Niveau mit $n=5$ in das nächsthöhere unbesetzte Niveau mit $n=6$ gehoben. Dabei wird die Energie E_{abs} absorbiert:

$$E_{abs}=E_6-E_5$$ Absorption eines Photons nur, wenn seine Energie exakt der Differenz zwischen zwei Energieniveaus entspricht

$$=\frac{h^2\cdot 6^2}{8m\cdot L^2}-\frac{h^2\cdot 5^2}{8m\cdot L^2}$$ Energieniveaus im linearen Potenzialtopf

$$=\frac{h^2}{8m\cdot L^2}\cdot(6^2-5^2)$$ $\frac{h^2}{8m\cdot L^2}$ ausklammern

$$=\frac{(6{,}63\cdot 10^{-34}\,\text{Js})^2}{8\cdot 9{,}1\cdot 10^{-31}\,\text{kg}\cdot(1{,}4\cdot 10^{-9}\,\text{m})^2}\cdot(36-25)$$ Zahlenwerte einsetzen

$$=3{,}4\cdot 10^{-19}\,\text{J}$$

Aus der Photonenenergie lässt sich die zugehörige Wellenlänge berechnen:

$$\frac{h \cdot c}{\lambda} = E_{abs} \qquad \text{Photonenmodell}$$

$$\lambda = \frac{h \cdot c}{E_{abs}} \qquad \text{auf beiden Seiten durch } E_{abs} \text{ dividieren und mit } \lambda \text{ multiplizieren}$$

$$= \frac{6{,}63 \cdot 10^{-34}\,\text{Js} \cdot 3{,}0 \cdot 10^{8}\,\frac{\text{m}}{\text{s}}}{3{,}4 \cdot 10^{-19}\,\text{J}} = \mathbf{5{,}8 \cdot 10^{-7}\,m} \qquad \text{Zahlenwerte einsetzen}$$

Das Farbstoffmolekül absorbiert gelb-orangefarbenes Licht der Wellenlänge $\lambda = 580$ nm aus dem eingestrahlten weißen Licht.

78. Für zwei benachbarte Energieniveaus gilt

$$\frac{h^2 \cdot n^2}{8m \cdot L^2} \approx \frac{h^2 \cdot (n+1)^2}{8m \cdot L^2},$$

umso besser, je größer m und L sind; für genügend große Werte erscheint die Energie dann kontinuierlich veränderlich. Unabhängig davon nähern sich die Energieniveaus für zunehmende Werte von n immer weiter an (Bohr'sches Korrespondenzprinzip, vgl. Aufgabe 74).

79. Aus der Skizze auf S. 52 erkennt man:

- Anzahl z der Knoten der Wellenfunktion: $z = n - 1$
- Je größer die Anzahl z der Knoten ist, desto größer ist die Energie des Zustands: $E_n \sim n^2 = (z+1)^2$

80. Durch das Durchdringen der Topfwände wird die „effektive" Topfbreite L vergrößert, sodass wegen

$$E_n = \frac{h^2 \cdot n^2}{8m \cdot L^2} \quad \Rightarrow \quad E_n \sim \frac{1}{L^2}$$

die Zustandsenergien kleiner werden. Um ein Teilchen in einem kleineren Bereich festzuhalten, wird eine größere Energie benötigt.

81. Die kleinste Energie erhält man für $n_x = n_y = n_z = 1$:

$$E_{111} = \frac{h^2}{8m \cdot L^2} \cdot \left(1^2 + 1^2 + 1^2\right) = \mathbf{\frac{3h^2}{8m \cdot L^2}}$$

Die nächsthöheren Energien ergeben sich, wenn man jeweils eine der drei Quantenzahlen um eins erhöht. Man erhält also die drei Zustände ψ_{211}, ψ_{121} und ψ_{112} mit den gleich großen Energien

$$E_{211} = E_{121} = E_{112} = \frac{h^2}{8m \cdot L^2} \cdot \left(1^2 + 1^2 + 2^2\right) = \mathbf{\frac{6h^2}{8m \cdot L^2}} = 2E_{111}.$$

Entsprechend gehört das dritte Energieniveau zu den drei Zuständen ψ_{122}, ψ_{212} und ψ_{221} mit den Energien
$E_{122} = E_{212} = E_{221} = \frac{h^2}{8m \cdot L^2} \cdot \left(2^2 + 2^2 + 1^2\right) = \mathbf{\frac{9h^2}{8m \cdot L^2}} = 3E_{111}$.

Das vierte Energieniveau gehört zu den drei Zuständen ψ_{311}, ψ_{131} und ψ_{113} mit den Energien
$E_{311} = E_{131} = E_{113} = \frac{h^2}{8m \cdot L^2} \cdot \left(3^2 + 1^2 + 1^2\right) = \mathbf{\frac{11h^2}{8m \cdot L^2}} = \frac{11}{3} E_{111} = 3{,}\overline{6}\,E_{111}$.

Zur fünften Energiestufe gehört der Zustand ψ_{222} mit der Energie
$E_{222} = \frac{h^2}{8m \cdot L^2} \cdot \left(2^2 + 2^2 + 2^2\right) = \mathbf{\frac{12h^2}{8m \cdot L^2}} = 4E_{111}$.

Hieraus ergibt sich das Energieniveauschema rechts.

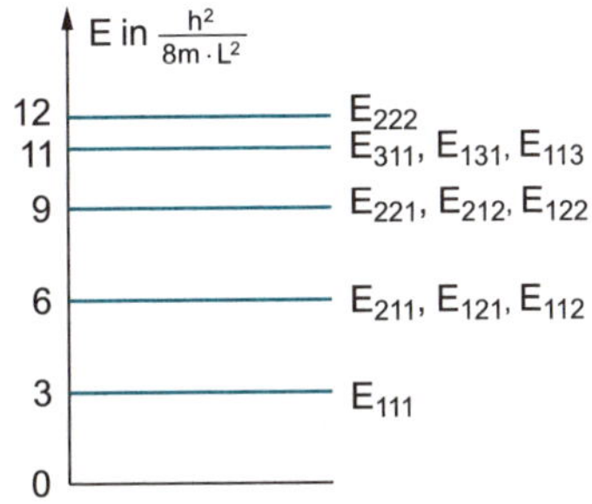

Hinweise:
- Wenn mehrere Zustände zum gleichen Energieniveau gehören, spricht man von *energetisch entarteten* Zuständen.
- Die aufsteigende Reihenfolge der Energiewerte ist nicht streng mit einem gleichmäßigen Ansteigen der Quantenzahlen verknüpft. Beispielsweise liegt der Zustand ψ_{311} energetisch höher als der Zustand ψ_{221}, aber tiefer als der Zustand ψ_{222}. Das liegt daran, dass in die Energieformel nicht die einfache Summe (im Beispiel: 5 und 6), sondern die Quadratsumme der Quantenzahlen (im Beispiel: 9, 11 und 12) eingeht.
- Aus demselben Grund folgt, dass die Abstände der Energieniveaus nicht äquidistant sind.

82. Die Wellenfunktionen ψ_{121} und ψ_{211} gehören zum selben Energieniveau (vgl. Aufgabe 81), nämlich zum ersten angeregten Zustand oberhalb des Grundzustands. Analog zum linearen Potenzialtopf erhöht sich bei Zunahme einer der Quantenzahlen um eins auch die Anzahl der Knotenflächen um eins (vgl. Aufgabe 79). Da das Grundzustandsorbital keine Knotenfläche aufweist (vgl. Orbitaldarstellung auf S. 56), besitzen die drei Orbitale, die zum ersten angeregten Zustand gehören, eine Knotenfläche. Ihre Lage hängt davon ab, welche der drei Quantenzahlen erhöht wurde: Bei der Wellenfunktion ψ_{121} ist dies n_y, sodass – wiederum in Analogie zum linearen Potenzialtopf – eine Ebene senkrecht zur y-Achse, also parallel zur x-z-Ebene, die Knotenfläche bildet; aus Symmetriegründen muss dies dann die Ebene durch $y = \frac{L}{2}$ sein. Entsprechend besitzt das Orbital zur Wellenfunktion ψ_{211} mit um eins erhöhter Quantenzahl n_x eine Knotenfläche parallel zur y-z-Ebene durch $x = \frac{L}{2}$.

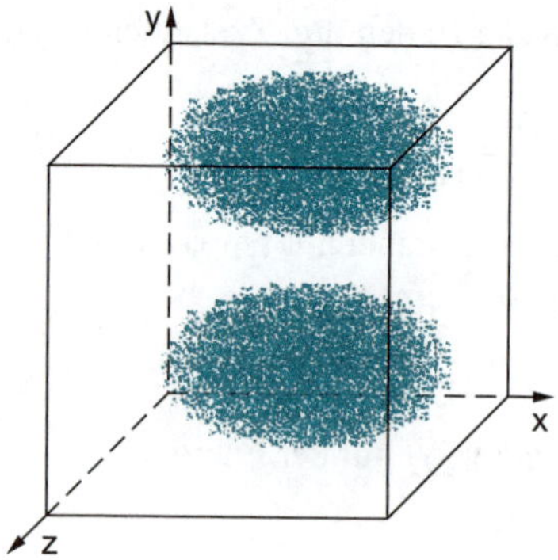

Orbital zu ψ_{121}

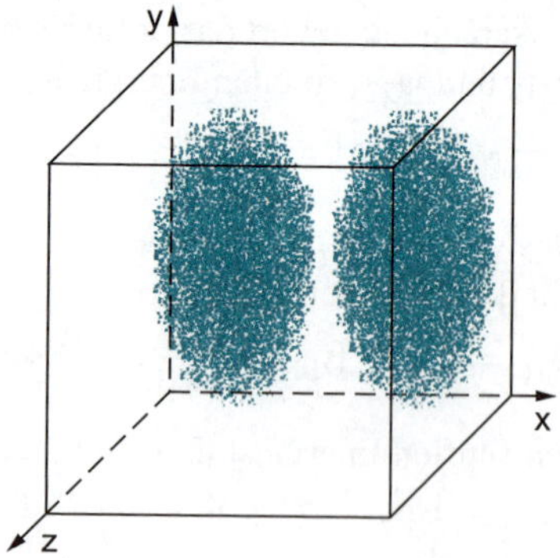

Orbital zu ψ_{211}

83. a) Es gibt 3 Knotenebenen parallel zur y-z-Ebene, 2 Knotenebenen parallel zur x-z-Ebene und 1 Knotenebene parallel zur x-y-Ebene.

b) Für den durch die Quantenzahlen n_x, n_y, n_z gekennzeichneten Zustand gibt es

- $n_x - 1$ Knotenebenen parallel zur y-z-Ebene;
- $n_y - 1$ Knotenebenen parallel zur x-z-Ebene;
- $n_z - 1$ Knotenebenen parallel zur x-y-Ebene.

84.

n	ℓ	m	Anzahl
4	0	0	1
4	1	–1, 0, +1	3
4	2	–2, –1, 0, +1, +2	5
4	3	–3, –2, –1, 0, +1, +2, +3	7

Gesamtzahl nach Tabelle: $z_4 = 1 + 3 + 5 + 7 = 16$
Gesamtzahl nach Regel: $z_4 = 4^2 = 16$

85. Das Abfallen der Ionisierungsenergie beim Übergang von He auf Li, von Ne auf Na, von Ar auf K, von Kr auf Rb und von Xe auf Cs deutet darauf hin, dass hier jeweils mit der Neubesetzung einer höheren Schale begonnen wird: Ein einzelnes Elektron in der „neu eröffneten" äußersten Schale mit größerem Kernabstand lässt sich leichter vom Atomverbund lösen als ein Elektron, das zusätzlich in eine kernnähere bestehende Schale eingefügt wird.

86. a) Auf der K-, der L- und der M-Schale (also für n = 1, 2 und 3) haben insgesamt $2 \cdot 1^2 + 2 \cdot 2^2 + 2 \cdot 3^2 = \mathbf{28}$ Elektronen Platz.

b) Kalium hat 19 Elektronen und platziert davon 18 in energetischer Reihenfolge:
- 2 in 1s
- 2 in 2s
- 6 in 2p
- 2 in 3s
- 6 in 3p

Das 19. Elektron wird nicht in 3d (wo noch alle 10 Plätze frei sind) untergebracht, sondern in 4s, weil das 4s-Orbital energetisch tiefer liegt als die 3d-Orbitale.

87. a) In der ersten Periode können nur so viele Elemente untergebracht werden, wie Elektronen auf der K-Schale Platz haben, also nur Elemente mit 1 oder 2 Elektronen. Das sind H und He.
Da die L-Schale mit maximal 8 Elektronen besetzt werden kann, befinden sich in der zweiten Periode die Elemente, deren K-Schale mit 2 Elektronen besetzt ist, deren L-Schalen jedoch höchstens mit 8 Elektronen besetzt sind. Das sind Li mit insgesamt 3, Be mit 4, B mit 5, C mit 6, N mit 7, O mit 8, F mit 9 und Ne mit 10 Elektronen.

b) Materie besteht aus Atomen. Für die Ausdehnung sind zwei quantenphysikalische Gesetze verantwortlich:
- Da nach dem **Pauli-Prinzip** sich je zwei Hüllelektronen eines Atoms mindestens in einer der vier Quantenzahlen n, ℓ, m und s unterscheiden müssen, können bei Atomen mit einer Kernladungszahl von $Z > 2$ nicht alle Elektronen die kernnächste Schale (K-Schale) besetzen. Das Ausweichen auf höhere Schalen hat einen größeren Atomdurchmesser zur Folge.
- Auch die K-Schale selbst besitzt einen endlichen Abstand vom Atomkern, sodass auch das Wasserstoffatom ($Z = 1$) und das Heliumatom ($Z = 2$) eine Mindestausdehnung haben. Dafür sorgt die **Unschärferelation Heisenbergs**: Sie stellt bei nach oben begrenzten Werten für Energie und Impuls eines Hüllelektrons sicher, dass dessen Ortsunschärfe nicht beliebig klein werden kann und somit das Atom einen stabilen Grundzustand mit einer endlich ausgedehnten Atomhülle besitzt.

88. Die Abbildung rechts zeigt den qualitativen Verlauf der Franck-Hertz-Kurve, die unter den beiden genannten Bedingungen zu erwarten ist. Sie unterscheidet sich von der realen Kurve in zwei wesentlichen Punkten:

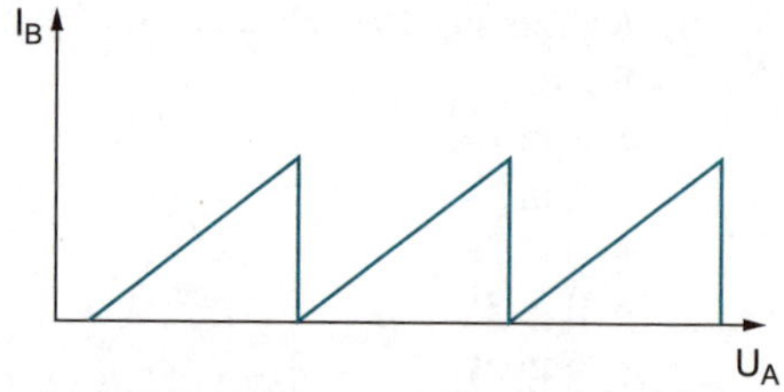

1. Unmittelbar hinter den Maxima treten Nullstellen auf, während bei der Realkurve der Strom zwischen zwei Maxima nicht auf null zurückgeht.
2. Die Maxima und Minima sind scharf ausgebildet, während bei der Realkurve die Maxima und Minima abgerundet sind.

Begründung der Unterschiede:

1. Im Realexperiment erhalten die Elektronen die volle Energie aus dem Beschleunigungsfeld erst unmittelbar vor dem Gitter. Somit finden die letzten unelastischen Stöße nur in einem sehr kleinen Raumbereich vor dem Gitter statt. Daher findet nicht jedes Elektron, das energetisch zu einem unelastischen Stoß in der Lage wäre, ein Quecksilberatom als Stoßpartner; ein solches Elektron gelangt deshalb ohne Energieverlust zur Auffängerelektrode und liefert einen Beitrag zum Auffängerstrom. Diese Einschränkung wird im idealisierten Experiment durch die erste Bedingung ausgeschlossen.
2. Im Realexperiment verlassen die Elektronen temperaturbedingt mit unterschiedlichen Geschwindigkeitsbeträgen die Glühkathode in unterschiedlichen Richtungen. Daher weisen sie eine Geschwindigkeitsverteilung auf, sodass
   - die schnelleren bereits bei kleineren Spannungen,
   - die langsameren erst bei größeren Spannungen

   aus dem Beschleunigungsfeld genügend Energie gesammelt haben, um unelastisch mit den Quecksilberatomen zu stoßen. Es bilden sich daher unscharfe, abgerundete Extrema aus. Im idealisierten Experiment wird diese Unschärfe durch die zweite Bedingung verhindert: Jedem Wert der Beschleunigungsspannung ist genau ein Geschwindigkeitswert zugeordnet.

89. Die ideale Hg-Temperatur T_0 liegt im Bereich zwischen 150 °C und 170 °C. Grundsätzlich gilt: Je höher die Temperatur, desto mehr Atome des Hg-Tropfens befinden sich im gasförmigen Zustand; ihre mittlere Geschwindigkeit ist größer. Folglich stößt ein Elektron auf seinem Weg von der Kathode zum Anodengitter bei höheren Temperaturen häufiger mit Quecksilberatomen zusammen. Zu große Abweichungen vom idealen Temperaturbereich wirken sich negativ auf die Qualität der Franck-Hertz-Kurve aus:

- Ist die Temperatur deutlich geringer als T_0, finden zu wenige unelastische Stöße statt.
- Ist die Temperatur deutlich höher als T_0, werden aufgrund der starken Bewegung der Hg-Atome die Elektronen sehr stark gestreut, sodass die Stromminima der Franck-Hertz-Kurve unscharf werden.

90. Bei Zimmertemperatur ist die Zahl der Stöße zwischen Elektronen und Quecksilberatomen vernachlässigbar klein (vgl. Aufgabe 89), sodass das Franck-Hertz-Diagramm im Prinzip mit der Kennlinie einer Vakuumdiode übereinstimmt. Der verspätete Einsatz des Auffängerstromes ist durch die Bremsspannung U_G bedingt.

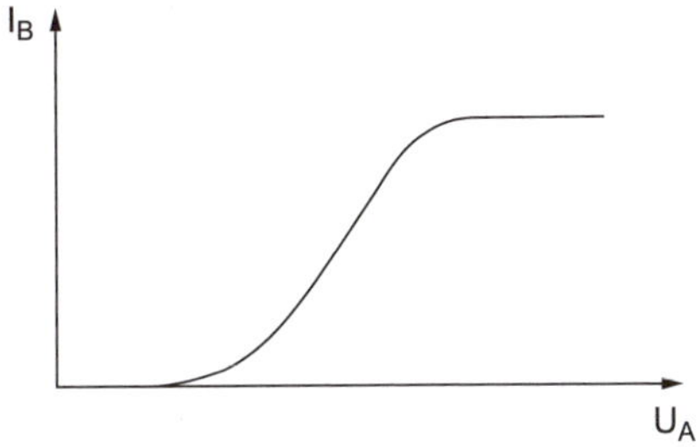

Franck-Hertz-Diagramm für $\vartheta \approx 20\ °C$

91. a) Da die Bremsspannung U_B betragsmäßig deutlich über der maximalen Beschleunigungsspannung U_A liegt und die Auffängerelektrode B negativ gepolt ist, können zwischen K und A beschleunigte Elektronen **nie** den Auffänger B erreichen. Der angezeigte Auffängerstrom kann nur durch positive Ladungsträger hervorgerufen worden sein. Diese können entstehen, weil nicht alle zwischen K und A beschleunigten Elektronen bei Erreichen der Anregungsenergie unelastisch mit Hg-Atomen zusammenstoßen. Daher erreichen einige bei genügend hoher Beschleunigungsspannung U_A die zur Stoßionisation der Hg-Atome ausreichende kinetische Energie von 10,44 eV. Die durch Elektronenstoß gebildeten positiven Hg-Ionen gelangen durch das Gitter und werden von der negativ gepolten Auffängerelektrode B angezogen.

b) Die Temperaturen sollten bei diesem Versuch aus zwei Gründen unter 100 °C liegen:
- Bei höheren Temperaturen nimmt die Zahl der Hg-Atome, die ein Elektron auf seinem Weg von K nach A „sieht", zu. Dadurch können weniger Elektronen die zur Stoßionisation nötige Energie von 10,44 eV erreichen, da sie vorher schon durch Anregung der Hg-Atome Energie verloren haben.
- Der mit höheren Temperaturen zunehmende Gasdruck führt dazu, dass die Quecksilber-Ionen zu schnell rekombinieren. Dies erschwert eine genaue Festlegung des Einsatzpunktes des Ionenstroms.

92. a) Die durch Elektronenstoß angeregten Kaliumatome (Anregungsenergie 1,63 V) emittieren bei der Rückkehr in den Grundzustand Photonen der Energie $\frac{h \cdot c}{\lambda}$ mit $\lambda = 760{,}6$ nm.

b) $\frac{h \cdot c}{\lambda} = e \cdot U$ — Energiebilanz $E_{Photon} = E_{kin,\, Elektron}$

$\Rightarrow \quad h = \frac{e \cdot U \cdot \lambda}{c}$ — auf beiden Seiten mit $\frac{\lambda}{c}$ multiplizieren

$= \frac{1{,}602 \cdot 10^{-19}\ \text{As} \cdot 1{,}63\ \text{V} \cdot 760{,}6 \cdot 10^{-9}\ \text{m}}{3{,}00 \cdot 10^{8}\ \frac{\text{m}}{\text{s}}}$ — Zahlenwerte einsetzen

$= \mathbf{6{,}62 \cdot 10^{-34}\ Js}$

93. a) Die Elektronen führen mit den Heliumatomen entweder elastische oder unelastische Stöße aus.

- Bei einem **elastischen** Stoß verlieren sie wegen ihrer kleinen Masse keine Energie („Ball-gegen-die-Wand-Effekt“) und treten dann mit einer kinetischen Energie von 50 eV in den Detektor ein (Maximum bei 50 eV).
- Bei einem **unelastischen** Stoß verlieren sie gerade so viel an Energie, wie die He-Atome an Energie aufnehmen. Da die He-Atome aber nur ganz bestimmte Energieportionen aufnehmen können, können die Elektronen nur ganz bestimmte Energieportionen abgeben.
  Maximum bei 28,8 eV: Elektronen geben (50,0 – 28,8) eV = 21,2 eV ab.
  Maximum bei 27,2 eV: Elektronen geben (50,0 – 27,2) eV = 22,8 eV ab.
  Maximum bei 26,4 eV: Elektronen geben (50,0 – 26,4) eV = 23,6 eV ab.

b) Eine Energie von mehr als (50,0 – 25,5) eV = 24,5 eV reicht aus, das Heliumatom einfach zu ionisieren. Da freie Elektronen jeden beliebigen Energiebetrag aufnehmen können, ist für $E_{kin} < 25{,}5$ eV kein diskretes Linienspektrum, sondern nur noch ein Kontinuum zu beobachten.

c) Energieniveauschema von Helium. Anregungsenergien: siehe Teilaufgaben a und b.

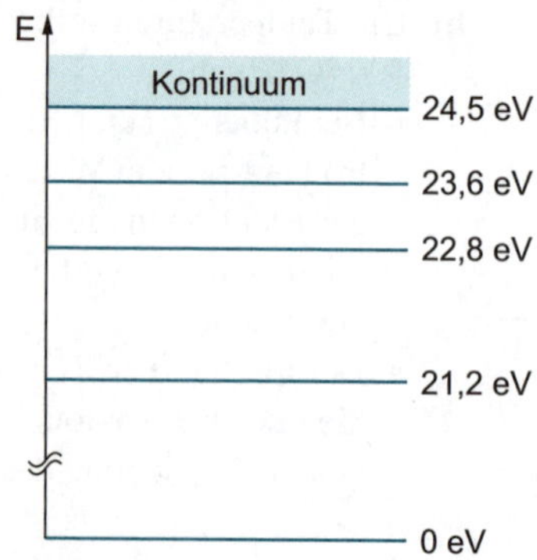

94. Zunächst treten die Linien der M-Serie, dann die der L- und dann die der K-Serie auf.

Begründung: Die in der Röhre beschleunigten Elektronen benötigen für die Ionisation aus der M-Schale weniger Energie und damit eine kleinere Beschleunigungsspannung als für die Ionisation aus der L- oder gar aus der K-Schale.

95. Voraussetzung für das Auftreten von Linien z. B. der K-Serie ist eine Lücke in der K-Schale des Atoms. Reicht die Betriebsspannung der Röntgenröhre zur Erzeugung einer Lücke in der K-Schale aus, so kann diese, wenn auch mit unterschiedlichen Wahrscheinlichkeiten, von Elektronen aus jeder höheren besetzten Schale aufgefüllt werden. Daher sind in diesem Fall prinzipiell – wenn auch mit unterschiedlichen Intensitäten – alle Linien der zugehörigen Serie beobachtbar.

96. Je größer der Abstand einer besetzten Schale von der K-Schale ist, desto unwahrscheinlicher füllt ein Elektron aus dieser Schale eine Lücke in der K-Schale auf. Da die Intensität einer Linie aber durch die Anzahl der zu dieser Linie gehörenden Übergänge in den Atomen der Antikathode bestimmt wird, nimmt die Intensität der Linien der K-Serie von der K_α-Linie über die K_β-Linie zur K_γ-Linie hin ab.

97. Bei sinkender Betriebsspannung U_B

- verschiebt sich die kurzwellige Grenze des kontinuierlichen Spektrums wegen $\lambda_{min} \sim \frac{1}{U_B}$ zu größeren Wellenlängen;
- behalten die Intensitätsmaxima des charakteristischen Spektrums ihre Lage unverändert bei;
- werden die Intensitäten insgesamt kleiner.

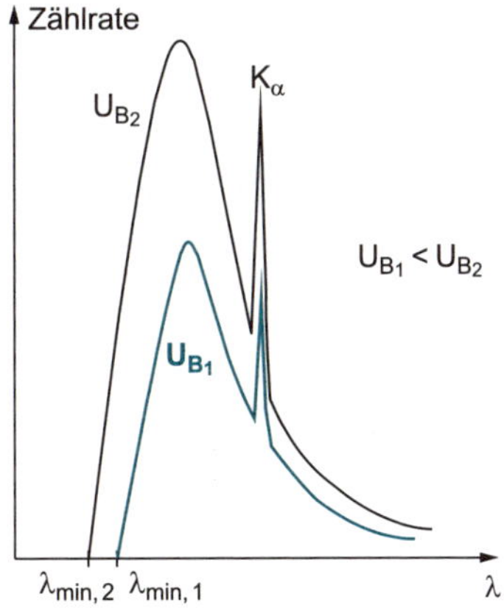

Wird U_B so klein, dass eine Ionisation der Anodenatome aus der K-Schale nicht mehr möglich ist, so verschwinden alle Linien der K-Serie des charakteristischen Spektrums. Man beobachtet dann nur noch das kontinuierliche Spektrum und vom charakteristischen Spektrum nur noch die Linien der L- und M-Serie. Bei weiter sinkender Betriebsspannung verschwinden dann auch diese charakteristischen Linien.

98. $\frac{1}{\lambda_{K_\alpha}} = \frac{3}{4} \cdot R \cdot (Z-1)^2$ — Moseley-Gesetz

$\Rightarrow \quad Z = \sqrt{\frac{4}{3R \cdot \lambda_{K_\alpha}}} + 1$ — auf beiden Seiten mit $\frac{4}{3R}$ multiplizieren, dann radizieren und 1 addieren

$= \sqrt{\frac{4}{3 \cdot 1{,}1 \cdot 10^7 \frac{1}{m} \cdot 1{,}54 \cdot 10^{-10}\,m}} + 1 = 29$ — Zahlenwerte einsetzen

Die Antikathode besteht aus **Kupfer**. — Periodensystem (Formelsammlung): $Z_{Cu} = 29$

99. Zur Ionisation aus der K-Schale ist die Energie $E_K = E_{K_\alpha} + E_L$ nötig (vgl. Termschema).

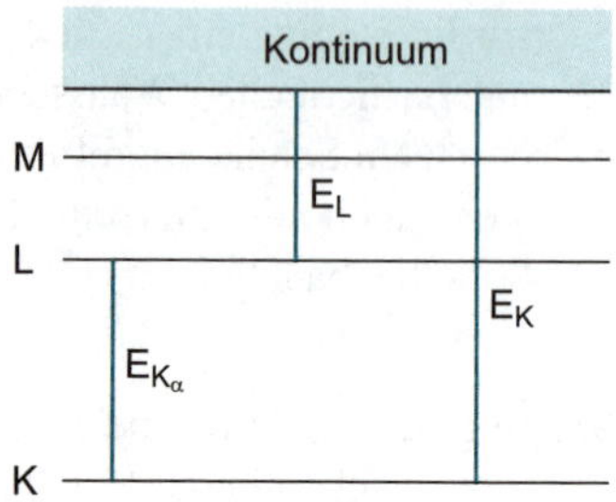

$$E_K = \frac{h \cdot c}{\lambda_{K_\alpha}} + E_L$$

$$= \frac{4{,}14 \cdot 10^{-15}\,eVs \cdot 3{,}00 \cdot 10^8\,\frac{m}{s}}{1{,}54 \cdot 10^{-10}\,m} + 936\,eV$$

$$= \mathbf{9{,}00\,keV}$$

Die Betriebsspannung der Röhre muss mindestens 9 keV betragen.

100. $\lambda_{min} = \frac{h \cdot c}{e \cdot U_B}$ — Grenzwellenlänge

$= \frac{6{,}63 \cdot 10^{-34}\,Js \cdot 3{,}00 \cdot 10^8\,\frac{m}{s}}{1{,}60 \cdot 10^{-19}\,As \cdot 9000\,V} = \mathbf{138\,pm}$ — Zahlenwerte einsetzen

101. Gemäß dem Termschema rechts gilt:

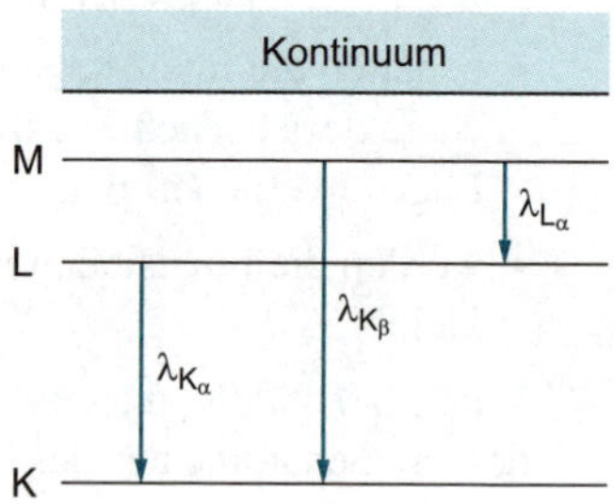

$$E_{L_\alpha} = E_{K_\beta} - E_{K_\alpha}$$

$$\frac{h \cdot c}{\lambda_{L_\alpha}} = \frac{h \cdot c}{\lambda_{K_\beta}} - \frac{h \cdot c}{\lambda_{K_\alpha}}$$

$$\frac{1}{\lambda_{L_\alpha}} = \frac{1}{\lambda_{K_\beta}} - \frac{1}{\lambda_{K_\alpha}}$$

$$= \frac{f_{K_\beta}}{c} - \frac{1}{\lambda_{K_\alpha}}$$

$$= \frac{2{,}16 \cdot 10^{18}\,\frac{1}{s}}{3{,}00 \cdot 10^8\,\frac{m}{s}} - \frac{1}{1{,}54 \cdot 10^{-10}\,m}$$

$$= 7{,}06 \cdot 10^8\,\frac{1}{m}$$

$$\Rightarrow \quad \lambda_{L_\alpha} = \mathbf{1{,}42\,pm}$$

102. Gemäß dem Termschema rechts gilt:

$$E_M = E_L - E_{L_\alpha}$$
$$= E_L - \frac{h \cdot c}{\lambda_{L_\alpha}}$$
$$= 936\ \text{eV} - \frac{4{,}14 \cdot 10^{-15}\ \text{eVs} \cdot 3{,}00 \cdot 10^8\ \frac{\text{m}}{\text{s}}}{1{,}42 \cdot 10^{-9}\ \text{m}}$$
$$= \mathbf{61\ eV}$$

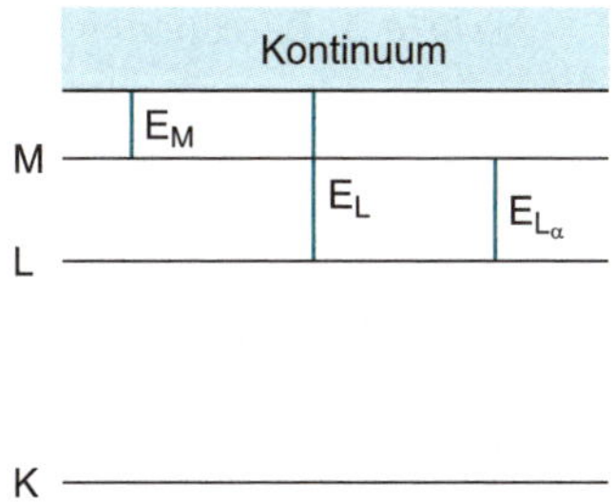

103. Dem Diagramm kann man die Wellenlängen für die K- und die L-Absorptionskante entnehmen und damit die Mindestenergien berechnen, die einem Metallatom zur Ionisation aus der K- bzw. der L-Schale zugeführt werden müssen:

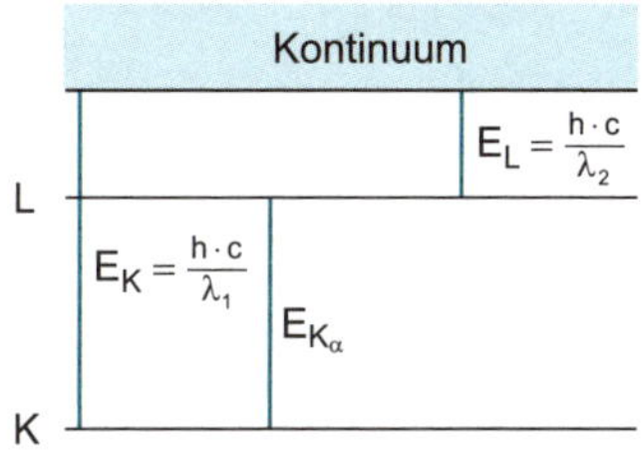

$$E_{K_\alpha} = E_K - E_L$$
$$\frac{h \cdot c}{\lambda_{K_\alpha}} = \frac{h \cdot c}{\lambda_1} - \frac{h \cdot c}{\lambda_2}$$
$$\frac{1}{\lambda_{K_\alpha}} = \frac{1}{\lambda_1} - \frac{1}{\lambda_2}$$
$$= \frac{1}{0{,}485 \cdot 10^{-10}\ \text{m}} - \frac{1}{3{,}25 \cdot 10^{-10}\ \text{m}} = 1{,}75 \cdot 10^{10}\ \frac{1}{\text{m}}$$
$$\Rightarrow \quad \lambda_{K_\alpha} = \mathbf{5{,}70 \cdot 10^{-11}\ m}$$

104. Röntgenquanten der Wellenlänge $\lambda = 10^{-10}$ m können bei Elementen mit Kernladungszahlen $Z < 34$ Elektronen aus der K-Schale, bei Elementen mit Kernladungszahlen $Z \geq 34$ nur noch aus der L-Schale herausschlagen.

105. Entfernung des Galaxienhaufens Ursa maior II

Schritt 1: Berechnung von $\Delta\lambda$

Im oberen Spektrum beträgt der mit dem Lineal auf dem Papier gemessene Abstand der K-Linie von der H_β-Linie 7,0 cm. Im unteren Spektrum ist die K-Linie, mit dem Lineal auf dem Papier gemessen, um 3,9 cm verschoben. Mit Dreisatz finden Sie:

- 7,0 cm entsprechen 486,1 nm − 393,4 nm = 92,7 nm.
- 1,0 cm entspricht $\frac{92{,}7}{7{,}0}$ nm.
- 3,9 cm entsprechen $\frac{92{,}7\ \text{nm}}{7{,}0} \cdot 3{,}9 = 52\ \text{nm} = \Delta\lambda$.

Schritt 2: Berechnung der Fluchtgeschwindigkeit v

$\frac{\Delta\lambda}{\lambda_0} = \frac{v}{c}$	Formel für Rotverschiebung
$\Rightarrow \quad v = \frac{\Delta\lambda}{\lambda_0} \cdot c$	auf beiden Seiten mit c multiplizieren und Seiten tauschen
$= \frac{52\ \text{nm}}{393{,}4\ \text{nm}} \cdot 3{,}0 \cdot 10^8\ \frac{\text{m}}{\text{s}} = 4{,}0 \cdot 10^7\ \frac{\text{m}}{\text{s}}$	Zahlenwerte einsetzen

Schritt 3: Berechnung der Entfernung r

$v = H_0 \cdot r$	Hubble-Gesetz
$\Rightarrow \quad r = \frac{v}{H_0}$	auf beiden Seiten durch H_0 dividieren
$= \frac{4{,}0 \cdot 10^7\ \frac{\text{m}}{\text{s}}}{74 \cdot \frac{1\,000\ \text{m}}{\text{s} \cdot \text{Mpc}}} = \mathbf{5{,}4 \cdot 10^2\ Mpc}$	Zahlenwerte einsetzen

Zum Vergleich: Die Milchstraße hat einen mittleren Durchmesser von etwa 34 Mpc; die Entfernung zu Ursa maior II beträgt also rund das 16-Fache.

106. Physikalische Reizwortgeschichte

Der mit den Chromatomen dotierte Rubinkristall ist das **Lasermedium** des Rubinlasers. Die meisten Chromatome befinden sich im Normalzustand im Grundzustand E_1 und nur sehr wenige in einem angeregten Zustand E_2 oder E_3. Ein eingestrahltes Photon der Energie $h \cdot f = E_2 - E_1$ kann von einem im Grundzustand befindlichen Chromatom absorbiert werden und den Übergang α bewirken (siehe Termschema), es kann aber auch ein im Zustand E_2 befindliches Chromatom zum Übergang β stimulieren.
Diese **stimulierte Emission** tritt mit größerer Wahrscheinlichkeit aber nur dann auf, wenn anders als im Normalzustand das Energieniveau E_2 stärker besetzt ist als das Energieniveau E_1, wenn also eine **Besetzungsinversion** vorliegt. Man erreicht diese, indem man **„optisch pumpt"**: Mit der Röhrenblitzlampe wird dem Lasermedium durch Licht geeigneter Frequenzen Energie zugeführt, welche die Chromatome auf einen angeregten Zustand E_3 bringt (Übergänge γ). Unter Abgabe von thermischer Energie fallen die angeregten Atome spontan nach ca. 10^{-8} s strahlungsfrei auf das Energieniveau E_2 zurück (Übergänge δ). E_2 ist ein **metastabiles Niveau**, d. h., Atome können in diesem Zustand einige 10^{-3} s verweilen. Strahlt man jetzt Licht der Energie $h \cdot f = E_2 - E_2$ in den Kristall, so werden die Atome im Niveau E_2 zu stimulierter Strahlung veranlasst.
Durch eine einseitig teildurchlässige Verspiegelung der planparallelen Stirnflächen des Rubinkristalls erreicht man, dass der größere Teil der Strahlung ins Innere des Kristalls reflektiert wird, dort eine **stehende Welle** bildet und in den Wellenbäuchen weitere Übergänge noch angeregter Atome stimuliert. Ein kleiner Strahlungsanteil verlässt den Kristall als fokussierter Laserstrahl.

107. Archimedes hätte versagt – Sie nicht!

a) Gold (Au) und Wolfram (W) haben laut Tabelle fast die gleiche Dichte. Hätte der Goldschmied anstelle von Silber (Ag) (Dichteunterschied zu Gold: $8{,}8\,\frac{g}{cm^3}$) Wolfram (Dichteunterschied zu Gold: $0{,}1\,\frac{g}{cm^3}$) verwendet, wäre der Betrug wahrscheinlich nicht aufgedeckt worden.

b) Man bestrahlt eine Materialprobe aus der Krone mit polychromatischer Röntgenstrahlung (alternativ: Gamma-, Ionen- oder Elektronenstrahlung) so, dass Elektronen jeweils von der innersten Schale eines Probeatoms herausgeschlagen werden. Die Lücken in den K-Schalen können Elektronen aus höheren Energieniveaus auffüllen. Die Wellenlängen der dabei auch entstehenden K_α-Linien können gemessen werden und liefern mithilfe des Moseley-Gesetzes die Kernladungszahlen der in der Probe enthaltenen Atome.

c) Für das charakteristische Röntgenemissionsspektrum sind nur die inneren Schalen eines Atoms maßgebend, während an der chemischen Bindung nur die Elektronen der äußersten Schale beteiligt sind. Bindungsbedingte energetische Änderungen in den äußeren Schalen wirken sich nicht auf die Energieverhältnisse in den untersten Schalen aus.

108. Setzt man in die für die De-Broglie-Wellenlänge angegebene Formel die Werte für die Ruheenergie ($E_0 = 0{,}511\ \text{MeV} = 5{,}11 \cdot 10^5\ \text{eV}$) und die kinetische Energie ($E_{kin} = 12\ \text{GeV} = 1{,}2 \cdot 10^{10}\ \text{eV}$) der Elektronen ein, erhält man:

$$\lambda = \frac{h \cdot c}{\sqrt{2E_0 \cdot E_{kin} + E_{kin}^2}} = \frac{4{,}14 \cdot 10^{-15}\ \text{eVs} \cdot 3{,}0 \cdot 10^8\ \frac{m}{s}}{\sqrt{2 \cdot 5{,}11 \cdot 10^5\ \text{eV} \cdot 1{,}2 \cdot 10^{10}\ \text{eV} + (1{,}2 \cdot 10^{10}\ \text{eV})^2}} = \mathbf{1{,}0 \cdot 10^{-16}\ m}$$

Da diese Wellenlänge kleiner als der Neutronenradius ist ($\frac{r}{\lambda} \approx 14$), wären die Elektronen prinzipiell für die Aufdeckung kleinerer Strukturen im Neutron geeignet.

109. Je kleiner die Struktur, desto

- kleiner muss die Wellenlänge λ der Geschossteilchen werden,
- größer muss wegen $\lambda = \frac{h}{m \cdot v}$ deren Impuls $p = m \cdot v$ werden,
- größer muss deren kinetische Energie $E = \frac{m}{2} \cdot v^2 = \frac{m^2}{2m} \cdot v^2 = \frac{p^2}{2m}$ werden.

110. Weil der Goldatomkern und das Alphateilchen gleichnamig geladen sind, wird das Alphateilchen bei Annäherung an den Goldatomkern abgebremst. Es wandelt seine kinetische Energie in potenzielle elektrische Energie um.

Der Abstand r vom Zentrum des Goldatoms, bei dem die kinetische Energie 27,7 MeV vollständig in potenzielle elektrische Energie umgewandelt ist, entspricht demnach dem Radius des Goldatomkerns:

$$E_{kin} = E_{pot,\,el}$$

Energiebilanz

$$E_{kin} = \frac{79e \cdot 2e}{4\pi \cdot \varepsilon_0 \cdot R}$$

elektrische potenzielle Energie der Ladung q im Abstand R von der Punktladung Q: $E_{pot,\,el} = \frac{Q \cdot q}{4\pi \cdot \varepsilon_0 \cdot r}$; $Q_{Gold} = 79e$; $q_\alpha = 2e$

$$\Rightarrow \quad R = \frac{79 \cdot 2e^2}{4\pi \cdot \varepsilon_0 \cdot E_{kin}} = \frac{79 \cdot 2e}{4\pi \cdot \varepsilon_0 \cdot \frac{E_{kin}}{e}}$$

auf beiden Seiten mit R multiplizieren, durch E_{kin} dividieren, mit e kürzen

$$= \frac{79 \cdot 2 \cdot 1{,}6 \cdot 10^{-19}\,\text{As}}{4\pi \cdot 8{,}85 \cdot 10^{-12}\,\frac{\text{As}}{\text{Vm}} \cdot 27{,}7 \cdot 10^{6}\,\text{V}} = \mathbf{8{,}2 \cdot 10^{-15}\,m}$$

Zahlenwerte einsetzen

111. $\overline{u}$ trägt die elektrische Ladung $-\frac{2}{3}e$, d trägt die elektrische Ladung $-\frac{1}{3}e$. Daher gilt für die elektrische Gesamtladung Q:

$Q = -\frac{2}{3}e + \left(-\frac{1}{3}\right)e = -e$

Das π^--Meson trägt also eine negative elektrische Elementarladung.

112. Ein Neutron ist nach der Definition über zusammengesetzte Teilchen aus 3 Quarks aufgebaut. Diese gehören nach Aufgabenstellung der 1. Familie an, sind also up- oder down-Quarks. Da die elektrische Gesamtladung des Neutrons 0 ist und u die Ladung $\frac{2}{3}e$, d die Ladung $-\frac{1}{3}e$ trägt, kommt nur die Kombination **udd** infrage.

Anmerkung: Analog zum Beispiel 2 von S. 83 ist auch hier mit $\overline{u}\,\overline{d}\,\overline{d}$ eine alternative Quarkkombination aus Antiquarks möglich. Sie führt auf das Antineutron, das sich in bestimmten Spineigenschaften vom Neutron unterscheidet. Darüber hinaus gibt es auch noch das neutrale Delta-Baryon Δ^0, das denselben Quarkinhalt udd wie das Neutron, aber anderen Spin besitzt.

113. Alle angebotenen Lösungen sind richtig, weil alle Farbkombinationen Weiß ergeben.

114. Weil das π^+-Meson nur aus den Quarks u und $\overline{d}$ besteht, insgesamt eine weiße Ladung tragen muss und das up-Quark Blau trägt, muss das Anti-down-Quark **Antiblau** bzw. **Gelb** tragen.

115. Man spürt die **elektromagnetische** Fundamentalkraft. Das Aufstützen der Hand führt (wie überhaupt sämtliche mechanische Kräfte, die im Alltag auftreten) zu geringfügigen Verschiebungen in den Elektronenhüllen der beteiligten Atome, hier der Atome in Ihrer Hand und im Tischmaterial. Die Vorgänge in der Atomhülle sind aber ausschließlich durch die elektromagnetischen Wechselwirkungen zwischen Elektronen und Protonen bestimmt.

116. Positronen-Emissions-Tomografie (PET)

a) Es gilt der **Impulserhaltungssatz**: Elektron und Positron besitzen vorher den Gesamtimpuls null, der auch nach der Paarvernichtung vorliegen muss. Da ein Photon stets die Geschwindigkeit c besitzt, ist die Impulserhaltung nur erfüllt, wenn (mindestens) zwei Photonen entstehen, die in **entgegengesetzte** Richtung auseinanderfliegen.

b) Elektron und Positron besitzen beide die gleiche Ruheenergie (siehe Formelsammlung), sodass wegen der Energieerhaltung folgt:

$E_{Ph} = \frac{1}{2} \cdot 2E_e = E_e = \mathbf{511\,keV}$

Das entspricht einer Wellenlänge von

$\lambda = \frac{h \cdot c}{E_{Ph}} = \frac{4{,}14 \cdot 10^{-15}\,\text{eVs} \cdot 3{,}00 \cdot 10^8\,\frac{\text{m}}{\text{s}}}{511 \cdot 10^3\,\text{eV}} = E_e = \mathbf{2{,}43 \cdot 10^{-12}\,m}$,

die Teilchen zerstrahlen also in **Gammastrahlung**.

117. Paarbildung

a) Je **größer** die Masse des Hilfsteilchens ist, desto **kleiner** ist die Schwellenenergie E_{min}.

b) Bei sehr schweren Kernen beträgt sie wegen $\frac{m_0}{M_0} \approx 0$ ca. $E_{min} \approx \mathbf{2m_0 \cdot c^2}$, bei Elektronen $E_{min} = \mathbf{4m_0 \cdot c^2}$.

c) Die Drei-Finger-Regel der rechten Hand zeigt, dass **Bahn 1 zum Positron**, **Bahn 2 zum Elektron** gehört.

118. a) Z-Achse: zeigt vertikal nach oben; N-Achse: zeigt horizontal nach rechts

b)
- Die Aluminiumisotope (Z = konst. = 13) liegen auf einer Parallelen zur N-Achse. Sie lauten von links nach rechts:
  $^{23}_{13}Al$, $^{24}_{13}Al$, $^{25}_{13}Al$, $^{26}_{13}Al$, $^{27}_{13}Al$
- Die Isotone zu Na23 (N = konst. = 12) liegen auf einer Parallelen zur Z-Achse durch Na23. Sie lauten von unten nach oben:
  $^{22}_{10}Ne$, $^{23}_{11}Na$, $^{24}_{12}Mg$, $^{25}_{13}Al$, $^{26}_{14}Si$

- Die Isobare von Mg23 (A = konst. = 23) liegen auf der Winkelhalbierenden des quadratischen Mg23-Feldes, die von links oben nach rechts unten verläuft. Sie lauten:
  $^{23}_{13}Al$, $^{23}_{12}Mg$, $^{23}_{11}Na$, $^{23}_{10}Ne$

119. $\rho_K = \frac{m}{V_K}$ — Definition der Dichte

$= \frac{A \cdot m_N}{\frac{4}{3} r_K^3 \cdot \pi}$ — m_N: Masse eines Nukleons; Formel für Kugelvolumen $V_K = \frac{4}{3} r^3 \cdot \pi$

$= \frac{A \cdot m_N}{\frac{4}{3} r_0^3 \cdot A \cdot \pi} = \frac{3 m_N}{4 r_0^3 \cdot \pi}$ — Formel für Kernradius einsetzen, kürzen und mit 3 erweitern

$= \frac{3 \cdot 1{,}67 \cdot 10^{-27}\ \text{kg}}{4 \cdot (1{,}42 \cdot 10^{-15}\ \text{m})^3 \cdot \pi} = \mathbf{1{,}4 \cdot 10^{17}\ \frac{kg}{m^3}}$ — Zahlenwerte einsetzen

Die Kerndichte hängt nur von der Nukleonmasse m_N, nicht aber von der Massenzahl A ab.

120. a) Aus der Bedingung $Z_1 = N_2$ und $N_1 = Z_2$ für Spiegelkerne folgt, dass diese Isobare sein müssen: $A_1 = Z_1 + N_1 = N_2 + Z_2 = A_2$. Nimmt man von dem Kartenausschnitt die Kerne mit Z = N aus, verbleiben somit 10 Spiegelkernpaare:

$\left[{}^{21}_{11}Na \mid {}^{21}_{10}Ne\right]$; $\left[{}^{22}_{12}Mg \mid {}^{22}_{10}Ne\right]$; $\left[{}^{23}_{13}Al \mid {}^{23}_{10}Ne\right]$; $\left[{}^{24}_{14}Si \mid {}^{24}_{10}Ne\right]$;

$\left[{}^{23}_{12}Mg \mid {}^{23}_{11}Na\right]$; $\left[{}^{24}_{13}Al \mid {}^{24}_{11}Na\right]$; $\left[{}^{25}_{14}Si \mid {}^{25}_{11}Na\right]$;

$\left[{}^{25}_{13}Al \mid {}^{25}_{12}Mg\right]$; $\left[{}^{26}_{14}Si \mid {}^{26}_{12}Mg\right]$;

$\left[{}^{27}_{14}Si \mid {}^{27}_{13}Al\right]$

b) Spiegelkerne haben das gleiche Volumen V, weil sie die gleiche Massenzahl A besitzen und V ~ A ist (vgl. Beispiel 2, S. 89).

121. Massendefekt:

$(\Delta m)_{Pu} = 94 m_p + (240 - 94) m_n - m_{Pu,K}$ — Definition des Massendefekts; ein $^{240}_{94}Pu$-Kern besteht aus 94 p und 240 − 94 = 146 n

$= 94 \cdot 1{,}0072766\ \text{u} + 146 \cdot 1{,}008665\ \text{u} - 240{,}00299\ \text{u}$ — Zahlenwerte einsetzen

$= \mathbf{1{,}9461004\ u}$

Kernbindungsenergie:

$B_{Pu} = (\Delta m)_{Pu} \cdot c^2$

$= 1{,}9461004 \cdot 931{,}49\ \text{MeV} = \mathbf{1\,813\ MeV}$ — 1 u ≙ 931,49 MeV

Mittlere Bindungsenergie pro Nukleon:

$\frac{B_{Pu}}{A} = \frac{1813\,\text{MeV}}{240} = \mathbf{7{,}55\ MeV}$

Hinweis: Der Wert wird durch das A-$\frac{B}{A}$-Diagramm (S. 92) bestätigt.

122. Ersetzt man im Ansatz von Aufgabe 121 die Kernmasse $m_{Pu,K}$ durch die Atommasse $m_{Pu,K}$, so sind die Elektronenmassen mit zu berücksichtigen. Dies geschieht, indem man anstelle der Protonenmasse m_p die Atommasse m_H des Wasserstoffatoms verwendet:

$(\Delta m)_{Pu} = 94 m_H + (240 - 94) \cdot m_n - m_{Pu,A}$ vgl. Ansatz Aufgabe 121

$= 94 \cdot 1{,}007825\ u + 146 \cdot 1{,}008665\ u$ m_H aus Formelsammlung

$- 240{,}05388\ u$

$= \mathbf{1{,}94676\ u}$

Die Abweichung ist darauf zurückzuführen, dass sich die Bindungsenergien der Elektronen in einem Plutoniumatom vom 94-Fachen der Bindungsenergie des Elektrons im Wasserstoffatom unterscheiden.

123. Verschmelzen zwei $^2_1$H-Kerne zu einem $^4_2$He-Kern, so geht ein System aus 4 Nukleonen von einem weniger stabilen Zustand, in dem ein Nukleon im Mittel mit 1,1 MeV gebunden ist, in einen stabileren Zustand über, in dem ein Nukleon im Mittel mit 7,1 MeV gebunden ist. Die dabei frei werdende Energie beträgt $\Delta E = 4 \cdot (7{,}1\ \text{MeV} - 1{,}1\ \text{MeV}) = \mathbf{24\ MeV}$.

124. Alle Systeme, also auch der Atomkern, streben stets den Zustand größter Stabilität an. Nach dem A-$\frac{B}{A}$-Diagramm liegt dieser stabilste Zustand für Kerne bei $A \approx 60$ vor, also in der Nähe von Eisen Fe56.

125. Jedes Proton im Atomkern wird von allen anderen Protonen über die elektrischen Kräfte abgestoßen, aber nur von den nächstgelegenen Nukleonen über die Kernkräfte im Kern festgehalten. Bei großen Kernen mit vielen Protonen droht so die Abstoßung die Überhand zu gewinnen.
Durch den verstärkten Einbau von Neutronen wird der Abstand zwischen den Protonen vergrößert und dadurch die elektrostatische Abstoßung verringert. Daher weisen stabile Kerne mit großer Ordnungszahl mehr Neutronen auf als Protonen, die Stabilitätslinie weicht von der Winkelhalbierenden ins Neutronenüberschussgebiet ab.

126. Je nachdem, ob ein Nukleon bei einem Stoß Energie gewinnen oder verlieren würde, müsste es auf einem höheren oder tieferen Energieniveau wieder eingebaut werden, das aber im Allgemeinen bereits unter Beachtung des Pauli-Prinzips voll besetzt ist. Daher kann das Nukleon sein Energieniveau nicht verlassen und somit sind ihm Stöße verboten.

127. E_S ist die Mindestenergie, die einem Kern zur Abtrennung eines Nukleons zugeführt werden muss. Sie entspricht daher der Ionisationsenergie eines Atoms, welche die Mindestenergie zur Abtrennung eines Elektrons von einem Atom ist.

128. Der Kern kann seine Energie absenken, indem er ein Neutron aus dem obersten besetzten Niveau des Neutronentopfs in ein Proton umwandelt und dieses in einem energetisch tiefer liegenden freien oder nur teilweise besetzten Niveau des Protonentopfs wieder einbaut.

129. Die Stabilitätslinie im N-Z-Diagramm verläuft zunächst für leichte Kerne entlang der Winkelhalbierenden $Z = N$ des 1. Quadranten und krümmt sich dann für schwerere Kerne nach rechts, d. h. $Z < N$. Da die obersten besetzten Energieniveaus im Neutronen- und Protonentopf bei stabilen Kernen energetisch auf gleicher Höhe liegen, folgt für
- leichte stabile Kerne: Die Topfböden liegen auf gleicher Höhe.
- schwerere stabile Kerne: Der Boden des n-Topfes liegt tiefer als der des p-Topfes.

130. a) Zerfallsgleichung:

$${}^{212}_{83}\text{Bi} \rightarrow {}^{208}_{81}\text{Tl} + {}^{4}_{2}\text{He}$$

Hinweis: Beachten Sie, dass das α-Teilchen aufgrund der Impulserhaltung nur einen Teil der Gesamtenergie 6,21 MeV erhält (vgl. Kap. 33, S. 134).

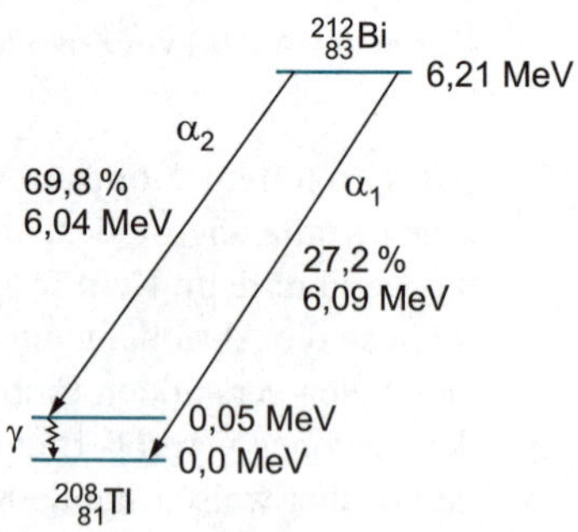

b) Beim α-Zerfall des ${}^{212}_{83}\text{Bi}$ entsteht mit 69,8 % Wahrscheinlichkeit ein angeregter Zustand des ${}^{208}_{81}\text{Tl}$. Beim Übergang des Tl-Kerns aus diesem angeregten Zustand in den Grundzustand wird ein γ-Quant der Energie $E_\gamma = 0{,}05$ MeV emittiert.

Berechnung der zugehörigen Wellenlänge:

$$E_\gamma = \frac{h \cdot c}{\lambda} \Rightarrow \lambda = \frac{h \cdot c}{E_\gamma} = \frac{4{,}14 \cdot 10^{-15}\,\text{eVs} \cdot 3{,}0 \cdot 10^{8}\,\frac{\text{m}}{\text{s}}}{0{,}05 \cdot 10^{6}\,\text{eV}} = \mathbf{2{,}5 \cdot 10^{-11}\,m = 25\,pm}$$

131. Es wäre möglich, dass sich $^{212}_{83}Bi$ in einem angeregten Zustand befindet und die Übergänge dann wie im Schema rechts gezeigt ablaufen.

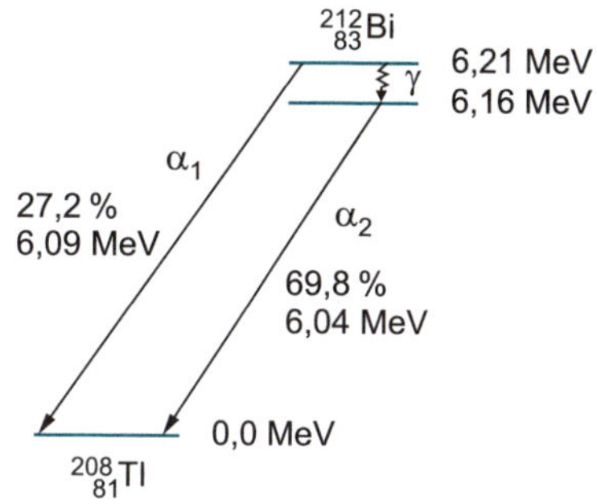

132. α-aktive Nuklide sind instabil, weil sie „zu viele" Nukleonen besitzen. Sie versuchen durch Aussendung „möglichst vieler" Nukleonen in einen stabileren Zustand zu gelangen.
Da ein α-Teilchen im Vergleich zu ^2_1H, ^3_1H und ^3_2He eine extrem hohe Bindungsenergie pro Nukleon aufweist (vgl. A-$\frac{B}{A}$-Diagramm S. 92), wird durch seinen Zusammenbau im Kern pro Nukleon wesentlich mehr Energie frei als bei ^2_1H, ^3_1H, ^3_2He. Es kann im Protonentopf also höher gehoben werden als leichtere Teilchen oder einzelne Nukleonen und durch Tunneln den Kern mit wesentlich größerer Wahrscheinlichkeit verlassen als leichtere Teilchen. Nach diesen Überlegungen könnte man vermuten, dass der Austritt von Teilchen, die schwerer als α-Teilchen sind, energetisch noch günstiger wäre. Für noch schwerere, stabile Teilchen wächst aber die Höhe des Coulombwalls, sodass ein Tunneln umso unwahrscheinlicher wird, je schwerer das Teilchen ist.

133. Je größer die kinetische Energie der emittierten α-Teilchen ist, desto größer ist die Höhe H, in der sich das α-Teilchen nach seiner Bildung im Kern über dem Nullniveau befunden haben muss. Je größer aber H, desto kürzer ist die „Tunnelstrecke" $\overline{AB}$, desto wahrscheinlicher ist die Emission des α-Teilchens, desto schneller erfolgt der Zerfall.

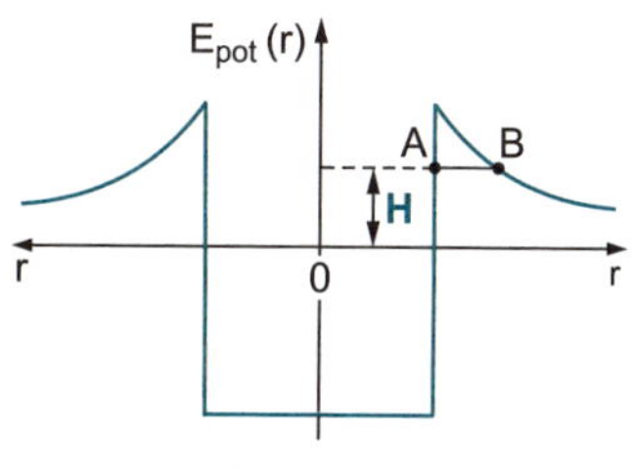

134. β^--Zerfall: $^{64}_{29}\text{Cu} \xrightarrow{\beta^-} {}^{64}_{30}\text{Zn} + {}^{0}_{-1}\text{e} + {}^{0}_{0}\bar{\nu}$

β^+-Zerfall: $^{64}_{29}\text{Cu} \xrightarrow{\beta^+} {}^{64}_{28}\text{Ni} + {}^{0}_{+1}\text{e} + {}^{0}_{0}\nu$

EC-Prozess: $^{64}_{29}\text{Cu} + {}^{0}_{-1}\text{e}^- \xrightarrow{\text{EC}} {}^{64}_{28}\text{Ni} + {}^{0}_{0}\nu$

135.

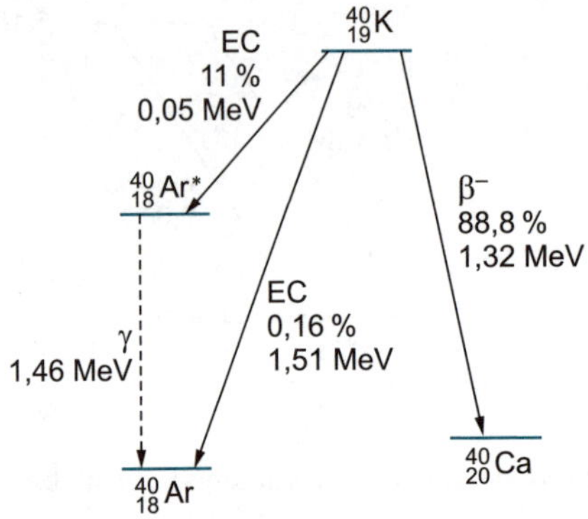

136. Bei einer EC-Umwandlung fängt der Kern ein Elektron aus der Hülle ein. Im Allgemeinen stammt dieses Elektron aus der kernnächsten K-Schale, in wenigen Fällen kann es aber auch aus der L-Schale kommen. Die so in der K- oder der L-Schale entstandenen Lücken werden von Elektronen höherer Schalen aufgefüllt. Dabei entstehen charakteristische Röntgenquanten.

Hinweis: Für die Berechnung der Wellenlänge dieser Röntgenstrahlung mithilfe des Moseley-Gesetzes ist nicht der Ausgangs-, sondern der Folgekern maßgeblich.

137. Liegt ein Kern **oberhalb** der Stabilitätslinie, so hat er einen relativen Protonenüberschuss, den er entweder durch eine β^+- oder eine EC-Umwandlung abbauen kann. Welcher dieser beiden Prozesse auftritt, hängt von der Größe der Kernladung und von seinem Energiezustand ab: Schwere Kerne mit großer Ladung zeigen aufgrund der großen elektrostatischen Kraft fast ausschließlich EC, bei Kernen mit niedriger Kernladungszahl treten beide Prozesse nebeneinander auf. Liegt der Kern **unterhalb** der Stabilitätslinie, so hat er relativen Neutronenüberschuss, den er durch einen β^--Zerfall abbauen kann.

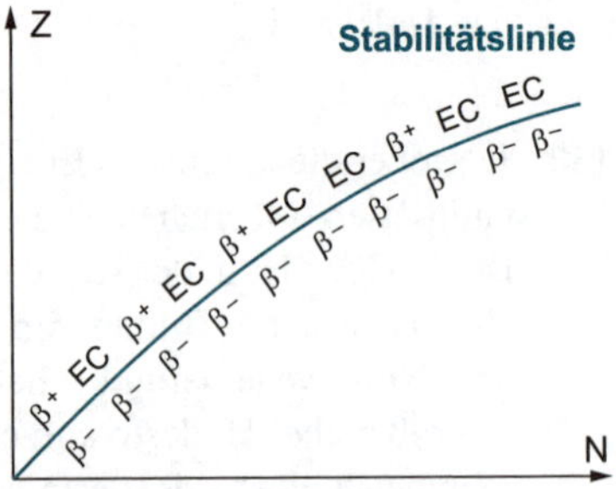

138. Maximale kinetische Energie:
$E_{k,\,max} = \mathbf{1\,820\ keV}$

Maximalgeschwindigkeit:
Die Ruheenergie eines Positrons ist die gleiche wie die des Elektrons, nämlich 511 keV. Die maximale kinetische Energie beträgt also gut das Dreieinhalbfache, sodass relativistisch gerechnet werden muss:

$$E_{k,\,max} = E - E_0 = \frac{E_0}{\sqrt{1-\frac{v^2}{c^2}}} - E_0 \quad \Rightarrow \quad \frac{E_{k,\,max}}{E_0} + 1 = \frac{1}{\sqrt{1-\frac{v^2}{c^2}}}$$

$$\Rightarrow \quad 1 - \frac{v^2}{c^2} = \frac{1}{\left(\frac{E_{k,\,max}}{E_0} + 1\right)^2}$$

$$\Rightarrow \quad \frac{v}{c} = \sqrt{1 - \frac{1}{\left(\frac{E_{k,\,max}}{E_0} + 1\right)^2}}$$

$$\Rightarrow \quad v = \sqrt{1 - \frac{1}{\left(\frac{1820\ keV}{511\ keV} + 1\right)^2}} = \mathbf{0{,}98\ c}$$

Die Positronen bewegen sich mit bis zu 98 % der Lichtgeschwindigkeit.

139. Durch Probieren findet man
$E_{\gamma_5} + E_{\gamma_3} = E_{\gamma_1}$ und
$E_{\gamma_5} + E_{\gamma_4} = E_{\gamma_2}$
als einzig mögliche Summen, die zu vorgegebenen Energien führen.
Legt man den Grundzustand mit
$E_1 = \mathbf{0\ MeV}$
fest, liegt das höchste Energieniveau also bei
$E_4 = \mathbf{1{,}801\ MeV}$,
das nächste bei
$E_3 = \mathbf{1{,}513\ MeV}$.

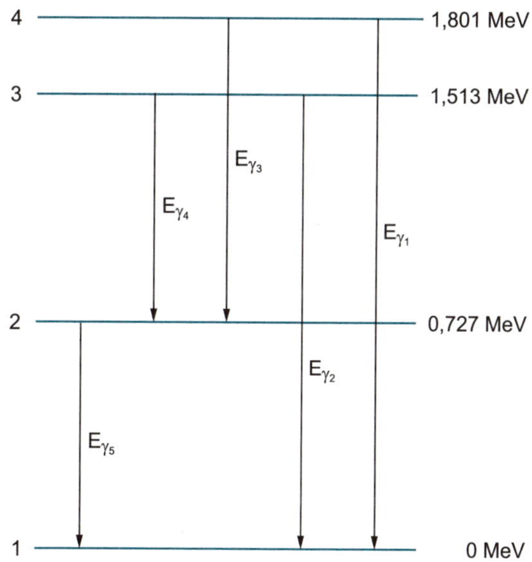

Wegen
$E_{\gamma_1} - E_{\gamma_2} = (E_{\gamma_5} + E_{\gamma_3}) - (E_{\gamma_5} + E_{\gamma_4}) = E_{\gamma_3} - E_{\gamma_4}$
erfolgt der zu E_{γ_3} gehörende Übergang vom höchsten Niveau E_4 ins Niveau
$E_4 - E_{\gamma_3} = 1{,}801\ MeV - 1{,}074\ MeV = \mathbf{0{,}727\ MeV} = E_2$.

140. Physikalisch besteht keinerlei Unterschied. Es handelt sich beide Male um Photonen der Energie 20 keV. Die unterschiedlichen Bezeichnungen verweisen nur auf die unterschiedlichen Erzeugungsweisen dieser Photonen:

- Das Röntgenquant wird durch Abbremsen von Elektronen in der Antikathode einer Röntgenröhre oder durch Elektronenübergänge in den Schalen der Antikathodenatome erzeugt.
- Das Gammaquant entsteht beim Übergang zwischen zwei Energieniveaus eines Atomkerns.

141. Mößbauereffekt

a) **Emission:** Ein angeregter, ruhender Kern besitzt den Impuls null. Da bei der Rückkehr in den Grundzustand keine äußeren Kräfte wirken, bleibt dieser Impuls erhalten. Das emittierte γ-Quant und der dann im Grundzustand befindliche Kern besitzen daher zusammen den Gesamtimpuls null. Das ist nur möglich, wenn Kern und Photon betragsgleiche entgegengesetzt gerichtete Impulse aufweisen.

Absorption: Vor dem Stoß des γ-Quants mit einem ruhenden, im Grundzustand befindlichen Kern besitzt das System aus γ-Quant und Kern als Gesamtimpuls den Impuls p_γ des γ-Quants. Da bei der Anregung des Kerns keine äußeren Kräfte wirken, bleibt dieser Gesamtimpuls erhalten. Dem nach der Anregung allein vorhandenen angeregten Kern bleibt daher der Impuls p_γ.

Fazit: Sowohl bei Emission als auch bei Absorption eines γ-Quants erfährt der Kern einen Rückstoß.

b) Zunächst geht bei der Emission eines γ-Quants ein Teil der 14,4 keV als kinetische Rückstoßenergie an den „abgebenden" Kern verloren. Die Restenergie verbleibt beim γ-Quant. Bei der anschließenden Absorption des γ-Quants ginge nochmals ein Betrag als kinetische Stoßenergie an den „aufnehmenden" Kern verloren. Insgesamt reicht die verbleibende Energie nicht mehr zur Absorption des emittierten γ-Quants.

c) Die Rückstoßeffekte lassen sich vermeiden, wenn man den abgebenden und aufnehmenden Kernen ermöglicht, die Rückstoßimpulse auf das gesamte Kristallgitter zu übertragen. Die große Masse des Kristallgitters verhindert praktisch eine Übertragung von kinetischer Energie aufgrund der Stoßgesetze („Ball-gegen-die-Wand-Effekt").

d) Je höher die Gittertemperatur ist, desto heftiger ist die Wärmebewegung der Kerne im Gitter und desto größer ist die durch den Dopplereffekt bedingte Frequenzverschiebung der emittierten und absorbierten γ-Quanten.

e) Die Energie der von Atomen emittierten oder absorbierten Photonen beträgt einige wenige eV. Die dadurch ausgelösten Rückstoßeffekte auf das Atom sind vernachlässigbar gering.
Die Energie des vom Kern eines Atoms emittierten Photons ist ca. 10^4- bis 10^6-mal größer (vgl. z. B. γ-Quant aus Aufgabe 138: $E_\gamma = 1{,}3$ MeV). Der dadurch auf das Atom bzw. auf den Atomkern ausgeübte Rückstoß kann nicht mehr vernachlässigt werden.

142. Mößbauerspektrometer

a) Bewegt sich die Fe57-Quelle auf den Absorber zu (vom Absorber weg), so nimmt die Frequenz der emittierten γ-Quanten infolge des Dopplereffekts zu (ab). Nur dann, wenn die Quelle ruht, besitzen die emittierten γ-Quanten exakt 14,4 keV, können von den Absorberkernen aufgenommen werden und werden nicht mehr vom Detektor registriert.

b) Man dreht das Spektrometer um 90° nach links. Die Energie der γ-Quanten wird dann mit zunehmendem Abstand von der Quelle kleiner, weil ihre massebedingte potenzielle Energie zunimmt. Daher tritt das Maximum der Absorption nicht mehr bei $v = 0$ auf. Erst wenn man die Geschwindigkeit der Quelle so einstellt, dass der gravitationsbedingte „Frequenzverlust" durch den Dopplereffekt wieder ausgeglichen wird, kann man wieder ein Absorptionsmaximum registrieren. Aus der gemessenen Geschwindigkeit v der Quelle lässt sich der gravitationsbedingte „Frequenzverlust" ermitteln.

143. Das stärker ionisierende Präparat P' erzeugt pro Zeiteinheit mehr Elektronen-Ionen-Paare als das Präparat P und besitzt daher eine größere Sättigungsstromstärke I_S.

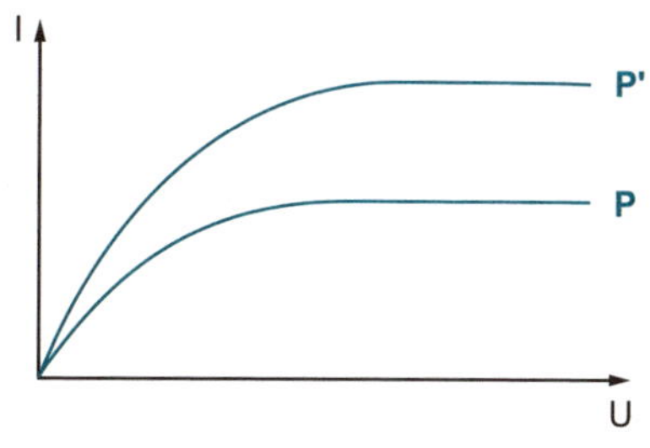

144. Ein Zählrohr stellt einen Kondensator der Kapazität C_Z dar. Läuft keine Ionenlawine ab, fließt im zugehörigen Kreis kein Strom (siehe Abbildung nächste Seite). Die Gesamtspannung U liegt nur am Zählrohr, nicht am Widerstand R an. Es gilt $U_Z = U$.
Laufen Ionenlawinen, fließt durch R ein Strom und die Gesamtspannung U verteilt sich auf das Zählrohr und auf den Widerstand.

Es gilt:

$$U = U_Z + U_R$$
$$= U_Z + R \cdot I$$
$$\Rightarrow \quad U_Z = U - R \cdot I$$

Durch geeignete Wahl von R kann U_Z so klein gemacht werden, dass die Ionenlawinen abreißen. R trägt somit zur Löschung der Gasentladung bei.

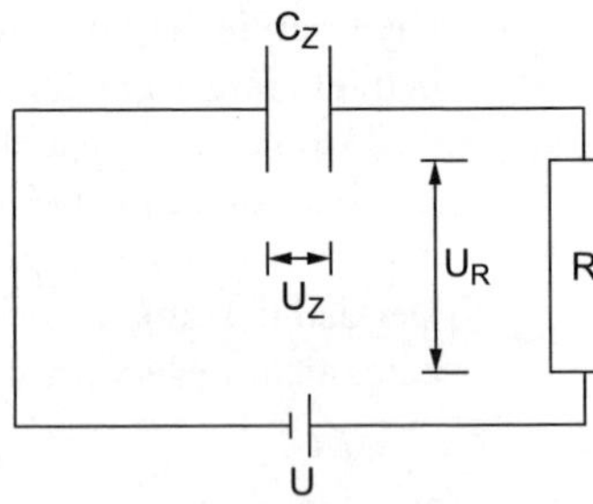

145. Da die Elektronenlawinen sich nur in der Nähe des Zählrohrdrahtes ausbilden, wird dieser nach kurzer Zeit von einem Schlauch positiver Ionen eingehüllt: Die trägheitslosen Elektronen sind nämlich schon am Draht, während sich die trägen positiven Gasionen noch nicht wesentlich in Richtung Zählrohrwand bewegt haben. Da sich dann im feldfreien Raum um den Draht keine Lawine ausbilden kann, ist das Zählrohr für neu einfallende ionisierende Strahlung unempfindlich.

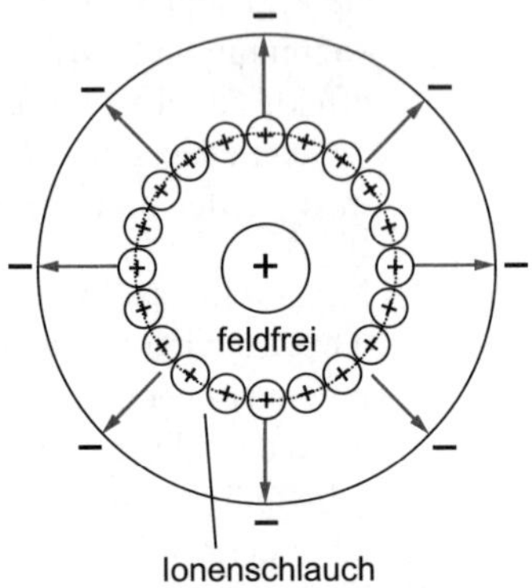

146. In einer Wilson'schen Nebelkammer sind die Teilchenspuren nur unmittelbar nach der Expansion einige wenige Sekunden lang zu beobachten.

147. a) Die kinetische Energie des β^--Teilchens ist „aufgebraucht", wenn es

$$\frac{1\,\text{MeV}}{35\,\text{eV}} = 2{,}9 \cdot 10^4$$

Elektronen-Ionen-Paare erzeugt hat. Seine Reichweite müsste theoretisch nach der Regel zum Ionisationsvermögen (siehe S. 111)

$$\frac{2{,}9 \cdot 10^4}{10^2}\,\text{cm} = \mathbf{2{,}9\ m}$$

betragen.

b) Wegen ihrer geringen Masse werden Elektronen anders als α-Teilchen bei Stößen mit den Luftmolekülen erheblich abgelenkt.

148. Die von Radon emittierten α-Teilchen gelangen nicht ins Zählrohrinnere, weil sie vom Glasmantel vollständig absorbiert werden.

149. Handelt es sich um ein α-Präparat P, so zeigt ein Zählrohr in 10 cm Entfernung von P eine deutlich geringere Zählrate an als in unmittelbarer Nähe von P. Dass die Zählrate nicht auf null zurückgeht, liegt an der den α-Zerfall begleitenden γ-Strahlung bzw. an eventuell β-aktiven Tochterkernen, die durch den Zerfall des α-aktiven Mutterkerns im Präparat vorhanden sind.

150. Stoffe aus Baumwolle sind robust, langlebig, widerstandsfähig gegen Hitze, Säuren und Laugen sowie hautfreundlich und kaum allergen. Eine besondere Schutzwirkung gegen radioaktive Strahlung besitzen sie allerdings nicht: Die Anzüge halten – wie jedes andere Kleidungsstück auch – α-Strahlen, nicht jedoch β- oder γ-Strahlen ab. Die Besucher des Kernkraftwerks sollen durch das Anlegen der Schutzanzüge nur vor Kontamination, also vor dem Kontakt mit Radionukliden, geschützt werden.

151. Vergleich der Bahnradien:

$$\left.\begin{aligned} r_\alpha &= \frac{m_\alpha \cdot v_0}{2e \cdot B} \\ r_{\beta^-} &= \frac{m_{\beta^-} \cdot v_0}{e \cdot B} \end{aligned}\right\} \Rightarrow \frac{r_\alpha}{r_{\beta^-}} = \frac{m_\alpha}{2m_{\beta^-}} = \frac{4{,}0\,\text{u}}{2 \cdot 5{,}5 \cdot 10^{-4}\,\text{u}} = 3{,}6 \cdot 10^3$$

Der Kreisbahnradius des β^--Teilchens ist ca. **3 600-mal kleiner** als der des α-Teilchens. In diesem Sinne werden auch in Magnetfeldern β^--Teilchen ca. 3 600-mal stärker abgelenkt als α-Teilchen (vgl. Ablenkung im elektrischen Feld, Beispiel S. 112 f.).

152. Die von einem radioaktiven Präparat ausgehende Strahlung ist eine Mischstrahlung, die aus 3 Komponenten besteht. Treten diese in das homogene Magnetfeld ein,

- passiert eine Komponente das Magnetfeld unabgelenkt, trägt daher keine Ladung (von Curie Gammastrahlung genannt);
- wird eine Komponente nach links abgelenkt, diese trägt daher nach der Drei-Finger-Regel eine positive Ladung (von Curie Alphastrahlung genannt);
- wird die dritte Komponente nach rechts abgelenkt, trägt daher entsprechend eine negative Ladung (von Curie Betastrahlung genannt).

Da die Kreisbahnen der Betastrahlung bei gleicher Geschwindigkeit einen kleineren Radius als die Kreisbahnen der Alphastrahlung haben, muss wegen

$$F_{Lorentz} = F_{Zentral} \Leftrightarrow q \cdot v_0 \cdot B = m \cdot \frac{v_0^2}{r} \Rightarrow \frac{q}{m} = \frac{v_0}{r \cdot B} \Rightarrow \frac{q}{m} \sim \frac{1}{r}$$

die spezifische Ladung $\frac{q}{m}$ der β-Teilchen größer als die der α-Teilchen sein.

153. Wegen ihres geringen Ionisierungsvermögens können γ-Quanten das Zählrohr durchfliegen, ohne ein Atom des Füllgases ionisiert zu haben. Der Größenordnung nach treffen auf ein registriertes γ-Quant 1 000 oder mehr nicht registrierte. Die vom Zählrohr gemessene Zahl von γ-Quanten ist also wesentlich kleiner als die tatsächliche.

154. Für γ-Quanten kann eine Reichweite nicht festgelegt werden, da sie, wenn überhaupt, nur einmal wechselwirken und der Ort dieser Wechselwirkung mit gleicher Wahrscheinlichkeit an jeder Stelle des Absorbers liegen kann.

155. a)

$$Z_1 = Z(0) \cdot e^{-\mu \cdot d_1}$$ Absorptionsgesetz

$$\Rightarrow Z(0) = Z_1 \cdot e^{\mu \cdot d_1}$$ auf beiden Seiten durch $e^{-\mu \cdot d_1}$ dividieren, $\frac{1}{\alpha^{-1}} = \alpha$ beachten, Seiten tauschen

$$= 3\,867 \frac{1}{\text{min}} \cdot e^{0{,}95 \frac{1}{\text{cm}} \cdot 1{,}0\,\text{cm}} = \mathbf{10^4 \frac{1}{min}}$$ Zahlenwerte einsetzen

b) Die unbekannte Dicke wird mit x bezeichnet.

$$Z(x) = 0{,}03 \cdot Z(0) \quad (1)$$ nach Aufgabenstellung

$$Z(x) = Z(0) \cdot e^{-\mu \cdot x} \quad (2)$$ Absorptionsgesetz

$$Z(0) \cdot e^{-\mu \cdot x} = 0{,}03 \cdot Z(0)$$ (1) = (2)

$$e^{-\mu \cdot x} = 0{,}03$$ auf beiden Seiten durch Z(0) dividieren

$$-\mu \cdot x = \ln 0{,}03$$ auf beiden Seiten logarithmieren und $\ln(e^a) = a$ beachten

$$x = \frac{\ln 0{,}03}{-\mu}$$ auf beiden Seiten durch $-\mu$ dividieren

$$= \frac{\ln 0{,}03}{-0{,}95 \frac{1}{\text{cm}}} = \mathbf{3{,}7\ cm}$$

156. Nach Definition gilt für die Halbwertsdicke $Z(D) = \frac{1}{2} Z_0$. Nach dem Absorptionsgesetz folgt dann:

$$\frac{1}{2} Z_0 = Z_0 \cdot e^{-\mu \cdot D} \quad \Rightarrow \quad \ln \frac{1}{2} = -\mu \cdot D \quad \Rightarrow \quad \mathbf{D = \frac{\ln 2}{\mu}}$$

157. a)

$$\frac{Z(12{,}1\,\text{cm})}{58 \frac{1}{\text{s}}} = \left(\frac{8{,}6\,\text{cm}}{12{,}1\,\text{cm}}\right)^2$$ Abstandsgesetz

$$\Rightarrow Z(12{,}1\,\text{cm}) = \left(\frac{8{,}6}{12{,}1}\right)^2 \cdot 58 \frac{1}{\text{s}} = 29{,}3 \frac{1}{\text{s}}$$ auf beiden Seiten mit $58 \frac{1}{\text{s}}$ multiplizieren

Im Abstand von 12,1 cm misst man pro Sekunde 29,3 γ-Quanten. Daher registriert man in 1 Minute 29,3 · 60 = **1758** γ-Quanten.

b) Man stellt am besten eine Verhältnisgleichung auf: Durch die Zählrohrfläche 1,4 cm^2 treten pro Sekunde 58 γ-Quanten. Dann treten durch die gesamte Kugeloberfläche im Abstand 8,6 cm pro Sekunde x γ-Quanten:

$$\frac{58\,\frac{1}{s}}{1{,}4\,cm^2} = \frac{x}{4\pi\cdot(8{,}6\,cm)^2} \quad\Rightarrow\quad x = 58\,\frac{1}{s}\cdot\frac{4\pi\cdot 8{,}6^2}{1{,}4} = \mathbf{38{,}5\cdot 10^3\,\frac{1}{s}}$$

Die Quelle emittiert rund 38 500 γ-Quanten pro Sekunde.

158. Formt man das Abstandsgesetz um,

$$\frac{Z(r_1)}{Z(r_2)} = \frac{r_2^2}{r_1^2} \quad\Leftrightarrow\quad Z(r_1)\cdot r_1^2 = Z(r_2)\cdot r_2^2,$$

erkennt man, dass das Produkt aus Abstandsquadrat und Zählrate unabhängig vom Abstand konstant ist; denn die beiden Seiten der letzten Gleichung besitzen keine gemeinsame Variable und liefern daher unabhängig von r einen konstanten Wert:

$$Z(r)\cdot r^2 = \text{konst.} \quad\Leftrightarrow\quad Z(r) = \frac{\text{konst.}}{r^2} \quad\Leftrightarrow\quad \mathbf{Z(r) \sim \frac{1}{r^2}}$$

159. Die Strahlung, die in einem bestimmten Abstand die schwarze Quadratfläche durchsetzt, tritt bei doppeltem bzw. dreifachem Abstand durch eine viermal bzw. neunmal so große Fläche. In der doppelten bzw. dreifachen Entfernung tritt durch die schwarze Quadratfläche also nur noch ein Viertel bzw. ein Neuntel der ursprünglichen Strahlung. Daher gilt $Z(r) \sim \frac{1}{r^2}$.

160. a) Ergänzte Wertetabelle:

r in cm	5,0	7,5	10,0	12,5	15,0	17,5	20,0
Z(r) in $\frac{1}{min}$	15 000	6 600	3 750	2 390	1 670	1 230	930
$\frac{1}{\sqrt{Z(r)}}$ in $\sqrt{min}$	0,008	0,012	0,016	0,020	0,024	0,029	0,033

r-$\frac{1}{\sqrt{Z(r)}}$-Diagramm:

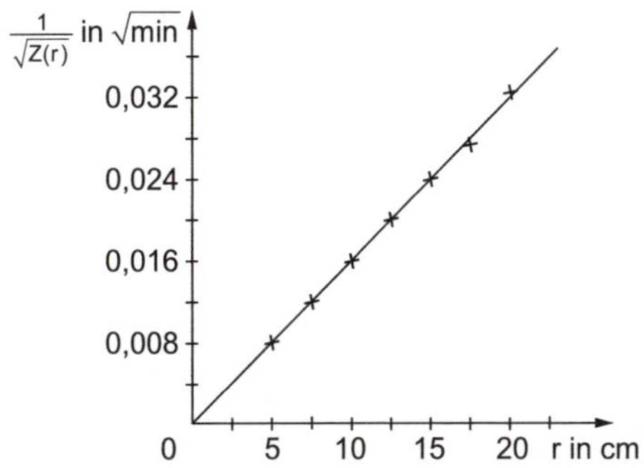

b) Der r-$\frac{1}{\sqrt{Z(r)}}$-Graph ist eine **Ursprungsgerade**. Ihre Gleichung hat daher die Form $y = m \cdot x$, wobei $y = \frac{1}{\sqrt{Z(r)}}$ und $x = r$.

$$\frac{1}{\sqrt{Z(r)}} = m \cdot r \qquad y = \frac{1}{\sqrt{Z(r)}} \text{ und } x = r \text{ in } y = m \cdot x \text{ einsetzen}$$

$$\Rightarrow \quad \frac{1}{Z(r)} = m^2 \cdot r^2 \qquad \text{auf beiden Seiten quadrieren}$$

$$\Rightarrow \quad Z(r) = \frac{1}{m^2} \cdot \frac{1}{r^2} \qquad \text{auf beiden Seiten Zähler und Nenner vertauschen}$$

$$\Rightarrow \quad \mathbf{\frac{Z(r_1)}{Z(r_2)}} = \frac{\frac{1}{m^2 \cdot r_1^2}}{\frac{1}{m^2 \cdot r_2^2}} = \mathbf{\frac{r_2^2}{r_1^2}} \qquad \text{Quotienten aus } Z(r_1) \text{ und } Z(r_2) \text{ bilden}$$

161. Ausgangsnuklid: $^{227}_{89}\text{Ac}$ Endnuklid: $^{207}_{81}\text{Tl}$

Die Anzahl N_α der α-Zerfälle folgt aus der Änderung der Massenzahl A:

$$N_\alpha = \frac{227 - 207}{4} = \frac{20}{4} = \mathbf{5}$$

Da die Kernladungszahl Z um $89 - 81 = 8$ abgenommen hat, die 5 α-Zerfälle aber eine Z-Abnahme um 10 nach sich ziehen, haben noch 2 β^--Zerfälle stattgefunden:

$$N_\beta = \mathbf{2}$$

162. Hier müssen Sie klären, zu welchem Zerfallsreihentyp die beiden Kerne gehören, indem Sie die Massenzahlen durch 4 dividieren:

Np237: $237 = 59 \cdot 4 + 1 \;\Rightarrow\;$ Typ $4n + 1$

Po211: $211 = 52 \cdot 4 + 3 \;\Rightarrow\;$ Typ $4n + 3$

Da alle Mitglieder einer Zerfallsreihe gleichen Massenzahltyp besitzen, kann Po211 nicht aus Np237 entstehen.

163.

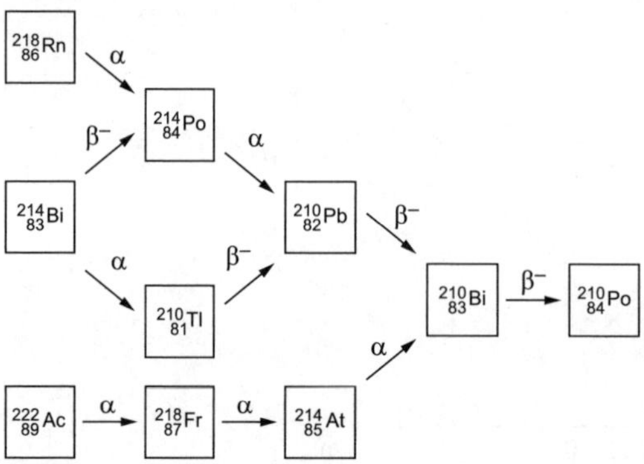

A-Z-Diagramm:

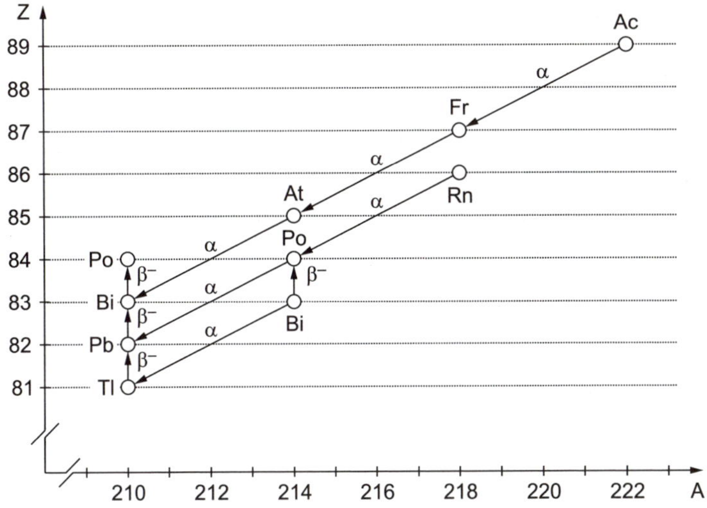

164. Für Massen gilt wegen $m(t) \sim N(t)$ das exponentielle Zerfallsgesetz analog.

a)

$m(t) = m_0 \cdot e^{-\lambda \cdot t}$	Zerfallsgesetz
$\Rightarrow \quad -\lambda \cdot t = \ln \frac{m(t)}{m_0}$	auf beiden Seiten durch m_0 dividieren, logarithmieren und Seiten tauschen; $\ln(e^{-x}) = -x$ beachten
$\Rightarrow \quad t = -\frac{T}{\ln 2} \cdot \ln \frac{m(t)}{m_0}$	auf beiden Seiten durch $-\lambda = -\frac{\ln 2}{T}$ dividieren
$= -\frac{31\ \text{min}}{\ln 2} \cdot \ln \frac{3{,}0\ \mu\text{g}}{7{,}2\ \mu\text{g}} = \mathbf{39\ min}$	Zahlenwerte einsetzen

b) Wenn nach der Zeit t 3,0 µg von 7,2 µg zerfallen sind, sind noch 4,2 µg übrig. Dann folgt mit der in Teilaufgabe a erhaltenen Formel:

$$t = -\frac{31\ \text{min}}{\ln 2} \cdot \ln \frac{4{,}2\ \mu\text{g}}{7{,}2\ \mu\text{g}} = \mathbf{24\ min}$$

c) Mit $\frac{m(t)}{m_0} = 0{,}12$ erhält man mit der Formel aus Teilaufgabe a:

$$t = -\frac{31\ \text{min}}{\ln 2} \cdot \ln 0{,}12 = \mathbf{95\ min}$$

d) Wenn 12 % zerfallen sind, sind noch 88 % vorhanden, also $\frac{m(t)}{m_0} = 0{,}88$. Damit folgt:

$$t = -\frac{31\ \text{min}}{\ln 2} \cdot \ln 0{,}88 = \mathbf{5{,}7\ min}$$

165. a) $N(t) = N_0 \cdot e^{-\lambda \cdot t}$ — Zerfallsgesetz

$= N_0 \cdot e^{-\frac{\ln 2}{T} \cdot t}$ — $\lambda = \frac{\ln 2}{T}$

$N(10\,a) = 6{,}9 \cdot 10^{23} \cdot e^{-\frac{\ln 2}{22\,a} \cdot 10\,a} = \mathbf{5{,}0 \cdot 10^{23}}$ — Zahlenwerte einsetzen

b) Die Zahl der zerfallenen Kerne ist gleich der Differenz der in Teilaufgabe a berechneten Zahl zur ursprünglich vorhandenen Zahl:

$N(0\,a) - N(10\,a) = 6{,}9 \cdot 10^{23} - 5{,}0 \cdot 10^{23} = \mathbf{1{,}9 \cdot 10^{23}}$

166. Aus der Aktivität ermittelt man zuerst die Zahl der Kerne des radioaktiven Hg-Isotops und schließt anschließend auf die Gesamtzahl der Hg-Atome in der Probe. Damit lässt sich die Masse der Probe berechnen:

$A_0 = \lambda \cdot N_0$ — Aktivitätsgesetz

$= \frac{\ln 2}{T} \cdot N_0$ — $\lambda = \frac{\ln 2}{T}$

$\Rightarrow \quad N_0 = \frac{A_0 \cdot T}{\ln 2}$ — nach N_0 umstellen, Seiten tauschen

$= \frac{30 \frac{1}{s} \cdot 47 \cdot 24 \cdot 60 \cdot 60\,s}{\ln 2} = 1{,}76 \cdot 10^8$ — Zahlenwerte einsetzen; $1\,d = 24 \cdot 60 \cdot 60\,s = 86\,400\,s$

$\Rightarrow \quad N_{Hg} = 10\,000 \cdot N_0 = 1{,}76 \cdot 10^{12}$ — $\frac{N_0}{N_{Hg}} = 0{,}0001$ laut Angabe

$\Rightarrow \quad m = N_{Hg} \cdot m_{A,\,Hg}$

$= 1{,}76 \cdot 10^{12} \cdot 200{,}59 \cdot 1{,}66 \cdot 10^{-27}\,kg$ — mittlere Masse eines Hg-Atoms: 200,59 u (vgl. PSE)

$= \mathbf{5{,}9 \cdot 10^{-13}\,kg}$

167. $\frac{A_0 - A(t)}{A_0} \mathrel{\hat{=}} 10^{-3}\,\% = 10^{-5} \quad (1)$ — prozentuale Aktivitätsabnahme laut Aufgabenstellung …

$\frac{A_0 - A(t)}{A_0} = \frac{A_0 - A_0 \cdot e^{-\lambda \cdot t}}{A_0} = 1 - e^{-\lambda \cdot t} \quad (2)$ — … und unter Verwendung des Aktivitätsgesetzes

$10^{-5} = 1 - e^{-\lambda \cdot t}$ — rechte Seiten von (1) und (2) gleichsetzen

$\Rightarrow \quad -\lambda \cdot t = \ln(1 - 10^{-5})$ — auf beiden Seiten $e^{-\lambda \cdot t}$ addieren, 10^{-5} subtrahieren; auf beiden Seiten logarithmieren; $\ln(e^{-x}) = -x$ beachten

$t = -\frac{T}{\ln 2} \cdot \ln(0{,}9999)$ — auf beiden Seiten durch $-\lambda$ dividieren; $\lambda = \frac{\ln 2}{T}$

$= \frac{-4{,}47 \cdot 10^9\,a}{\ln 2} \cdot \ln(0{,}9999) = \mathbf{6{,}5 \cdot 10^4\,a}$ — Zahlenwerte einsetzen

168. a) 1 mol natürliches Kalium besitzt eine Masse von M = 39,098 g (vgl. PSE). Daher befinden sich in 10 g natürlichem Kalium

$$\frac{N}{N_A} = \frac{m}{M} \Leftrightarrow N = \frac{m}{M} \cdot N_A = \frac{10\,g}{39{,}098\,g} \cdot 6{,}022 \cdot 10^{23} = 1{,}540 \cdot 10^{23}$$

K-Atome. 0,011 % davon, also

$N_0 = 1{,}540 \cdot 10^{23} \cdot 0{,}011 \cdot 10^{-2} = \mathbf{1{,}7 \cdot 10^{19}}$,

sind K40-Atome.

b)

$A_0 = \lambda \cdot N_0$	Anfangsaktivität laut Aktivitätsgesetz
$= \frac{\ln 2}{T} \cdot N_0$	$\lambda = \frac{\ln 2}{T}$
$\Rightarrow T = \frac{\ln 2 \cdot N_0}{A_0}$	auf beiden Seiten mit T multiplizieren und durch A_0 dividieren
$= \frac{\ln 2 \cdot 1{,}7 \cdot 10^{19}}{300\,\frac{1}{s}}$	Zahlenwerte einsetzen
$= 3{,}9 \cdot 10^{16}\,s = \mathbf{1{,}2 \cdot 10^9\,a}$	$1\,a = 365 \cdot 24 \cdot 60 \cdot 60\,s$

169. a) Je kleiner Δt ist, desto besser stimmt der Betrag des Differenzenquotienten $\frac{\Delta N}{\Delta t}$ nach den Gesetzen der Differenzialrechnung mit dem Betrag der 1. Ableitung der Funktion $N(t) = N_0 \cdot e^{-\lambda \cdot t}$ nach der Zeit t überein. Für sehr kleine Δt kann man daher gleichsetzen:

$$\left|\frac{\Delta N}{\Delta t}\right| = |\dot{N}(t)| = |-\lambda \cdot N_0 \cdot e^{-\lambda \cdot t}| = \lambda \cdot N(t)$$

Multiplikation mit $\frac{\Delta t}{N(t)}$ auf beiden Seiten führt auf:

$$\left|\frac{\Delta N}{N(t)}\right| = \lambda \cdot \Delta t \qquad (*)$$

b) $\left|\frac{\Delta N}{N}\right|$ ist die relative Häufigkeit dafür, dass im Zeitintervall Δt von N instabilen Kernen ΔN Kerne zerfallen. Da es sich bei ΔN und N um große Zahlen handelt, kann man $\left|\frac{\Delta N}{N}\right|$ als **Zerfallswahrscheinlichkeit** ansehen. Damit gibt die Gleichung (*) die Wahrscheinlichkeit dafür an, dass ein instabiler Kern innerhalb eines Zeitintervalls Δt, das klein gegen die Halbwertszeit ist, zerfällt; die Zerfallskonstante λ ist somit ein Maß für die **Zerfallsgeschwindigkeit**.

170. Ein Zerfall von 99,9 % der Kerne bedeutet, dass nach der gesuchten Zeit t die Zahl der noch vorhandenen Kerne auf ein Tausendstel gesunken ist, $N(t) = 0{,}001 \cdot N_0$. Pro Halbwertszeit T sinkt die Zahl der noch vorhandenen Kerne um die Hälfte, mit $t = n \cdot T$ folgt also für die Zahl n der erforderlichen Halbwertszeiten $\left(\frac{1}{2}\right)^n = 0{,}001 \Leftrightarrow 2^n = 1000$. Erinnert man sich an die typische Zweierpotenz $2^{10} = 1\,024$, erhält man somit $n \approx 10$ und $t \approx \mathbf{10\,d}$.

171. Da λ eine *zeitunabhängige* Konstante ist, hängt die Zerfallswahrscheinlichkeit $P = \lambda \cdot \Delta t$ eines Kerns (vgl. Aufgabe 169) nicht von der „Lebenszeit“ eines Kerns ab. Eine solche Abhängigkeit, nämlich die Zunahme der Zerfalls-/Sterbewahrscheinlichkeit mit zunehmendem „Lebensalter“, ist aber kennzeichnend für einen Alterungsprozess. In diesem Sinne altern Kerne nicht.

172. Radioaktive Strahlung kann z. B.

- die **Zellteilung** stören oder völlig unterbinden. Besonders in Geweben, deren Zellen sich schnell teilen, um fortlaufende natürliche Zellverluste auszugleichen (z. B. Knochenmark, innere Darmwand, Oberhaut, Haare, kleine Blutgefäße, …), führt dies zu einem Organversagen mangels Zellnachschub.
- die **Zelldifferenzierung** in der Embryonalentwicklung stören oder unterbinden und so schwerste Missbildungen hervorrufen.
- auch die Funktion ausdifferenzierter, auf einen bestimmten Aufgabenbereich spezialisierter Zellen stören und dadurch **Funktionsstörungen** des betreffenden Organs hervorrufen.

173. a) Mithilfe der Definition der Äquivalenzdosis und $Q = 1$ für β-/γ-Strahlung lässt sich sofort der entsprechende Zusammenhang für die Dosisleistungen angeben:

$$H = Q \cdot D \quad \Rightarrow \quad \frac{H}{\Delta t} = Q \cdot \frac{D}{\Delta t} = 1 \cdot 2{,}5 \cdot 10^{-4}\,\frac{\text{Sv}}{\text{h}} = \mathbf{2{,}5 \cdot 10^{-4}\,\frac{Sv}{h}}$$

b) Bezeichnet t die Arbeitszeit pro Tag, so gilt:

$$\frac{H}{\Delta t} \cdot t \cdot 320 \leq 0{,}05\,\text{Sv}$$

$$\Rightarrow \quad t \leq \frac{0{,}05\,\text{Sv}}{\frac{H}{\Delta t} \cdot 320} = \frac{0{,}05\,\text{Sv}}{2{,}5 \cdot 10^{-4}\,\frac{\text{Sv}}{\text{h}} \cdot 320} = 0{,}625\,\text{h} = 37{,}5\,\text{min} \quad \Rightarrow \quad t_{max} = \mathbf{37\,min}$$

Der Fahrer darf pro Tag höchstens 37 min arbeiten.

c) Bezeichnet $\frac{H(r)}{\Delta t}$ die Äquivalenzdosisleistung in der Entfernung r von der Ladefläche, so gilt nach dem quadratischen Abstandsgesetz:

$$\frac{\frac{H(3{,}5\,\text{m})}{\Delta t}}{\frac{H(2{,}5\,\text{m})}{\Delta t}} = \frac{H(3{,}5\,\text{m})}{H(2{,}5\,\text{m})} = \left(\frac{2{,}5\,\text{m}}{3{,}5\,\text{m}}\right)^2 = \left(\frac{2{,}5}{3{,}5}\right)^2 = 0{,}51 \qquad (*)$$

Für die maximal erlaubten Arbeitszeiten gilt nach Teilaufgabe b:

$$\frac{t_{max}(3{,}5\,\text{m})}{t_{max}(2{,}5\,\text{m})} = \frac{0{,}05\,\text{Sv}}{\frac{H(3{,}5\,\text{m})}{\Delta t} \cdot 320} \cdot \frac{\frac{H(2{,}5\,\text{m})}{\Delta t} \cdot 320}{0{,}05\,\text{Sv}} = \frac{H(2{,}5\,\text{m})}{H(3{,}5\,\text{m})} \overset{(*)}{=} \frac{1}{0{,}51} \approx 2$$

Der Fahrer dürfte pro Tag doppelt so lange, also rund **37 min länger** arbeiten.

d) Nach Teilaufgabe b gilt formal $t_{max} \cdot \frac{H}{\Delta t} = \text{konst.}$, d. h., die doppelte Belastung durch zwei strahlende Fässer wird durch die halbe Arbeitszeit ausgeglichen, sodass beide Vorgehensweisen gleichwertig sein müssten. Dennoch ist es für den Fahrer günstiger, jeweils nur ein Fass zu transportieren und länger zu arbeiten: Je gleichmäßiger eine bestimmte Äquivalenzdosis über einen Zeitraum verteilt absorbiert wird und je länger dieser Zeitraum ist, desto kleiner ist die Wahrscheinlichkeit für einen Strahlenschaden bzw. desto geringer ist der Strahlenschaden.

174. Befindet sich die Quelle der Alphastrahlung außerhalb des Körpers, so stellen die α-Teilchen keine ernstliche Bedrohung für den Menschen dar. In Luft haben sie nur eine Reichweite von weniger als 10 cm (vgl. Kap. 27, S. 111) und können den Körper nur erreichen, wenn man sich sehr nahe an der Strahlungsquelle befindet. Aber selbst wenn α-Teilchen zum Körper gelangen, werden sie von der Kleidung absorbiert und führen höchstens an unbedeckten Stellen zu einer Hautdosis, da sie nicht in den Körper eindringen.
Werden jedoch α-emittierende Radionuklide über die Nahrung, durch Inhalation oder durch Wunden in den Körper aufgenommen, werden also die Strahlungsquellen selbst inkorporiert, so richten die im Körper emittierten, aus nächster Nähe auf die Zellen treffenden α-Teilchen aufgrund ihrer hohen Ionisationsfähigkeit einen verheerenden biologischen Schaden an.

175. Sr90 steht im Periodensystem in derselben Gruppe wie Ca und wird, einmal vom Körper aufgenommen, wie Ca v. a. in die Knochen eingebaut. Dort bestrahlt es aus nächster Nähe das sehr strahlenempfindliche blutbildende Knochenmark und löst Leukämie aus.
Kr88 ist ein Edelgas, das eingeatmet werden kann, im Lungeninneren aber nicht reagiert und beim Ausatmen fast vollständig den Körper wieder verlässt. Es verweilt im Gegensatz zu Sr90 zu kurz im Körper, um biologische Schäden zu setzen.

176. a) Reaktionsgleichung: $^{6}_{3}\text{Li}(\text{d}, \boldsymbol{\alpha})^{\mathbf{4}}_{\mathbf{2}}\textbf{He}$ (oder: $^{6}_{3}\text{Li} + ^{2}_{1}\text{H} \rightarrow 2 \cdot ^{4}_{2}\text{He}$)

b) $Q = \big(m_A(\text{Li6}) + m_A(\text{H2}) - 2m_A(\text{He4})\big) \cdot c^2$ — Q = „Masse links minus Masse rechts“ · c^2

$= (6{,}015123\ \text{u} + 2{,}014102\ \text{u} - 2 \cdot 4{,}002603\ \text{u}) \cdot c^2$ — Zahlenwerte aus der Formelsammlung

$= 0{,}024019\ \text{u} \cdot c^2 = \mathbf{22{,}37\ MeV}$ — $1\ \text{u} \cdot c^2 = 931{,}49\ \text{MeV}$

c) Wegen $Q > 0$ kann die Reaktion tatsächlich ablaufen, die **Erzeugung von α-Teilchen ist möglich**.

177. a) Reaktionsgleichung: $\mathbf{{}^{2}_{1}H + \gamma \rightarrow {}^{1}_{1}H + {}^{1}_{0}n}$ oder $\mathbf{{}^{2}_{1}H(\gamma, n){}^{1}_{1}H}$

b) Q-Wert:

$$Q = \big(m_A(H2) - m_A(H1) - m(n)\big) \cdot c^2$$

Q = „Masse links minus Masse rechts" · c^2

$$= (2{,}014102\ u - 1{,}007825\ u - 1{,}008665\ u) \cdot c^2$$

Zahlenwerte aus der Formelsammlung

$$= -0{,}002388\ u \cdot c^2 = \mathbf{-2{,}22\ MeV}$$

$1\ u \cdot c^2 = 931{,}49$ MeV

Kinetische Gesamtenergie der Produkte:

$$Q = \underbrace{E_{kin}(H1) + E_{kin}(n)}_{E_{kin,\,Prod}} - \underbrace{E_{kin}(H2)}_{=0} - E_\gamma$$

Q = „kinetische Energie rechts minus kinetische Energie links"

$$Q = E_{kin,\,Prod} - E_\gamma$$

berechnet: $Q = -2{,}22$ MeV
gegeben: $E_\gamma = 2{,}45$ MeV

$$\Rightarrow\ E_{kin,\,Prod} = Q + E_\gamma$$

$$= -2{,}22\ MeV + 2{,}45\ MeV = \mathbf{0{,}23\ MeV}$$

178. Zerfall von Ra223: ${}^{223}_{88}Ra \rightarrow {}^{219}_{86}Rn + {}^{4}_{2}He$

$$Q = (223{,}018526\ u - 219{,}009248\ u - 4{,}002603\ u) \cdot c^2$$

Q = „Masse links minus Masse rechts" · c^2

$$= 0{,}006675\ u \cdot c^2 = 6{,}22\ MeV > 0$$

$1\ u \cdot c^2 = 931{,}49$ MeV

Zerfall von Tl203: ${}^{203}_{81}Tl \rightarrow {}^{199}_{79}Au + {}^{4}_{2}He$

$$Q = (202{,}972348\ u - 198{,}968761\ u - 4{,}0026036\ u) \cdot c^2$$

Q = „Masse links minus Masse rechts" · c^2

$$= 0{,}0009834\ u \cdot c^2 = 0{,}92\ MeV > 0$$

$1\ u \cdot c^2 = 931{,}49$ MeV

Beide Zerfälle sind exotherm. Wegen des rund 7-mal kleineren Q-Wertes des Thalliumzerfalls ist dieser aber wesentlich unwahrscheinlicher als der Radiumzerfall. Tatsächlich weist die Nuklidkarte Tl203 als stabil und Ra223 als α-Strahler aus.

179. Elektroneneinfang (EC): Kernladungszahl nimmt um 1 ab

$$Q_{EC} = \big(m_A(Ar39) - m_A(Cl39)\big) \cdot c^2 = (38{,}964316\ u - 38{,}968006\ u) \cdot c^2$$

$$= -0{,}00369\ u \cdot c^2 = -3{,}44\ MeV$$

β^+-Zerfall: Kernladungszahl nimmt um 1 ab

$$Q_{\beta^+} = \big(m_A(Ar39) - m_A(Cl39) - m({}^{0}_{-1}e^-) - m({}^{0}_{+1}e^+)\big) \cdot c^2$$

$$= (38{,}964316\ u - 38{,}968006\ u - 2 \cdot 5{,}4858 \cdot 10^{-4}\ u) \cdot c^2$$

$$= -0{,}00478716\ u \cdot c^2 = -4{,}46\ MeV$$

Hinweis: Beim β^+-Zerfall entsteht neben dem Positron ein einfach negativ geladenes Chlorion, da dem Kern bei unveränderter Hüllelektronenzahl ein Proton fehlt. In der Massenbilanz des β^+-Zerfalls tritt daher auf der Produktseite zusätzlich zur Atommasse von Chlor die zweifache Elektronenmasse (Masse des Positrons plus Masse des überzähligen Elektrons) auf.
Der Vergleich mit dem Elektroneneinfang zeigt den Unterschied dieser beiden Zerfallsarten auf: Der Q-Wert des Elektroneneinfangs ist stets um $2m_e \cdot c^2 \approx 1$ MeV größer als beim β^+-Zerfall, insofern ist der Elektroneneinfang wahrscheinlicher. Die Gesamtenergiebilanz ist aber bei beiden gleich, denn das Positron zerstrahlt unmittelbar nach seiner Erzeugung mit einem umgebenden Elektron, sodass die fehlenden 1 MeV „nachträglich" noch geliefert werden.

β^--Zerfall: Kernladungszahl nimmt um 1 zu

$$Q_{\beta^-} = (m_A(\text{Ar39}) - m_A(\text{K39})) \cdot c^2 = (38{,}964316\ \text{u} - 38{,}963709\ \text{u}) \cdot c^2$$
$$= 0{,}000607\ \text{u} \cdot c^2 = 0{,}57\ \text{MeV}$$

Ergebnis: EC- und β^+-Zerfall sind endotherm, der β^--Zerfall ist exotherm, d. h.: Nur der **β^--Zerfall** ist energetisch möglich.

180. *Impulsbilanz:* Die beiden Tritiumkerne haben betragsgleiche, aber entgegengesetzt gerichtete Impulse. Der Gesamtimpuls vor der Reaktion ist also null. Da beim Zerfall keine äußeren Kräfte wirken, ist der Gesamtimpuls des α-Teilchens und der beiden Neutronen nach der Reaktion gemäß dem Impulserhaltungssatz ebenfalls null. Dies ist nur möglich, wenn das α-Teilchen einerseits und die beiden Neutronen andererseits in entgegengesetzter Richtung auseinanderfliegen. Es gilt also $p_\alpha = -2p_n$.

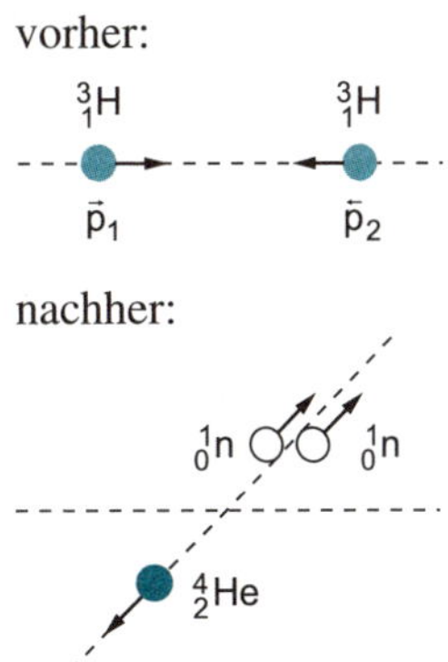

Energiebilanz:

$$E_{kin,ges} = 2 \cdot E_{kin}(n) + E_{kin}(\text{He4})$$

$E_{kin,ges} = 12{,}3$ MeV laut Angabe

$$= 2 \cdot \frac{p_n^2}{2m_n} + \frac{p_\alpha^2}{2m_\alpha}$$

Energie-Impuls-Beziehung

$$= \frac{2p_n^2}{2m_n} + \frac{4p_n^2}{2 \cdot 4m_n} = \frac{2p_n^2}{2m_n} + \frac{p_n^2}{2m_n} = 3 \cdot \frac{p_n^2}{2m_n}$$

$p_\alpha = -2p_n$ (Impulsbilanz)
$m_\alpha \approx 4m_n$

$$= 3E_{kin}(n)$$

$$\Rightarrow E_{kin}(n) = \frac{E_{kin,ges}}{3} = \frac{12{,}3\ \text{MeV}}{3} = \mathbf{4{,}1\ MeV}$$

$$E_{kin}(\text{He4}) = E_{kin,ges} - 2E_{kin}(n) = 12{,}3\ \text{MeV} - 2 \cdot 4{,}1\ \text{MeV} = \mathbf{4{,}1\ MeV}$$

181. • Das Energiespektrum des **α-Zerfalls** ist ein **diskretes Linienspektrum**. Es wird genau ein Teilchen emittiert, das die gesamte Zerfallsenergie in Form kinetischer Energie abtransportiert (α-Teilchen der Linie 5). Befindet sich der Folgekern in einem angeregten Zustand, transportiert das α-Teilchen genau die um die Anregungsenergie verminderte Zerfallsenergie ab (α-Teilchen der Linien 1, 2, 3, 4). Da der Folgekern aber stets nur ganz bestimmte diskrete Anregungsenergien annehmen kann, besitzen die α-Teilchen nur ganz bestimmte kinetische Energien.

• Das Energiespektrum des **β^--Zerfalls** ist **kontinuierlich**. Es werden zwei Teilchen emittiert: ein Elektron und ein Antineutrino. Die Zerfallsenergie wird statistisch auf das Elektron übertragen. Das Antineutrino übernimmt die Differenz $E_{max} - E_{kin}$ und einen Impuls so, dass Energie- und Impulssatz gültig bleiben.

182. Die Energie thermischer Neutronen beträgt weniger als 0,1 eV und reicht damit nicht aus, um die mit mehreren eV im Paraffin gebundenen Wasserstoffkerne herausschlagen zu können.
Aber selbst wenn dieses „Freischlagen" von Protonen gelänge, besäßen die Protonen mit weniger als 0,1 eV nicht genügend Energie für die Ionisation von Zählrohrgasatomen (einige eV wären hierfür erforderlich).

183. Die Wahrscheinlichkeit für die Kernreaktion

$${}^{10}_{5}\text{B} + {}^{1}_{0}\text{n} \rightarrow {}^{7}_{3}\text{Li} + {}^{4}_{2}\text{He}$$

sinkt mit zunehmender Geschwindigkeit der Neutronen ganz erheblich.
Stichworte für die Internetrecherche: Bor, Neutroneneinfang, Wirkungsquerschnitt

184. a) Q-Wert:

$$Q = \left(m_A(\text{U235}) + m(n) - m_A(\text{Kr90}) - m_A(\text{Ba143}) - 3 \cdot m(n)\right) \cdot c^2$$
$$= \left(m_A(\text{U235}) - m_A(\text{Kr90}) - m_A(\text{Ba143}) - 2 \cdot m(n)\right) \cdot c^2$$
$$= (235{,}04394\ \text{u} - 89{,}919603\ \text{u} - 142{,}92055\ \text{u} - 2 \cdot 1{,}008665\ \text{u}) \cdot c^2$$
$$= 0{,}186457\ \text{u} \cdot c^2 = \mathbf{173{,}7\ MeV}$$

b) Vergleich mit Steinkohle:

Heizwert $H = 8{,}25\ \frac{\text{kWh}}{\text{kg}} = 8{,}25 \cdot 10^3 \cdot 3\,600\ \frac{\text{Ws}}{\text{kg}} = 2{,}97 \cdot 10^7\ \frac{\text{J}}{\text{kg}}$

Anzahl N von Urankernen in m = 1 g U235 (N_A: Avogadro-Konstante):

$$\frac{M_{mol}}{N_A} = \frac{m}{N} \Rightarrow N = \frac{m}{M_{mol}} \cdot N_A = \frac{1\ \text{g}}{235\ \text{g}} \cdot 6{,}022 \cdot 10^{23} = 2{,}56 \cdot 10^{21}$$

Bei der Spaltung von 1 g U235 wird die Energie $E = N \cdot Q$ freigesetzt. Um den gleichen Energiebetrag durch Verbrennen von Steinkohle zu erzeugen, benötigt man

$$H = \frac{E}{m_{Kohle}} = \frac{N \cdot Q}{m_{Kohle}}$$

$$\Rightarrow \quad m_{Kohle} = \frac{N \cdot Q}{H} = \frac{2{,}56 \cdot 10^{21} \cdot 173{,}7 \cdot 10^{6} \cdot 1{,}6 \cdot 10^{-19}\,\text{J}}{2{,}97 \cdot 10^{7}\,\frac{\text{J}}{\text{kg}}} = \mathbf{2{,}4 \cdot 10^{3}\,kg},$$

also 2,4 t Steinkohle.

185. Bei schweren Kernen ist der relative Anteil der Neutronen an der Zahl der Nukleonen größer als bei mittelschweren (vgl. Kap. 20, Aufgabe 125). Wird also ein schwerer Kern in zwei mittelschwere Kerne gespalten, so wird der Neutronenüberschuss der Bruchkerne durch Freisetzung mehrerer einzelner Neutronen abgebaut.

186. a) Wenn Kerne nur durch schnelle Neutronen gespalten werden können, bedeutet das, dass die Neutronen keine Energieverluste erleiden dürfen, etwa durch Streuung. Diese Verluste lassen sich aber praktisch nicht vermeiden, solche Kerne sind daher als Brennstoff ungeeignet. Verwendung finden nur solche Materialien, für deren Spaltung das Neutron keine kinetische Energie mitbringen muss, sondern allein die beim Neutroneneinbau frei werdende Bindungsenergie ausreicht.

b) Je kleiner die Neutronenenergie ist, desto länger hält sich das Neutron in der Umgebung des Kerns auf, desto wahrscheinlicher reagiert es mit ihm.

187. Nimmt mit steigender Spaltrate in den Brennstoffstäben die Temperatur des Wassers zu, so sinkt seine Dichte. Dadurch stehen pro Volumeneinheit weniger Moderatorkerne zur Verfügung, sodass die Neutronen nicht mehr so effektiv gebremst werden und die Spaltrate wieder abnimmt.

188. a) Q-Wert:

$$Q = \left(m_A(\text{H2}) + m_A(\text{H3}) - m_A(\text{He4}) - m(n)\right) \cdot c^2$$
$$= (2{,}014102 + 3{,}016029 - 4{,}002603 - 1{,}008665)\,\text{u} \cdot c^2$$
$$= 0{,}018863\,\text{u} \cdot c^2 = \mathbf{17{,}57\,MeV}$$

b) Die Leistung ist gleich dem 10^9-fachen Q-Wert pro Sekunde:

$$P = \frac{10^9 \cdot 17{,}57\ \text{MeV}}{1\,\text{s}} = \frac{10^9 \cdot 17{,}57 \cdot 10^6 \cdot 1{,}6 \cdot 10^{-19}\ \text{J}}{1\,\text{s}} = \mathbf{2{,}8 \cdot 10^{-3}\ W}$$

Die Leistungsausbeute ist mit knapp 3 mW sehr gering und steht in keinem vernünftigen Verhältnis zum erforderlichen Kostenaufwand.

c) Da 1 mol Deuterium die Masse 2,014 g besitzt, befinden sich in 1 g Deuterium

$$\frac{M_{mol}}{N_A} = \frac{m}{N} \Rightarrow N = \frac{m}{M_{mol}} \cdot N_A = \frac{1\,\text{g}}{2{,}014\,\text{g}} \cdot 6{,}022 \cdot 10^{23} = 2{,}99 \cdot 10^{23}$$

Deuteriumatome. Fusionieren diese mit $2{,}99 \cdot 10^{23}$ Tritiumkernen, beträgt die freigesetzte Energie mit dem Ergebnis aus Teilaufgabe a:

$$E = 2{,}99 \cdot 10^{23} \cdot 17{,}57 \cdot 10^6\ \text{eV} = 5{,}25 \cdot 10^{30}\ \text{eV} = \frac{5{,}25 \cdot 10^{30} \cdot 1{,}6 \cdot 10^{-19}}{3\,600}\ \text{Wh}$$
$$= \mathbf{2{,}3 \cdot 10^2\ MWh}$$

d) Die Masse des Brennstoffgemischs aus Deuterium und Tritium beträgt bei gleicher Teilchenzahl

$$m = m(H2) + m(H3) = m(H2) + 1{,}5m(H2) = 2{,}5m(H2) = 2{,}5\ \text{g}.$$

Folglich ergibt sich nach Teilaufgabe c ein Energiegewinn pro Gramm Brennstoffgemisch von $\frac{1}{2{,}5} \cdot 2{,}3 \cdot 10^2$ MWh = **92 MWh**.

Nach Aufgabe 184 wird bei der Spaltung von 1 g U235 die Energie

$2{,}56 \cdot 10^{21} \cdot 173{,}7$ MeV $= 4{,}45 \cdot 10^{29}$ eV = **20 MWh**

frei. Bezogen auf die Brennstoffmasse ist die Energieausbeute bei der Kernfusion also um das **4,7-Fache** größer als bei der Kernspaltung.

e) Reaktionsgleichung für das Erbrüten von Tritium aus Lithium:

$$\mathbf{{}^6_3Li + {}^1_0n \rightarrow {}^4_2He + {}^3_1H}$$

189. a) Q-Werte der Einzelreaktionen:

$Q_1 = (m_A(C12) + m_A(H1) - m_A(N13)) \cdot c^2$

$Q_2 = (m_A(N13) - m_A(C13) - 2m_e) \cdot c^2$

$Q_3 = (m_A(C13) + m_A(H1) - m_A(N14)) \cdot c^2$

$Q_4 = (m_A(N14) + m_A(H1) - m_A(O15)) \cdot c^2$

$Q_5 = (m_A(O15) - m_A(N15) - 2m_e) \cdot c^2$

$Q_6 = (m_A(N15) + m_A(H1) - m_A(C12) - m_A(He4)) \cdot c^2$

Hinweis: Die Reaktionen (2) und (5) sind β^+-Zerfälle, bei denen in die Massenbilanz die zweifache Elektronenmasse eingeht, vgl. hierzu die Lösung zu Aufgabe 179.

Der Q-Wert für den gesamten Reaktionszyklus ist gleich der Summe der einzelnen Q-Werte (beachten Sie, dass die Massen vieler Zwischenprodukte bei der Summenbildung herausfallen):

$$
\begin{aligned}
Q_{ges} &= Q_1 + Q_2 + Q_3 + Q_4 + Q_5 + Q_6 \\
&= \left(4m_A(H1) - m_A(He4) - 4m_e\right) \cdot c^2 \\
&= (4 \cdot 1{,}007825\ u - 4{,}002603\ u) \cdot c^2 - 4 \cdot 0{,}511\ MeV \\
&= 0{,}0287\ u \cdot c^2 - 2{,}044\ MeV = 26{,}73\ MeV - 2{,}044\ MeV \\
&= \mathbf{24{,}69\ MeV}
\end{aligned}
$$

b) Von β^+-Zerfällen unterbrochen, lagern sich nacheinander 4 Protonen an den C12-Kern an, der am Schluss des Zyklus die 4 angelagerten Nukleonen als He4-Kern abgibt und unverändert wieder als C12-Kern für einen neuen Zyklus zur Verfügung steht. C12 ermöglicht also die Fusion von 4 Protonen zu einem He4-Kern, ohne sich dabei zu verändern. Damit gleicht C12 in seiner Funktion einem Katalysator in der Chemie, der chemische Reaktionen ermöglicht oder beschleunigt, ohne dabei selbst verändert zu werden.

c) Eine Kugel, deren Radius r_E der Abstand Erde–Sonne ist, besitzt die Oberfläche ($r_E = 1{,}5 \cdot 10^{11}$ m)

$$S = 4\pi \cdot r_E^2 = 4\pi \cdot (1{,}5 \cdot 10^{11}\ m)^2 = 2{,}8 \cdot 10^{23}\ m^2.$$

Da die Sonne laut Aufgabenstellung auf jeden m^2 dieser Fläche pro Sekunde $1{,}4 \cdot 10^3$ J einstrahlt, gibt die Sonne insgesamt pro Sekunde die Energie

$$E = 1{,}4 \cdot 10^3\ J \cdot 2{,}8 \cdot 10^{23} = 3{,}9 \cdot 10^{26}\ J$$

ab. Nach $E = m \cdot c^2$ entspricht dieser Energie eine Masse von

$$m = \frac{E}{c^2} = \frac{3{,}9 \cdot 10^{26}\ J}{(3{,}0 \cdot 10^8\ \frac{m}{s})^2} = \mathbf{4{,}4 \cdot 10^9\ kg}.$$

Die Sonne verliert pro Sekunde über **4 Millionen Tonnen** ihrer Masse.

d) Sonnenmasse nach Formelsammlung:

$$m_\odot = 2{,}0 \cdot 10^{30}\ kg$$

Gesamtmasse des Heliums:

$$M_{He} = 0{,}05 \cdot m_\odot = 0{,}05 \cdot 2{,}0 \cdot 10^{30}\ kg = 1{,}0 \cdot 10^{29}\ kg$$

Anzahl N_{He} aller He-Kerne in der Sonne:

$$N_{He} = \frac{M_{He}}{m_{He}} = \frac{1{,}0 \cdot 10^{29}\ kg}{4{,}002603\ u \cdot 1{,}66 \cdot 10^{-27}\ \frac{kg}{u}} = 1{,}5 \cdot 10^{55}$$

Da bei der Fusion eines Heliumkerns nach Teilaufgabe a ca. 25 MeV Energie frei werden, hat die Sonne seit ihrer Geburt

$E_{ges} = 1{,}5 \cdot 10^{55} \cdot 25 \text{ MeV} = 1{,}5 \cdot 10^{55} \cdot 25 \cdot 10^{6} \cdot 1{,}6 \cdot 10^{-19} \text{ J} = 6{,}0 \cdot 10^{43} \text{ J}$

abgestrahlt. Nach Teilaufgabe c strahlt sie pro Sekunde ca. $3{,}9 \cdot 10^{26}$ J ab, ihr „Lebensalter" beträgt daher:

$$t = \frac{6{,}0 \cdot 10^{43} \text{ J}}{3{,}9 \cdot 10^{26} \text{ J}} \text{ s} = 1{,}54 \cdot 10^{17} \text{ s} = \frac{1{,}54 \cdot 10^{17}}{60 \cdot 60 \cdot 24 \cdot 365} \text{ a} = \mathbf{4{,}9 \cdot 10^{9}\ a}$$

Hinweis: Der Literaturwert ist $4{,}56 \cdot 10^{9}$ a.

190. Das Kalium-Argon-Alter

a) $t = \frac{T}{\ln 2} \cdot \ln\left(1 + \frac{N_B}{N_A}\right)$ — Altersformel (anorganische Substanzen)

$= \frac{1{,}27 \cdot 10^{9} \text{ a}}{\ln 2} \cdot \ln\left(1 + 9{,}54 \cdot 10^{-4}\right)$

$= \mathbf{1{,}75 \cdot 10^{6}\ a}$

Da sich nur 11 % der K40-Kerne in Ar40 umwandeln, lautet das für die Formel relevante Nuklidverhältnis von Argon- zu Kalium-Kernen:

$\frac{N_{Ar40}}{N_{K40}} = \frac{1}{0{,}11 \cdot 9524} = 9{,}545 \cdot 10^{-4}$

b) Kalzium (Ca) ist das fünfthäufigste Element der Erdkruste. Es kommt daher in fast allen Gesteinen so häufig vor, dass es nicht möglich ist, die durch den Zerfall K40 → Ca40 entstandenen kleinen Mengen Ca von den ursprünglich schon vorhandenen Ca-Mengen zu unterscheiden.

191. Das Uran-Blei-Alter

a) $6{,}825 = \frac{m(U238)}{m(Pb206)}$ — laut Angabe

$= \frac{238 \text{ u} \cdot N_A}{206 \text{ u} \cdot N_B}$ — Masse eines U238-Kerns: 238 u; Masse eines Pb206-Kerns: 206 u

$\Rightarrow \frac{N_A}{N_B} = \frac{206}{238} \cdot 6{,}825 \quad (*)$ — durch u kürzen und auf beiden Seiten mit $\frac{206}{238}$ multiplizieren

$t = \frac{T}{\ln 2} \cdot \ln\left(1 + \frac{N_B}{N_A}\right)$ — Altersformel (anorganische Substanzen)

$= \frac{4{,}5 \cdot 10^{9} \text{ a}}{\ln 2} \cdot \ln\left(1 + \frac{238}{206 \cdot 6{,}825}\right)$ — Gleichung (*) und Zahlenwerte für T einsetzen

$= \mathbf{1{,}02 \cdot 10^{9}\ a}$

b) Da nach der Formelsammlung in der Uran-Radium-Reihe alle Folgeprodukte von U238 im Vergleich zur Halbwertszeit von U238 durchwegs kurze Halbwertszeiten besitzen (die größte vorkommende Halbwertszeit von $2{,}5 \cdot 10^{5}$ a beträgt nur 0,005 % der Halbwertszeit von U238), kann in guter Näherung ein direkter Zerfall U → Pb angenommen werden. Da bei dieser Näherung die (real anfallenden) Zwischenprodukte nicht berücksichtigt werden, gilt für die Bilanz der Teilchenzahlen jedoch nicht mehr $N_A(0) = N_A(t) + N_B(t)$, sondern $N_A(0) > N_A(t) + N_B(t)$ und folglich:

$$t_{\text{wirklich}} = \frac{T}{\ln 2} \cdot \ln \frac{N_A(0)}{N_A} > \frac{T}{\ln 2} \cdot \ln \frac{N_A + N_B}{N_A} = t_{\text{berechnet}}$$

Das wirkliche Alter ist größer als das unter der Annahme des direkten Zerfalls errechnete.

192. Variante der Radiokarbonmethode

a) $$A(t) = A(0) \cdot e^{-\lambda \cdot t}$$ Aktivitätsgesetz

$$\Rightarrow \quad -\lambda \cdot t = \ln \frac{A(t)}{A(0)}$$ auf beiden Seiten durch A(0) dividieren, dann logarithmieren, Seiten tauschen

$$\Rightarrow \quad t = -\frac{1}{\lambda} \cdot \ln \frac{A(t)}{A(0)}$$ auf beiden Seiten durch $-\lambda$ dividieren

$$= -\frac{T}{\ln 2} \cdot \ln \frac{A(t)}{A(0)}$$ $\lambda = \frac{\ln 2}{T}$

$$= -\frac{5\,730\text{ a}}{\ln 2} \cdot \ln \frac{1{,}35\,\frac{1}{s}}{6{,}375\,\frac{1}{s}}$$ $A(t) = 1{,}35\,\frac{1}{s}$ laut Angabe; $A(0) = 25 \cdot 15{,}3\,\frac{1}{\text{min}} = \frac{25 \cdot 15{,}3}{60}\,\frac{1}{s} = 6{,}375\,\frac{1}{s}$

$$= \mathbf{12{,}8 \cdot 10^3\ a}$$

Das Holz ist vor rund **12 800 Jahren** abgestorben.

b) Durch die Verbrennung fossiler Brennstoffe wird CO_2 mit einem extrem niedrigen Anteil an C14 freigesetzt. Lebewesen, die dieses „fossile CO_2" in verstärktem Maße aufnehmen, weisen einen zu kleinen C14-Anteil auf und werden nach der Radiokarbonmethode zu alt datiert.

Hinweis: Beachten Sie, dass der Bruch im Logarithmus der Altersformel kleiner eins ist und daher eine kleinere Aktivität A(t) im Zähler zu einem größeren Wert von t führt.

193. Alter der Erde

a) Nach dem Zerfallsgesetz gilt jeweils für die beiden Uranisotope:

$$N_{U238}(t) = N_{U238}(0) \cdot e^{-\lambda_{U238} \cdot t}$$

$$N_{U235}(t) = N_{U235}(0) \cdot e^{-\lambda_{U235} \cdot t}$$

Bildet man das Verhältnis der beiden Gleichungen, erhält man mit der Annahme $N_{U238}(0) = N_{U235}(0)$:

$$\frac{N_{U238}(t)}{N_{U235}(t)} = \frac{e^{-\lambda_{U238} \cdot t}}{e^{-\lambda_{U235} \cdot t}} \quad (1)$$

Das Verhältnis auf der linken Seite der Gleichung ist bekannt, es beträgt laut Aufgabenstellung

$$\frac{N_{U238}(t)}{N_{U235}(t)} = 140. \qquad (2)$$

Durch Gleichsetzen der rechten Seiten von (1) und (2) lassen sich die Zerfallszeit und damit das Erdalter t berechnen:

$$\frac{e^{-\lambda_{U238} \cdot t}}{e^{-\lambda_{U235} \cdot t}} = 140$$

$$e^{(\lambda_{U235} - \lambda_{U238}) \cdot t} = 140$$

$$(\lambda_{U235} - \lambda_{U238}) \cdot t = \ln 140$$

$$t = \frac{\ln 140}{\lambda_{U235} - \lambda_{U238}}$$

$$= \frac{\ln 140}{\frac{\ln 2}{T_{U235}} - \frac{\ln 2}{T_{U238}}}$$

$$= \frac{\ln 140}{\ln 2 \cdot \left(\frac{1}{7{,}0 \cdot 10^8 \text{ a}} - \frac{1}{4{,}5 \cdot 10^9 \text{ a}} \right)} = \mathbf{5{,}9 \cdot 10^9 \text{ a}}$$

Die Erde wäre demnach **ca. 6 Milliarden** Jahre alt.

b) Das tatsächliche Erdalter beträgt nach heutigem Stand 4,6 Milliarden Jahre. Das in Teilaufgabe a berechnete Alter liegt damit zwar in der richtigen Größenordnung, der Wert ist aber zu groß.
Man kann die Rechnung korrigieren, indem man die Annahme entsprechend anpasst und statt von

$$\frac{N_{U235}(0)}{N_{U238}(0)} = 1$$

von

$$\frac{N_{U235}(0)}{N_{U238}(0)} < 1$$

ausgeht. „Rückwärtsrechnen“ mit dem tatsächlichen Alter $t = 4{,}6 \cdot 10^9$ a ergibt das Verhältnis

$$\frac{N_{U235}(0)}{N_{U238}(0)} = \frac{1}{3}.$$

Ob dieser Wert aber auch aus geologischer Sicht realistisch ist oder ob andere Fehlerquellen die Abschätzung des Alters beeinflussen, muss für eine genaue Bewertung des Verfahrens geklärt werden.

Stichwortverzeichnis

absolute Atommasse 32
Absorption radioaktiver Strahlung 111
Absorptionsgesetz (γ-Quanten) 116
Aktivität 125
Aktivitätsgesetz 126
Alphazerfall
– Grundwissen 98, 99
– in Aufgaben 100
– Q-Wert 133
Altersbestimmung mithilfe von Radioisotopen 144, 145, 146
Äquivalenzdosis 129
Atomanregung 35, 36
atomare Masseneinheit 32f.
Atomkernmodell 96f.
Atommassen 32
Atommodell von
– Bohr 46
– J. J. Thomson 35
– Rutherford 44
– Schrödinger (H-Atom) 58
Atomradius 34, 62
Avogadrokonstante 33

Balmer-Serie 37, 38, 39
Baryonen 83
Becquerel (Bq) 126
Betazerfall
– Grundwissen 100, 101,
– in Aufgaben 102, 103
– Q-Wert 133, 135
Bethe-Weizsäcker-Zyklus 142
Bohr'sche Postulate 46
Bohr'sches Atommodell 46, 47
Brackett-Serie 37, 38, 39
Bragg-Bedingung 16, 19
Brown'sche Bewegung 32

C-N-O-Zyklus 142

Dalton'sche Atomhypothese 32
Davisson-Germer-Experiment 20
De-Broglie-Hypothese 13
De-Broglie-Wellen
– Grundwissen 13, 14, 15
– in Aufgaben 18, 19, 20, 21
Debye-Scherrer-Verfahren 17, 18, 21
Doppelspaltexperiment 24, 25
Dopplereffekt 106
Dosisleistung 129
Drehkristallverfahren 66
Dualismus 22

Einsteingleichung
– Grundwissen 3, 4
– in Aufgaben 6, 7
Elekroneneinfang EC
– Grundwissen 100, 101
– Q-Wert 133
Elektronenmikroskop 29
Elektronenschalen 61, 62
Elektroskop (Goldblatt) 9
Energiedosis D 128
Energieniveaus des H-Atoms 39
Energiewerte
– im H-Atom nach Schrödinger 58
– im Potenzialwürfel 56, 58
– im Potenzialtopf mit unendlich hohen Wänden 49, 52

Farbladung 81
Farbstoffmolekül 54
Fotoeffekt
– Grundwissen 2, 3, 4, 5
– in Aufgaben 6, 7, 8, 9
Fotozelle
– Grundwissen 4, 5
– in Aufgaben 8

Franck-Hertz-Versuch 63, 64, 65, 66
Fraunhoferlinien 41
Fundamentalwechselwirkungen 81

Gammazerfall
– Grundwissen 103
– in Aufgaben 104
Gegenfeldmethode 5, 9
Geiger-Nutall-Gesetz 100
Gesetz des radioaktiven Zerfalls
– Grundwissen 124, 125, 126
– in Aufgaben 127
Glanzwinkel 17
Gluon 81
Goldblatt-Elektroskop 9
Gray 128
Grenzfrequenz/-wellenlänge
– beim Fotoeffekt 2
– beim kontinuierlichen Röntgenspektrum 69
Grundgleichung der Wellenlehre 3
Gruppengeschwindigkeit 14, 15, 19

Hadronen 83
Halbwertsdicke 116
Halbwertszeit 124
Hauptquantenzahl 60
Heisenberg-Kredit 99
Heliumbrennen 142
Hubblekonstante 74
Hyperonen 83

Ionisationskammer 108
Ionisationsvermögen radioaktiver Strahlung 111
Ionisierungsenergie 40
isobare Nuklide 88, 89, 90
isotone Nuklide 88, 89, 91
isotope Nuklide 88, 89, 92

Jönsson-Experiment 20

Kalium-Argon-Alter 146
Kernbindungsenergie 91
Kerndichte 90
Kernfusion 141
Kernkraft 94, 95
Kernladungszahl Z 88
Kernradius 89
Kernreaktionen
– Grundwissen 132, 133, 134
– Impulsbilanz 134, 135
– in Aufgaben 135
Kernreaktor 139
Kernspaltung 138, 139, 140
Kettenrektion 138
Knotenfläche 57, 59
Kometenschweif 30
Komplementarität 22
Kopenhagener Interpretation 23
kritische Masse 139
künstliche Strahlenbelastung 130

Laser 75
Leptonen 82
lichtelektrischer Effekt
– Grundwissen 2, 3, 4, 5
– in Aufgaben 6, 7, 8, 9
Lichttonverfahren 28
linearer Potenzialtopf
– Grundwissen 48, 49, 50, 51, 52
– in Aufgaben 53, 54
– Modell für Atomkern 96, 97
Lyman-Serie 37, 38, 39

Massendefekt 91
Massenzahl A 88
Materiewellen
– Grundwissen 13, 14, 15
– in Aufgaben 18, 19, 20, 21
Mehrelektronenatome
– Grundwissen 59, 60, 61, 62
– in Aufgaben 62, 63
Mesonen 83
mittlere Bindungsnergie pro Nukleon 92, 93
Moderator 139
Moseley-Gesetz 70, 75
Mößbauereffekt 105
Mößbauerspektrometer 106

natürliche Strahlenbelastung 130
Nebelkammer 110, 112
Nebenquantenzahl 60
Neptunium-Zerfallsreihe 121
Neutron: Entdeckung und Nachweis 136, 137
Neutronentopf 97
Normierungsbedingung 50
Nukleon 88
Nuklid 88
Nuklidkarte 88, 89, 93
Nullpunktsenergie 52

Ölfleckversuch 34
Orbital 56, 57, 59

Paarbildung 85
Paschen-Serie 37, 38, 39
Pauli-Prinzip 60, 97
Pfund-Serie 38, 39
Phasengeschwindigkeit 14, 15, 19
Photon
– als Austauschteilchen 81
– Begriff 3
– Energie 3
– Impuls 11
– in Aufgaben 12, 13
– Masse 10
Photonenmodell 3
Pion als Austauschteilchen für Kernkraft 94, 95
Planck-Konstante 3, 7, 65
Positronen-Emissions-Tomografie 84f.
Potenzialwürfel 55, 58
potenzielle Energien von Nukleonen 96
promptes Neutron 138
Protonentopf 97
Proton-Proton-Zyklus 142

quadratisches Abstandsgesetz 117f.
Quantenobjekt
– Grundwissen 22, 23
– in Aufgaben 24, 25, 26, 27
Quantenzahl 60
Quarks 82
Q-Wert
– Alpha-Zerfall 133
– Beta-Zerfall 133, 135
– Elektroneneinfang 133
– Grundwissen 132, 133, 135

Radiokarbonmethode 144, 145, 146
Randbedingung 51
RBW-Faktoren 129
Regelstab 140
relative Atommasse 32
Röntgenabsorptionsspektrum 71
Röntgenstrahlung
– Grundwissen 67, 68, 69, 70, 71
– in Aufgaben 72, 73
– bei EC-Umwandlung 103
– charakteristisches Spektrum 69
– kontinuierliches Spektrum 68f.
Rotverschiebung (kosmisch) 74
Rutherford'scher Streuversuch 43, 44, 80
Rutherford'sches Atommodell 44, 45
Rydbergkonstante 36

Sättigungscharakter der Kernkraft 94
Schädigung durch Radioaktivität 128
Schrödingergleichung 50
Schrödingers Beschreibung des H-Atoms 58
schwache Ladung 81
Schwächungskoeffizient 116
Separationsenergie 97
Serienformel fürs H-Atom 36
Sievert 129
Spektralserie 37, 38
Spektralterm 36
Spektraltermschema 37
Spinquantenzahl 60
Stabilitätslinie 95
Standardmodell d. Teilchenphysik 80
Stoffmenge 33
Strahlenschutz 128ff.

Streuexperimente 78, 79, 80

Thorium-Zerfallsreihe 121
Tunneleffekt
- Alpha-Zerfall 98
- Grundwissen 53

u (atomare Masseneinheit) 32f.
Unschärferelation 23, 27, 99
Unterscheidung radioaktiver Strahlen 111ff.
Uran-Actinium-Zerfallsreihe 122
Uran-Blei-Alter 146
Uran-Radium-Zerfallsreihe 122

Vektorboson 81
Verschiebungssätze 119
verzögertes Neutron 138

Wechselwirkung
- fundamentale ~ 81
- radioaktiver Strahlen mit Materie 115
Wellenfunktion
- im Potenzialtopf mit endlich hohen Wänden 53
- im Potenzialtopf mit unendlich hohen Wänden 49
- im Potenzialwürfel 56
Wellenzahl 36

Zählrohr 109
Zerfallskonstante 124
Zerfallsgesetz 124
Zerfallsreihen 119ff.

Bildnachweis